数据库技术与应用

主　编　瞿有甜
副主编　何小卫
编著者　郭艳华　柯海丰　方　宁
王　咏　瞿有甜　张海平
何小卫　陶灵兵　杨良怀

内容简介

本书详细介绍了数据库技术与应用的基本原理、方法及应用实践。内容包括数据库技术基础和新趋势、关系代数、关系数据库语言 SQL、范式及规范化方法、关系数据库的设计、数据库安全和保护、网络数据库技术与 XML 数据库等。

本书理论知识介绍简练清晰，应用实践方法介绍具体详实，较好地做到了理论与实践并重，突出能力培养的目的。

本书既可作为计算机相关专业的本、专科生教材，也可作为其他工科类非计算机专业本科生的教材；可作为国家和浙江省计算机等级考试数据库技术的教材或参考用书，还可作为信息系统开发与维护的工程技术人员、管理人员的参考用书或培训教材。

图书在版编目(CIP)数据

数据库技术与应用/瞿有甜主编. —杭州：浙江大学出版社，2010.3(2016.7 重印)
ISBN 978-7-308-07438-4

Ⅰ.①数… Ⅱ.①瞿… Ⅲ.①数据库系统 Ⅳ.①TP311.13

中国版本图书馆 CIP 数据核字(2010)第 045579 号

数据库技术与应用

主编 瞿有甜 副主编 何小卫

丛书策划 希言 黄娟琴
责任编辑 许佳颖
出版发行 浙江大学出版社
(杭州市天目山路 148 号 邮政编码 310007)
(网址：http://www.zjupress.com
排　　版 杭州大漠照排印刷有限公司
印　　刷 浙江新华数码印务有限公司
开　　本 787mm×1092mm 1/16
印　　张 17.25
字　　数 430 千
版 印 次 2010 年 3 月第 1 版 2016 年 7 月第 2 次印刷
书　　号 ISBN 978-7-308-07438-4
定　　价 29.00 元

浙江大学出版社发行部邮购电话(0571)88925591

前　　言

数据库技术一直是计算机科学技术中发展最快的领域之一。随着 Internet 的进一步发展，数据库和网络将构成计算机应用的两个重要平台。近年来，数据库发展的技术趋势有三个主要特征：支持 XML 数据格式、支持商业智能、支持 SOA 架构。为适应这种技术发展的需要，数据库专家们就 XML 数据库、Web 数据库、智能数据库、特种数据库、数据仓库与数据挖掘、数据库应用开发方法与工具等诸多方面开展了卓有成效的研究，并取得了丰硕的研究成果。考虑到数据库技术课程的内容十分丰富，涉及的相关知识领域又十分广泛，我们本着了解最新发展动态，掌握成熟应用开发技术的指导思想来规划和设计教材的内容和结构。期望读者通过本教材的学习，达到拓展视野、学会并掌握应用开发技术的基本目的。

数据库课程是一门实践性非常强的课程。本教材在介绍数据库基本概念的基础上，重点突出读者实践动手能力的培养和提高，以成熟的数据库应用开发技术、方法和模型为基础，结合 SQL Server 2000、网络应用展开了讨论，同时也兼顾了读者对了解和掌握数据库新技术的需求。教材第 1 章介绍了数据库基本概念，讨论了当前流行实用的数据库管理系统、数据库技术的研究领域、发展现状和应用情况；第 2 章介绍了关系数据库；第 3 章介绍了 SQL 语言的语法、应用方法，还讨论了存储过程的创建和应用；第 4 章讨论关系模式设计的基础理论以及对关系模式进行规范化的方法；第 5 章详细介绍基于 E－R 的数据库设计的 7 个步骤，在详细介绍各个设计阶段的任务和设计方法的同时，还给出了若干典型应用的设计案例；第 6 章围绕流行 DBMS Microsoft SQL Server 的安装、运行环境、数据管理及相关工具等展开介绍；第 7 章结合 SQL Server 介绍数据保护功能，保证数据的安全可靠和正确有效，包括数据库恢复、数据库完整性、数据库安全性和并发控制等措施；第 8 章讨论数据库技术与 Web 技术的融合应用；第 9 章对 XML 相关标准以及 XML 数据的操纵作入门介绍，并简单介绍有关 XML 数据管理的一些知识。

本书由浙江传媒学院瞿有甜老师担任主编，负责全书的统稿和审稿工作。浙江师范大学何小卫老师担任副主编，参与了全书的审稿工作。第 1 章由杭州电子科技大学郭艳华老师编写，第 2 章由浙江大学城市学院柯海丰老师编写，第 3 章由浙江大学方宁老师编写，第 4 章由温州大学王咏老师编写，第 5 章由浙江传媒学院瞿有甜老师编写，第 6 章由杭州电子科技大学张海平老师编写，第 7 章由浙江师范大学何小卫老师编写，第 8 章由浙江理工大学的陶灵兵老师编写，第 9 章由浙江工业大学的杨良怀老师编写。另外，参与本书编写工作的还有王超男、钟丽丽等。宁波职业技术学校曾棕根老师为本教材提供了部分范例。

浙江省高校计算机教学研究会的多位专家，特别是杭州电子科技大学胡维华教授，浙江大学陈天洲教授等对本书定位、结构安排及内容组织等提出了许多宝贵意见和建议，并给予了多方面的指导和关注，在此，谨表衷心感谢！

限于编著者的水平，书中不妥之处在所难免，恳请读者批评指正。

编著者

2010.1.16

目　　录

第 1 章

数据库技术基础

随着计算机技术、通信技术和网络技术的发展，人类社会已经进入了信息化时代。数据库技术是计算机技术的重要分支，是数据库管理的实用技术。数据库技术于 20 世纪 60 年代中期产生，是目前最活跃、发展最快的 IT 技术之一。随着网络和多媒体技术的迅猛发展，数据库技术的应用也得到了更广泛的拓展，并进入了一个崭新的时期。现代数据库技术融合了多种新技术，并正在不断地以超出我们想象的速度飞速发展。

如今，信息资源成为最重要和最宝贵的资源之一，数据库技术已经成为信息社会中对大量数据进行组织与管理的信息系统核心技术和网络信息化管理系统的重要基础。从某种意义来讲，建立一个行之有效的信息系统是企业组织生存和发展的重要前提条件，而数据库的建设规模、数据库信息量的大小和使用频率已经成为衡量一个企业甚至国家信息化程度的重要标志。

说到数据库，或许你并未真正意识到，其实有关你的很多信息早就成为数据库中信息的一部分，或者说你每天或多或少地都在与数据库直接或间接地打着交道。

- 身份证或户籍信息存储在居民信息管理中心的数据库中。
- 手机或电话信息存储在电信公司信息管理中心的数据库中。
- 银行(信用)卡信息存储在银行信息管理中心的数据库中。
- 通过电话或网络订购机票或旅馆时，这些信息有相应的数据库存储和处理。
- 去图书馆查阅书籍时，已经不需要翻阅书籍目录卡片了，而是通过相应的计算机软件直接搜索，搜索的信息也有相应的数据库支持。
- 网络聊天 QQ 号或网络邮箱账号信息存储在网站信息管理中心的数据库中。
- 上网浏览或购物交易的信息存储在各个网站的后台信息管理中心的数据库中。
- 学籍信息存储在学校学籍信息管理中心的数据库中。
- 职工信息存储在单位信息管理中心的数据库中。

因此，数据库应用已经与我们的工作或生活不可分割了。

因特网(Internet)的出现和发展，还有随之而来的企业内部网(Intranet)和企业外部网(Extranet)以及虚拟私有网(Virtual Private Network，VPN)的产生和应用，已经将整个世界连成一个小小的地球村，人们可以跨越时空在网上交换信息和协同工作。这样，展现在人们面前的已不是局限于本部门、本单位和本行业的庞大数据库，而是浩瀚无垠的信息海洋。所以说，现在的数据库系统通常是借助于计算机网络进行接收、传递和反馈信息的。

那么，什么是数据库技术，什么是数据库系统，什么是数据库？数据库中的信息是如何组织、存储、提取和处理的？本章首先对数据库技术基础进行概括性叙述。

1.1 数据库技术概述

数据库技术是随着数据管理技术的需要和发展应运而生的，数据管理技术是指对数据的分类、组织、编码、存储、检索和维护的技术，其发展是和计算机技术及其应用的发展密不可分的。简言之，数据库技术就是运用计算机进行数据管理的新技术。

数据库，顾名思义，是用来存储数据的仓库，但是数据应该以怎样的形式、以何种关系、以什么样的结构进行存储，可以使得原本看似无意义的、离散的原始数据变成有关联、有价值和有寓意的信息，并便于信息的访问、查询、统计和输出？这应该是数据库技术的关键所在，所以在介绍数据库的相关知识之前，首先了解一下数据库的基本组成元素——数据和信息，以及数据与信息的关系。

1.1.1 数据与信息

1. 数据与信息

任何事物的属性都是通过数据来表示的。数据是信息的物理表示和载体，数据经过处理、组织并赋予一定关联和意义后即可成为信息。

一个简单的例子可以用来理解数据与信息的关系。“070211008”，“010001”，“95”，这是三个数据，两个字符数据，一个数值数据，如果不赋予其含义和关联，它们没有任何意义，只是一些离散的数据而已。若对上述数据作这样的解释：学号为“070211008”的学生，其课程编号为“010001”的课程的期末成绩为 95 分，于是它便成为一条有意义的信息。

在数据库中，如果将相关数据关联起来，还可以得出更详尽的信息：学号为“07021108”的“计算机应用”专业的“男”学生“张无忌”，其课程编号为“010001”，“第一学期”学分为 4 的“必修课”课程“高等数学”的期末成绩为 95 分。

数据是描述事物的符号记录。描述事物的符号可以是通过特定设备输入到计算机中，并可以进行储存、处理和传输的各种数字、字母、文字、声音、图片和视频等。数据需要经过解释才能产生有意义的内容，数据的解释是指对数据的含义的说明，数据的含义称为数据的语义，数据和数据的语义是不可分的。

人们通过解释、推理、归纳、分析和综合等方法，从数据中获得的有意义的内容称为信息。数据是信息存在的一种表现形式，且只有通过解释或处理的数据才能真正成为有用的信息。

1.1.2 数据管理技术的发展

数据处理的一个重要方面就是数据管理，计算机对数据的管理是指对数据的组织、分类、编码、存储、检索和维护提供操作手段和途径。

数据管理经历了由低级到高级的发展过程，随着计算机硬件和软件技术的发展而不断提高，数据管理技术的发展大体分为三个阶段：人工管理阶段、文件系统阶段和数据库系统阶段。

1. 人工管理阶段

在 20 世纪 50 年代中期以前，由于计算机软、硬件技术发展水平的限制，计算机系统中没有对数据进行管理的软件。数据管理任务，包括存储结构、存取方法、输入输出方式等，都是针对每个具体应用，由编程人员单独设计解决的。这一时期数据和程序之间的关系可以用图 1-1 来表示。

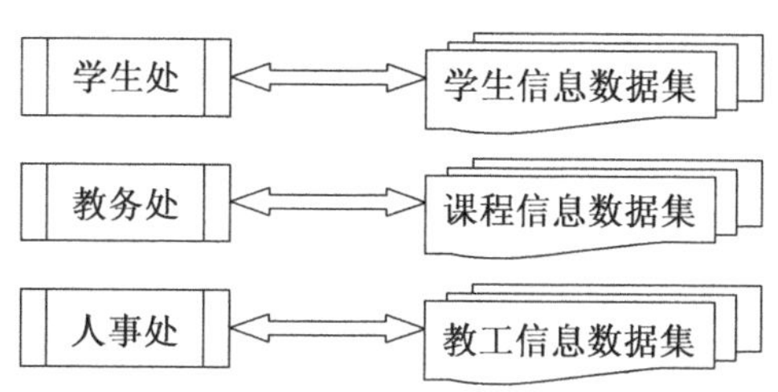

图 1-1　人工管理阶段的数据和程序之间的关系

学习过计算机高级语言（C 或 VB 等）的读者并不难理解人工管理阶段的特点，举例如下。

要编写一个程序（学生处），求一个班 N 个学生每个人 M 门课程的平均成绩并排序。那么这 $M \times N$ 个成绩就必须在编写程序时考虑其输入方式和存储形式（数组），输入随程序的运行而完成，输出结果无法长期保存。

要再编写一个程序（教务处），求某一门课程需要参加补考的学生人数。那么这门课程所有学生的成绩必须在编写这个程序时考虑其输入方式和存储形式（简单变量），输入随程序的运行而完成（尽管这个数据与前面程序中的数据有重复，但无法共享），输出结果同样也无法长期保存。

人工管理阶段有如下几个特点。

(1) 数据不保存。计算机系统不提供对用户数据的管理功能。应用程序包含自己要用到的全部数据，用户编写程序时，必须全面考虑好相关的数据，包括数据的定义、存储结构及存取方法等。程序和数据是一个不可分割的整体。数据脱离了程序就无任何存在的价值，数据无独立性。

(2) 数据不能共享。不同的程序均有各自的数据，这些数据对不同的程序通常是不相同的，不可共享；即使不同的程序使用了相同的一组数据，这些数据也不能共享，程序中仍然需要各自加入这组数据，谁也不能省略。数据的不可共享性必然导致程序与程序之间存在大量的重复数据，浪费存储空间。

(3) 数据不具有独立性。基于数据与程序是一个整体，数据只为本程序所使用，数据只有与相应的程序一起保存才有价值，即数据面向应用，否则就毫无用处。所以，所有程序的数据均不单独保存。

2. 文件系统阶段

20 世纪 50 年代后期至 60 年代中后期，数据管理工作开始借助计算机完成，大量的数据存储、检索和维护工作提上议事日程。此时，在硬件方面可直接存取的磁鼓、磁带、磁盘逐渐变成主要外存。软件方面出现了高级语言和操作系统。操作系统中的文件管理模块(即输入输出控制模块)的重要功能之一是管理外存储器中的数据。

在文件系统的支持下,数据开始从程序中逐步地独立出来,数据文件可以独立地、长期地存储,数据的逻辑结构和物理结构有了一定的区别;数据的逻辑结构是指呈现在用户面前的数据结构形式;数据的物理结构是指数据在计算机存储设备上的实际存储结构。

例如,用户看到的记录是按照记录号顺序排列的,实际上这些记录可能是分散存储在磁盘的不同扇区里,用链接的方式组织起来的。逻辑结构与物理结构之间的转换由文件系统的存取方式来实现。用户访问记录时只需给出文件名、逻辑记录号,而不必关心记录在存储器上的地址和内、外存交换数据的过程。这一时期数据和程序之间的关系可以用图 1-2 来表示。

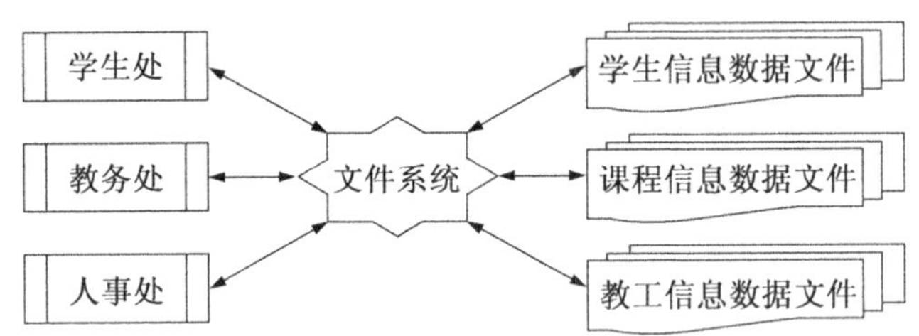

图 1-2　文件系统阶段的数据和程序之间的关系

理解这个阶段的特点,同样可以利用计算机高级语言(C 或 VB 等)的(文件操作)编程经验,举例如下。

要编写一个程序(学生处),求一个班 N 个学生每个人 M 门课程的平均成绩并排序。那么这 $M \times N$ 个成绩就必须事先通过某种方式先写到一个数据文件(顺序文件)中,而数据文件中的数据存储形式必须要与对应程序中数据读取方式契合,虽然这个文件可以长期存储并多次读取,但其具有极强的专一性和依赖性,共享性差。

要再编写一个程序(教务处),求某一门课程需要参加补考的学生人数。那么这门课程所有学生的成绩又必须事先通过某种方式先写到一个数据文件中,而这个数据文件中的数据存储形式必须要与对应程序中数据读取方式契合,尽管这些数据与前面程序中的数据有重复,但碍于文件存储形式的差异,共享性差。当然这个数据文件同样可以长期存储并多次读取,但其同样具有极强的专一性和依赖性,它基本上为一个程序服务,共享性差,同时数据存储结构的扩展修改空间有限。

文件系统对计算机数据管理能力的提高虽然起了很大的作用,但是仍然存在许多根本性问题。文件系统管理数据有如下特点。

(1) 数据可以长期保存。数据以文件形式可长期保存在外部存储器的磁盘上。

(2) 应用程序管理数据。数据的逻辑结构与物理结构有区别,但比较简单。程序与数据之间具有设备独立性,即程序只需用文件名就可与数据打交道,不必关心数据的物理位置。由操作系统的文件系统提供存取方法(读/写),对数据的操作以记录为单位;文件中只存储数据,不存储文件记录的结构描述信息。文件的建立、存取、查询、插入、删除、修改等所有操作,都要用程序来实现。

(3) 数据依赖性强。虽然文件组织已多样化,有索引文件、链接文件和直接存取文件等,但文件之间相互独立、缺乏联系。数据之间的联系要通过程序去构造。虽然数据不再属于某个特定的程序,可以重复使用,但是文件结构的设计仍然是基于特定的用途,程序基于特定的物理结构和存取方法,因此程序与数据结构之间的依赖关系并未根本改变,即数据依然是面向应用的。

(4) 数据共享性差,冗余度大。由于文件之间缺乏联系,造成每个应用程序都有对应的数据文件,有可能同样的数据在多个文件中重复存储。

(5) 数据不一致性。数据冗余往往造成数据不一致,在进行更新操作时,稍不谨慎,就可能使同样的数据在不同的文件中不一样。

(6) 数据之间联系弱。这是由于文件之间相互独立、缺乏联系造成的。

文件系统阶段是数据管理技术发展中的一个重要阶段。在这一阶段中,得到充分发展的数据结构和算法丰富了计算机科学,为数据管理技术的进一步发展打下了基础。

3. 数据库系统阶段

20 世纪 60 年代后期开始,计算机用于数据管理的规模迅速扩大,对数据共享的需求日益增强,为解决数据的独立性问题,实现数据统一管理达到数据共享的目的,发展了数据库技术。同时,计算机的软、硬件技术,特别是磁盘技术的逐渐成熟也给联机存取的数据库技术的实现提供了有力的支持。

数据库技术克服了前几个阶段管理方式的缺点,试图提供一种完善的、更高级的数据管理方式,它的基本思想是解决多用户数据共享的问题,实现对数据的集中统一管理,具有较高的数据独立性,并为数据提供各种保护措施。数据库系统阶段的数据库管理软件作为用户与数据的接口,程序和数据的关系见图 1-3。

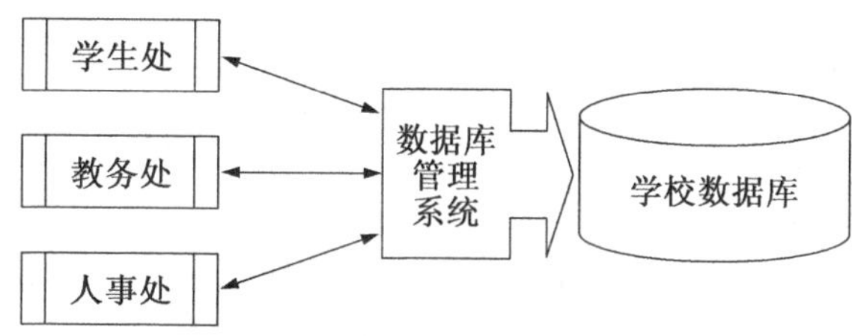

图 1-3　数据库系统阶段的数据和程序之间的关系

概括起来,数据库系统阶段的数据管理具有以下特点。

(1) 数据模型表示复杂的数据结构。数据模型不仅描述数据本身的特征,还要描述数据之间的联系,这种联系通过存取路径实现。

(2) 具有较高的数据共享性和较小的数据冗余度。通过所有存取路径表示自然的数据联系是数据库与传统文件的根本区别。这样,数据不再面向特定的某个或多个应用,而是面向整个应用系统。数据冗余明显减少,实现了数据共享。

(3) 具有较高的数据独立性。数据的逻辑结构与物理结构之间的差别可以很大。用户以简单的逻辑结构操作数据而无需考虑数据的物理结构。数据库的结构分成用户的局部逻辑结构、数据库的整体逻辑结构和物理结构三级。用户(应用程序或终端用户)的数据和外存中的数据之间的转换由数据库管理系统实现。

(4) 数据库管理系统为用户提供了方便的用户接口。用户可以使用查询语言或终端命令操作数据库,也可以用程序方式(如用高级语言和数据库语言联合编写的程序)操作数据库。

(5) 数据库系统提供了数据控制功能。① 数据库的并发控制:对程序的并发操作加以控制,防止数据库被破坏,杜绝向用户提供不正确的数据。② 数据库的恢复:在数据库被破坏或数据不可靠时,系统有能力把数据库恢复到最近某个正确状态。③ 数据完整性:保证数据库中的数据始终是正确的。④ 数据安全性:保证数据的安全,防止数据的丢失、破坏。

(6) 增加了系统的灵活性。对数据的操作不一定以记录为单位,可以以数据项为单位。

20 世纪 80 年代以来,关系数据库理论日趋完善,逐步取代了网状和层次数据库,占领了市场并向更高阶段发展。

4. 高级数据库阶段

随着计算机技术的发展和网络技术的日渐成熟,数据库技术也呈现出多元化、多层面和多形态并存的现状,数据管理技术进入了高级数据库阶段。

目前数据库技术已成为计算机领域中最重要的技术之一,它是软件科学中的一个独立分支,正在朝着面向对象数据库、分布式数据库、并行数据库、主动数据库、移动数据库、模糊数据库、知识库系统、多媒体数据库、XML 数据库、工程数据库、空间数据库等多方向发展。特别是数据仓库和数据挖掘技术的发展,大大推动了数据库向智能化和大容量化发展的趋势,充分发挥了数据库的作用。

1.1.3 数据库系统

了解数据管理的发展历程和数据库系统阶段的数据管理特点,对于进一步理解数据库系统的组成有很大帮助。

数据库系统(Database System,DBS)的运作是构架在计算机之上的,所以数据库系统的前提组成元素必然是计算机硬件,而计算机硬件又需要计算机软件的支撑和协作。数据库是数据库系统中最基本的组成元素,而对数据库的所有数据进行管理的是其最核心的组成元素——数据库管理系统。

1. 数据库系统组成

数据库系统是一个引入数据库以后的计算机系统,它由计算机硬件(包括计算机网络与通信设备)及相关软件(包括操作系统、数据库应用开发工具等)、数据库、数据库管理系统和人员组成,如图 1-4 所示。

(1) 数据库(Database,DB)。

简单地说,数据库是按照数据结构来组织、存储和管理数据的仓库。严格地说,数据库是结构化的相关数据的集合。这些数据是按一定的结构和组织方式存储在外存储器上的,具有最小的数据冗余,可供多个用户共享,为多种应用服务。数据的存储独立于使用它的程序。对数据库进行数据的插入、修改和检索均能按照一种通用的和可控制的方式进行。

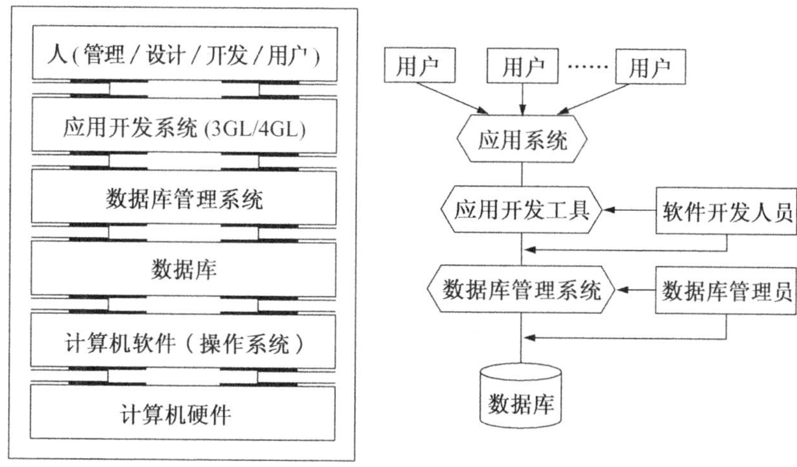

图 1-4　数据库系统组成

(2) 数据库管理系统(Database Management System,DBMS)。

数据库管理系统是在操作系统支持下的管理数据的软件,它是整个数据库系统的核心。它负责对数据的统一管理,提供以下基本功能:对数据进行定义;建立数据库;进行插入、删除、修改、查询等操作;数据库的维护、控制;对数据的排序、统计、分析、制表等。同时它构架了一个软件平台和工作环境,提供了多种操作工具和命令,使得用户可以在方便友好的界面上实现和完成各种功能。

(3) 计算机硬件。

数据库系统是建立在计算机系统上的,它需要基本的计算机硬件(主机和外设)支撑。硬件可以是个人计算机,也可以是中大型计算机,甚至是网络环境下的多台计算机。

(4) 计算机软件。

软件包括操作系统、数据库引擎和作为应用程序的高级语言以及编译系统等。目前,应用程序是用第三代编程语言(3GL)编写的,典型的数据库应用开发环境如Delphi、C++ Builder、PowerBuilder、Visual Basic、Visual C++、JBuilder、C# Builder 以及.Net等,或者使用嵌入到 3GL 中的第四代编程语言(4GL)编写,如 SQL。

(5) 人员。

参与数据库系统设计、管理和使用的主要人员有:数据库管理员(DBA)、系统分析员、数据库设计人员、应用开发人员和最终用户。

① 数据库管理员:DBA 是数据库系统中最重要的人员,负责全面管理和控制数据库系统。DBA 必须参与数据库设计的全过程。其主要职责包括:参与外模式、模式及内模式的设计与定义;定义数据的安全性要求和完整性控制;监督和控制数据库系统的使用和运行;改进和重组数据库系统以优化数据库系统的性能;定义和实施适当的后援和恢复策略,周期性地做好故障防范工作;帮助最终用户使用数据库系统等。

② 系统分析员:负责应用系统的需求分析与规范说明,从整体上规划、设计整个数据库系统,与其他人员一起确定系统的软硬件配置,并参与数据库各级模式结构的概要设计。

③ 数据库设计员:分为逻辑数据库设计人员和物理数据库设计人员。

- 逻辑数据库设计人员负责标识数据(实体和属性)、数据之间的联系,以及存储到数据库中的数据的约束等方面。逻辑数据库设计人员必须全面理解组织机构的数据及其商业作用。逻辑数据库设计人员在数据库模型开发的过程中,必须考虑所有数据库用户的视图,具体包括:概念数据库设计和逻辑数据库设计。
- 物理数据库设计人员决定逻辑数据库的设计如何以物理的形式实现,将逻辑数据库设计映射为一组表和一组完整性约束;选择特定的数据存储结构和访问方法;设计所要求的数据安全性检查。

④ 应用开发人员。数据库一旦实现,必须开发满足最终用户功能需求的应用程序。这就是应用开发人员的职责。应用开发人员从一个由系统分析员提出的描述开始工作。每一个程序包括要求数据库管理系统在数据库上实现某些操作的语句,包括检索、插入、删除和更新数据。

⑤ 用户。设计、实现和维护数据库的目的是为最终用户提供信息服务,所以最终用户是数据库的客户。

2. 数据库系统全局结构

计算机硬件(磁盘存储器)提供数据库信息的基本存储空间;操作系统(OS)提供最基本的输入/输出(I/O)服务,是数据库管理系统和磁盘存储器交互的中介;DBMS查询处理器和存储管理器提供完成数据库定义、数据库操作(查询、插入、删除和修改数据)、数据库安全保护、数据库维护和存储数据字典等功能;应用层(APP)提供不同级别人员在不同层面操作或使用数据库的界面平台。

从数据库系统组成和数据库管理系统功能来考虑各模块之间的关系,数据库系统的全局结构如图1-5所示。

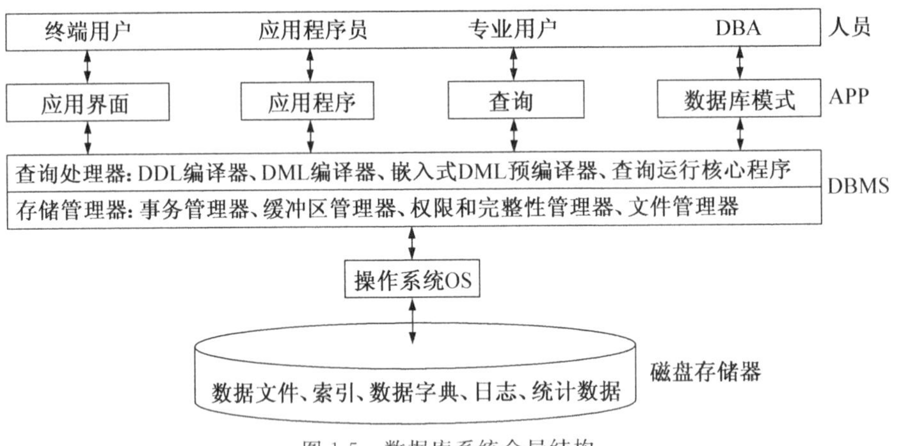

图1-5 数据库系统全局结构

3. 数据库系统的效益

数据库系统的核心是数据库管理系统,它提供所有对数据库的定义、操作、安全、维护等功能;结构化组织模式的数据库是数据库系统的操作对象;而计算机软硬件是数据库系统的基础平台和技术支撑。数据库系统应该具备灵活性、简易性、面向用户、数据控制、程序设计方便、程序维护工作量小和标准化等效益。

1.2　数据库系统的模式结构

数据库系统的一个主要目的就是为用户提供数据的逻辑抽象视图，并隐藏数据的实际物理存储和操作细节。由于数据库是一个共享资源，所以不同用户需要获取数据库中数据的不同逻辑视图。为了满足所有用户的需求，数据库系统就必须构建严谨的模式体系结构，这种对数据库的整体描述称为数据库模式结构。

1.2.1　三层模式结构

现在世界中运行的各式各样的数据库系统，其类型和规模可能相差很大，但它们的模式体系结构大体相同，几乎所有的数据库系统在某种程度上都是基于 ANSI-SPARC① 三层模式体系结构的，如图 1-6 所示。

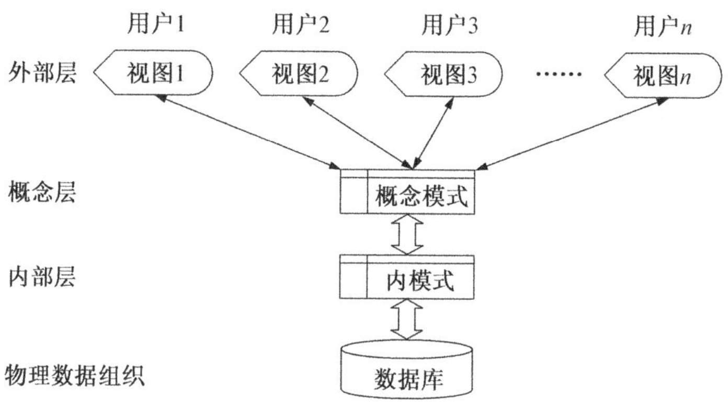

图 1-6　数据库系统 ANSI-SPARC 三级模式体系结构

三层模式体系结构对数据库的组织从内到外分三个层次描述，即内模式、概念模式和外模式。

在外部层，有许多外部模式与不同的数据视图相对应。在概念层，有概念模式，描述所有实体、属性和联系，以及完整性约束。在最底层有内模式，是内部模型的完整描述，包括对存储记录的定义、表示方法、数据域界定等。

ANSI-SPARC 三层模式体系结构将用户的数据库逻辑视图与数据库物理描述分离开来。用户从外部层观察数据；数据库管理系统和操作系统从内部层观察数据。在内部层，数据实际上是使用了某种数据结构和文件组织方法存储；概念层提供内部层和外部层之间的映射和必要的数据独立性。一个数据库只有一个概念层和一个内部层。

这样的分层模式结构可以达到如下效果。

- 每个用户通过各自的自定义数据逻辑视图访问相同的数据。每个用户都可以改变自己的数据逻辑视图，但这些改变不会影响其他用户。

① 美国国家标准委员会所属标准计划和要求委员会——Standards Planning and Requirements Committee，在 1975 年公布了一个关于数据库的标准报告，提出了数据库的三层结构组织，也就是 SPARC 分级模式结构。

● 用户不能直接处理数据库物理存储的细节，即用户与数据库的交互是独立于物理存储细节的，如对数据进行索引。

● 数据库管理员可以在不影响所有用户逻辑视图的前提下，修改数据库存储结构和概念结构。

● 数据库的内部结构不受存储设备物理数据组织变化的影响，如转换存储设备。

1. 外部层

外部层又称外模式或子模式，是数据库的用户视图。这一层描述每个与用户相关的数据库部分。

外部层由若干数据库的不同视图组成。每个用户都可以用其熟悉的方式显示其感兴趣的实体、属性和联系的逻辑视图(其中的数据也许直接来源于数据库，也许是通过计算之后而得到的数据)，而不感兴趣的部分仍存储在数据库中，却不在用户的视图范围内。

2. 概念层

概念层又称概念模式或逻辑模式，是数据库的整体逻辑结构特征的描述。这一层描述了数据库中的数据以及数据和数据之间的关系，是所有用户的公共数据在逻辑层面上的视图。

概念层包括数据库管理员可以看到的整个数据库的逻辑结构，是关于自制的数据需求的完整视图，且完全独立于实际的物理存储。

概念层描述以下内容：① 所有实体、实体的属性和实体间的联系；② 数据的约束；③ 数据的语义信息；④ 安全性和完整性信息。

3. 内部层

内部层又称内模式或存储模式，是数据库在计算机上的物理表示。这一层描述数据库中数据的实际存储结构。

内部层包括为了得到数据库最佳运行效果而采用的所有物理实现方法。它包括在存储设备上存储数据所使用的数据结构和文件组织，以及数据库与操作系统的访问方式接口，以便将数据存到存储设备上，建立索引和检索数据等。

内部层的功能包括：① 数据和索引的存储空间分配；② 用于存储的记录描述(数据项的存储大小)；③ 记录放置；④ 数据压缩和数据加密技术。

内部层之下是物理层，物理层在数据库管理员的指导下受操作系统的控制。

1.2.2 两层模式映射

事实上，三层模式中，只有内模式才是真正存储数据的，概念模式和外模式仅是一种逻辑表示数据的方法，但用户却可以放心地使用它们，这是由数据库管理系统的映射功能实现的。映射实现三层模式结构间的联系和转换，使用户可以逻辑地处理数据，不必关心数据的底层表示方式和存储方式。三层模式结构保证了数据的独立性，即对较底层的数据修改不会影响较高层的操作。数据独立性分逻辑数据独立性和物理数据独立性。

这三层模式之间存在两种映射：外模式与概念模式之间的映射和概念模式与内模式

之间的映射，如图 1-7 所示。

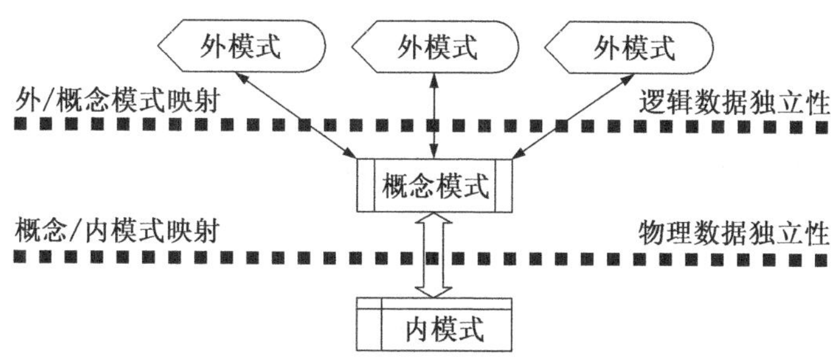

图 1-7　数据库系统三层模式的两层映射和数据独立性

每个外模式都由概念模式导出，并且它必须使用概念模式中的信息，完成外模式与概念模式的映射。概念模式通过概念层到内部层的映射与内模式相关联，这样，数据库管理系统就能在物理存储中找到构成概念模式中逻辑记录的实际记录或者记录的组合，以及对逻辑记录进行操作过程中应该执行的约束。它允许两类模式在实体名称、属性名称、属性顺序、数据类型等方面存在不同。最后，每一个外模式通过外部层到概念层的映射与概念模式项联系。图 1-8 展示了数据库系统三层模式表现形式的异同。

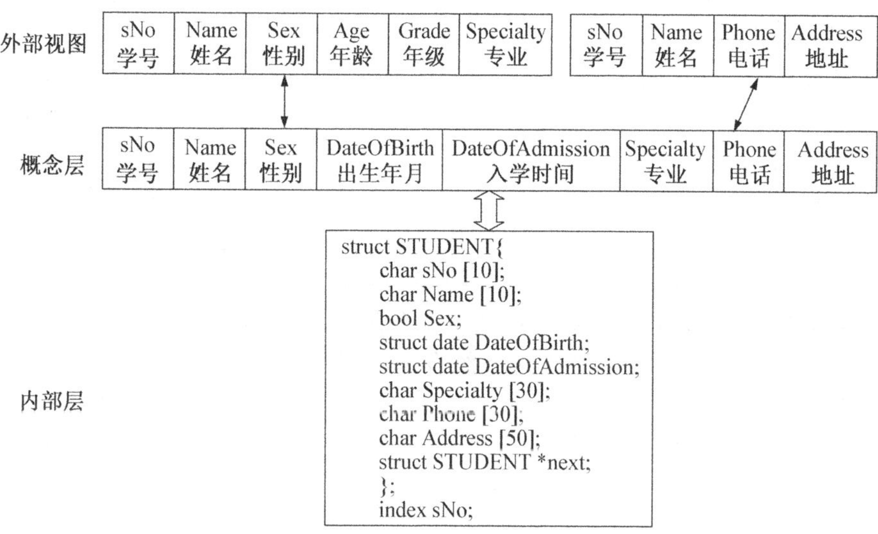

图 1-8　数据库系统三层模式表现形式的异同

1. 外模式与概念模式之间的映射

外模式与概念模式之间的映射把用户数据库与概念数据库联系起来了。这一层的映射可以保证逻辑数据独立性。

逻辑数据独立性指外模式不受概念模式变化的影响。当概念模式改变时(如增加新的关系、新的属性、改变属性的数据类型等)，由数据库管理员对各个外模式/概念模式的映射作相应改变，可以使外模式保持不变。应用程序是依据数据的外模式编写的，因此不必修改，保证了数据与程序的逻辑独立性。

2. 概念模式与内模式之间的映射

概念模式与内模式之间的映射把概念数据库与物理数据库联系起来了。这一层的映射可以保证物理数据独立性。

物理数据独立性指概念模式不受内模式变化的影响。当数据库的存储结构改变了(如选用了另一种存储结构),由数据库管理员对概念模式/内模式的映射作相应改变,可以使概念模式保持不变,从而应用程序也不必改变,保证了数据与程序的物理独立性。

1.3 数据库系统的数据模型

1.3.1 数据模型

数据模型是对现实世界的模拟,是对现实世界数据特征的抽象。数据模型是用来描述数据、组织数据和对数据进行操作的。它提供基本的概念和表示方法,使得数据库设计人员和最终用户能明白无误地交流他们对数据语义的理解。

1. 数据模型的概念

数据模型是一个描述数据、数据联系、数据语义以及数据一致性约束的概念工具集合。数据模型提供了一种描述物理层、逻辑层以及视图层数据库设计的方式。

数据模型是数据库结构的基础,它应能比较真实地模拟现实世界、易于理解和便于在计算机上实现。在设计和开发一个数据库应用系统时需要使用不同的数据模型:概念数据模型、逻辑数据模型和物理数据模型。

- 概念数据模型:也称信息模型,是从数据语义的角度来抽象,面向用户、面向现实世界的观点来对数据和信息建模。概念数据模型主要用来描述现实世界的概念化结构,与具体的数据库管理系统无关,主要用于数据库设计阶段。
- 逻辑数据模型:从数据的组织结构角度来抽象,并按计算机系统的观点对数据建模,逻辑数据模型与采用的数据库管理系统有关,主要用于 DBMS 的实现。用概念数据模型表示的数据必须转化为逻辑数据模型表示的数据,才能在 DBMS 中实现。因此,逻辑数据模型既要面向用户,也要面向实现。常见的逻辑数据模型有:层次模型(Hierarchical Model)、网状模型(Network Model)、关系模型(Relational Model)、面向对象模型(Object Oriented Model)和对象关系模型(Object Relational Model)等。
- 物理数据模型:描述由数据库管理系统支持的、面向计算机系统的、数据在系统内部的表示方式和存取方法,是对数据最低层的抽象。物理数据模型的具体实现是 DBMS 的任务,是数据库设计人员的职责,一般用户可不考虑物理级的细节。物理数据模型不仅与 DBMS 有关,而且与操作系统和硬件有关。

由此可见,一个数据库应用系统的开发,首先需要将现实世界对象抽象为与计算机系统和 DBMS 无关的信息模型,即概念模型,然后再将概念模型转换为可在计算机上实现且为某一 DBMS 支持的逻辑模型和物理模型。

2. 数据模型的要素

数据模型包含三要素:数据结构、数据操作和数据约束条件。

(1) 数据结构。数据结构用于描述系统的静态特性，由一组创建数据库的规则组成，反映数据以及数据之间的关系。它是所研究对象类型的集合，也是刻画一个数据模型性质最重要的方面。在数据库系统中，人们通常按照其数据结构的类型来命名数据模型。例如，数据结构有层次结构、网状结构和关系结构，相对应的数据模型成为层次数据模型、网状数据模型和关系数据模型。

(2) 数据操作。数据操作用于描述系统的动态特性，定义允许对数据库进行操作的种类(包括更新和检索数据库中的数据，以及修改数据库结构)，是对数据库中各种数据操作的集合，包括操作及相应的操作规则。数据模型必须定义这些操作的确切含义、操作规则以及实现操作的语言。

(3) 数据约束条件。数据约束条件是一组完整性规则的集合，完整性规则是给定的数据模型中数据及其联系所具有的制约和依存规则，用以限定符合数据模型的数据库状态以及状态的变化，以保证数据的正确、有效、相容。数据模型还应该提供定义完整性约束条件的机制，以反映具体应用所涉及数据必须遵守的特定语义约束条件。

1.3.2　概念模型

基于实体对象的数据模型又称概念模型，使用了实体、属性和联系等概念。

实体是数据库描述的数据模型中所对应的相对独立的对象(人、事件、概念、事务和地点等)；属性描述对象某个需要进行记录的特征或性质；联系是实体之间的关联。基于实体对象的概念模型有：实体联系模型、语义模型、函数模型和面向对象模型。其中实体联系模型是数据库设计的重要技术，也是最常用和最基础的概念模型。

概念模型用于信息世界的建模，是对真实世界中问题域内事物的描述，是数据库设计的有力工具。概念模型不依赖于具体的计算机系统，它纯粹反映信息需求的概念结构。图 1-9 为数据库系统数据模型的抽象和解释的过程示意图。

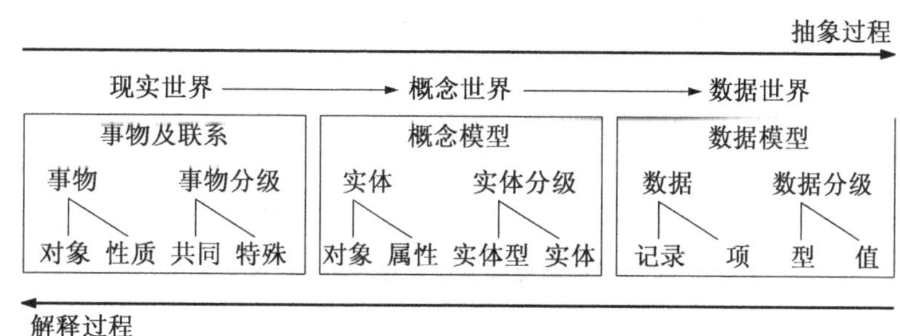

图 1-9　数据库系统数据模型的抽象和解释过程示意图

1. 概念模型的特点

概念模型具有以下特点：

(1) 具有较强的语义表达能力，并且是非技术、无二义的，能够方便、直接地表达应用中的各种语义知识；

(2) 简单、清晰、易于用户理解，是用户与数据库设计人员之间进行交流的语言。

2. 概念模型的基本术语

概念模型也称信息模型，它是按用户的观点来对数据和信息建模。概念模型是现实世界到机器世界的一个中间层次。通常是用实体联系(Entity-Relationship，E-R)模型图来表示概念模型，其相关术语介绍如下。

(1) 实体(Entity)：客观存在并可相互区别的事物称为实体。实体可以是具体的人、事、物，也可以是抽象的概念或联系。

(2) 属性(Attribute)：实体所具有的某一特性称为属性，又称数据元、数据项、基本项。一个实体可以由若干个属性来描述。

(3) 属性值(Attribute Value)：每个属性(数据元)中包含的实际数据和信息，又称数据元值。

(4) 码(Key)：唯一标识实体的属性集称为码，又称关键数据元。

(5) 域(Domain)：属性的取值范围称为该属性的域。

(6) 实体型(Entity Type)：用实体名及其属性名集合来抽象和描述同类实体，称为实体型。

(7) 实体集(Entity Set)：同型实体的集合称为实体集。

(8) 联系(Relationship)：现实世界中事物内部以及事物之间的联系在信息世界中反映为实体内部的联系和实体之间的联系。

- 一对一联系(1:1)：如果对于实体集 A 中的每一个实体，实体集 B 中至多有一个实体与之联系，反之亦然，则称实体集 A 与实体集 B 具有一对一联系，记为 1:1。
- 一对多联系($1:n$)：如果对于实体集 A 中的每一个实体，实体集 B 中有 n 个实体($n \geq 0$)与之联系，反之，对于实体集 B 中的每一个实体，实体集 A 中至多只有一个实体与之联系，则称实体集 A 与实体集 B 有一对多联系，记为 $1:n$。
- 多对多联系($m:n$)：如果对于实体集 A 中的每一个实体，实体集 B 中有 n 个实体($n \geq 0$)与之联系，反之，对于实体集 B 中的每一个实体，实体集 A 中也有 m 个实体($m \geq 0$)与之联系，则称实体集 A 与实体集 B 具有多对多联系，记为 $m:n$。

实体型之间的一对一、一对多、多对多联系不仅存在于两个实体型之间，也存在于两个以上的实体型之间。同一个实体集内的各实体之间也可以存在一对一、一对多、多对多的联系。

表 1-1 给出了学籍管理实体联系概念模型的基本术语理解。

表 1-1 学籍管理实体联系概念模型的基本术语理解

实体型	实体	学　生	课　程	成　绩
	属性	学号、姓名、性别、出生年月、入学时间、专业、电话、地址	课程号、课程名、考试/考查、开课学期、学分、学时	学号、课程号、成绩
属性值(个例)		学号为“070211008”，姓名为“张无忌”	课程名为“高等数学”，学分为 4	学号为“070211008”，课程号为“010001”，成绩为 95
域(个例)		学号为字符类型，字符数不超过 10 个	考试/考查为布尔类型	成绩为数值类型，范围为 0～100

续　表

实体型	实体	学　生	课　程	成　绩
	属性	学号、姓名、性别、出生年月、入学时间、专业、电话、地址	课程号、课程名、考试/考查、开课学期、学分、学时	学号、课程号、成绩
码		学号	课程号	学号、课程号
实体集		所有学生信息	所有课程信息	所有学生成绩信息
联系		其中，学生与成绩是一对多联系(1:n)：一个学生可以选多门课，有多门课程的成绩；课程与成绩是一对多联系(1:n)：一门课程可以有多个选择此课程学生的成绩；学生与课程是多对多联系(m:n)：一个学生可以选多门课，一门课程可有多个学生选		

3. 概念模型的表示方法(E-R 图)

E-R 图为实体—联系图，提供了表示实体型、属性和联系的方法，用来描述现实世界的概念模型。构成 E-R 图的基本要素是实体型、属性和联系，其表示方法如下。

- 实体型：用矩形表示，矩形框内写明实体名。
- 属性：用椭圆形表示，并用无向边将其与相应的实体连接起来。
- 联系：用菱形表示，菱形框内写明联系名，并用无向边分别与有关实体连接起来，同时在无向边旁标上联系的类型(1:1，1:n 或 m:n)。

图 1-10 为一个简单的学籍管理的实体联系模型图。

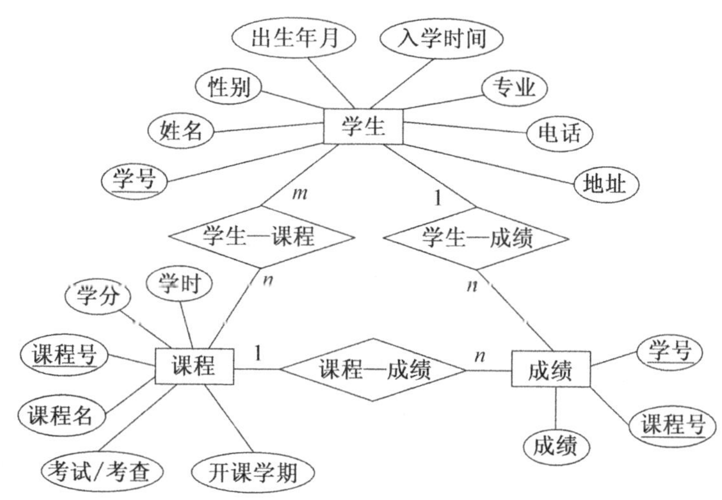

图 1-10　学籍管理实体联系模型示意图

概念模型的创建过程又称为建模，是在需求分析结果的基础上展开，常常要对数据进行抽象处理。具体结合实例的创建过程将在后续章节介绍。

1.3.3　常用逻辑数据模型

逻辑数据模型是现实世界中各种实体之间存在着联系的客观反映，是用来记录描述实体信息的基本结构，它要求实体和记录一一对应，同一记录类型描述同一类实体且必须是同质的。

基于记录的数据模型，数据库由若干不同类型的固定格式记录组成。每个记录类型有固定数量的域，每个域有固定的长度。

基于记录的逻辑数据模型基本有三类：层次模型、网状模型和关系模型，它们是依据描述实体与实体之间联系方式的不同来划分的：层次模型用树结构来表示实体和实体之间联系；网状模型用图结构来表示实体和实体之间联系；关系模型用二维表格表示实体和实体之间联系。

1. 层次模型

层次结构模型实质上是一种有根节点的定向有序树（在数学中“树”被定义为一个无回路的连通图）。层次结构模型的特点是：有且仅有一个节点无双亲，这个节点称为“根节点”；其他节点有且仅有一个双亲。

图 1-11 是一个高等学校的组织结构，这个组织结构图像一棵树，校部就是树根（称为根节点），各分院、专业、教师、学生等为枝点（称为节点），树根与枝点之间的联系称为边，树根与边之比为 1:n，即树根只有一个，树枝有 n 个。

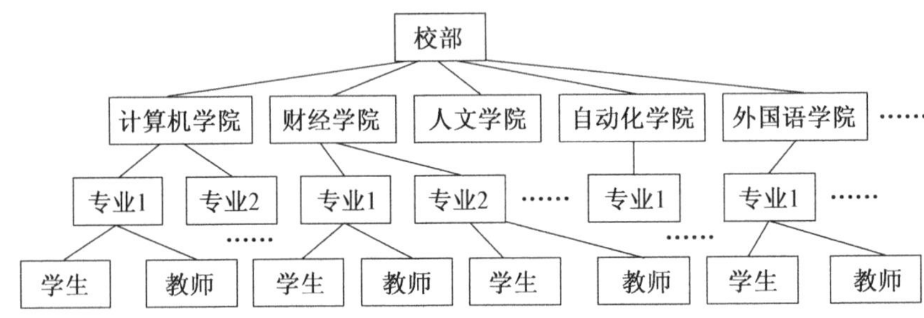

图 1-11　高等学校的组织层次结构图

图 1-12 为层次模型示意图，其中，R_i（i=1,2,…,6）代表记录（即数据的集合），其中 R_1 就是根节点（如果 R_i 看成是一个家族，则 R_1 就是祖先，它是 R_2、R_3、R_4 的双亲，而 R_2、R_3、R_4 互为兄弟），R_5、R_6 也是兄弟，且其双亲为 R_3。R_2、R_4、R_5、R_6 又被称为叶节点（无子女的节点）。这样，R_i（i=1,2,…,6）就组成了以 R_1 为树根的一棵树。

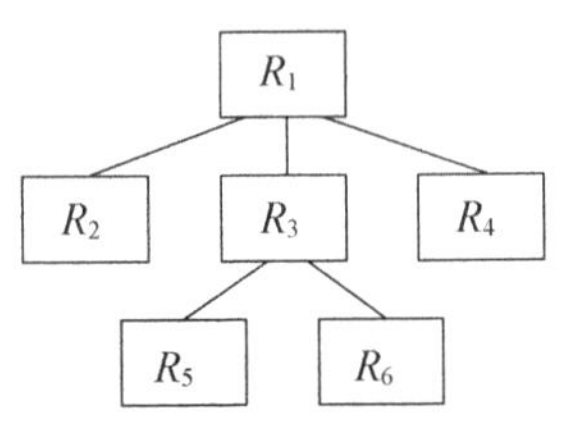

图 1-12　层次结构模型

层次模型的优点是结构清晰，表示各节点之间的联系简单，容易表示现实世界的层次结构的事物及其之间的联系（一对多）。层次模型的缺点是不能表示两个以上实体之间的复杂联系和实体之间的多对多联系，严格的层次顺序使数据插入和删除操作变得复杂。

按照层次模型建立的数据库系统称为层次模型数据库系统。美国国际商业机器公司（IBM）推出世界上第一个层次数据库系统 IMS（Information Management System），在数据库系统发展史上占有重要的地位。

2. 网状模型

网状模型实质上是一种节点与节点允许有回路的连通图。网状模型的特点是可以有一个以上的节点无双亲；至少有一个节点有多于一个以上的双亲。

图 1-13 是某医院医生、病房和病人之间的联系，即每个医生负责治疗 3 个病人，每个病房可住 1～3 个病人。如果将医生看成是一个数据集合，病人和病房分别是另外两个数据集合，那么医生、病人和病房的比例关系就是 $m:n:p$（即 m 个医生，n 个病人，p 间病房）。这种数据结构就是网状数据结构。

在网状结构模型图 1-14 中，记录 $R_i(i=1,2,\cdots,8)$ 满足以下条件：① 可以有一个以上的节点无双亲（如 R_1、R_2）；② 至少有一个节点有多于一个以上的双亲（如 R_7、R_8）。

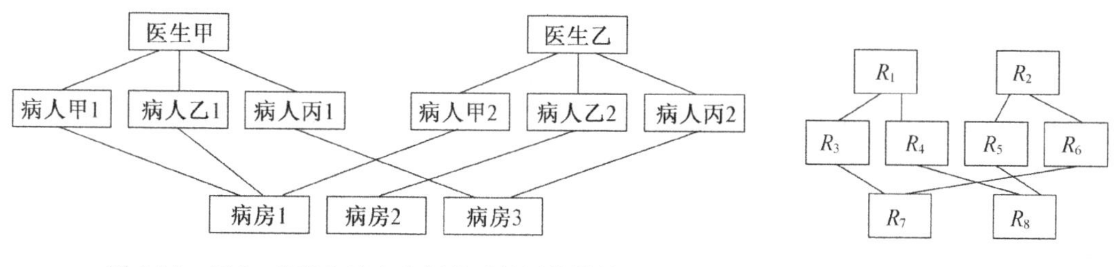

图 1-13　医生、病房和病人之间关系的网络结构图

图 1-14　网状模型

在医生、病人、病房案例中，医生集合有若干个节点（m 个医生节点）无双亲，而病房集合有 p 个节点（病房），并有 1 个以上的双亲（病人）。

网状模型的优点是能够表示实体之间的多种复杂联系（多对多），用数学方法可将网状数据结构转化为层次数据结构。网状模型的缺点是比较复杂，需要程序员熟悉数据库的逻辑结构，在重新组织数据库时，容易失去数据独立性。

按照网状数据结构建立的数据库系统称为网状数据库系统，其典型代表是 DBTG（Database Task Group）。美国通用电气公司成功开发了世界上第一个网状数据库系统 IDS（Integrated Data Store）。IDS 奠定了网状数据库的基础，并得到了广泛应用，成为数据库系统发展史上的一座丰碑。

3. 关系模型

20 世纪 70 年代初，E. F. Codd 在总结前面的层次、网状数据库优缺点的基础上，提出了关系数据模型的概念及关系代数与关系演算。在理论上确立了完整的关系模型理论、数据依赖理论和关系数据库的设计理论。

关系模型是建立在严格的数学概念基础上的，由关系数据结构、关系操作集合和关系完整性约束三部分组成。关系模型把一些复杂的数据结构归结为简单的二元关系（即二维表格形式），由行和列组成。

表 1-2 所示的学生关系就是一个二元关系。这个四行八列的表格的每一列称为一个字段（即属性），字段名相当于标题栏中的标题（属性名称）；表的每一行是包含了八个属性（学号、姓名、性别、出生年月、入学时间、专业、电话、地址）的一个八元组，即一个人的记录。这个表格清晰地反映出该学校学生的基本情况。

表 1-2　学生基本情况

学号	姓名	性别	出生年月	入学时间	专业	电话	地址
070211001	黄蓉	女	1989/2/15	2007/9/1	财会	13612345678	上海未名路 5 号
070211015	郭靖	男	1988/9/05	2007/9/1	自动化	13812345678	北京未名路 3 号
070211008	张无忌	男	1989/11/1	2007/9/1	计算机	13312345678	杭州未名路 4 号
070211121	周芷若	女	1989/12/25	2007/9/1	外贸	13512345678	广州未名路 2 号

一个 m 行、n 列的二维表格的结构如图 1-15 所示。表中每一行表示一个记录，每一列表示一个属性(即字段或数据项)。该表一共有 m 个记录，每个记录包含 n 个属性。

作为一个关系的二维表，必须满足以下条件：

- 表中每一列必须是基本数据项(即不可再分解)；
- 表中每一列必须具有相同的数据类型(如字符型或数值型)；
- 表中每一列的名字必须是唯一的；
- 表中不应有内容完全相同的行；
- 行的顺序与列的顺序不影响表格中所表示的信息的含义。

	属性 1	属性 2	属性 3	属性 4	……	属性 n
记录 1	……	……	……	……	……	……
记录 2	……	……	……	……	……	……
⋮	……	……	……	……	……	……
记录 m	……	……	……	……	……	……

图 1-15　m 行、n 列的二维表格的结构图

关系模型的优点是使用表的概念使信息简单直观，通过关系中的码可以直接表示实体之间的联系。关系模型具有较好的数据独立性。关系模型的缺点是其连接等操作开销较大，需要较高性能的计算机支持。

在关系数据库中，对数据的操作几乎全部建立在一个或多个关系表格上，通过对这些关系表格的分类、合并、连接或选取等运算来实现数据的管理。

由关系数据结构组成的数据库系统称为关系数据库管理系统，被公认为最有前途的一种数据库管理系统。它的发展十分迅速，目前在数据库管理系统中占据主导地位。自 20 世纪 80 年代以来，作为商品推出的数据库管理系统几乎都是关系型的，例如，Oracle、DB2、Sybase、Informix、Visual FoxPro、Access 和 SQL Server 等。

4. 面向对象模型

面向对象模型中最基本的概念是对象和类。面向对象模型不但继承了关系模型的许多优良性能，还能处理多媒体数据，并支持面向对象程序设计。面向对象模型比网络、层次和关系模型具有更丰富的表达能力，也正因为如此，其模型相当复杂，实现也比较困难。面向对象数据库系统的典型代表是 GIS(Geographic Information System)地理信息系统。

1.4　数据库管理系统

数据库管理系统(DBMS)是一种操作和管理数据库的大型软件,用于建立、使用和维护数据库。它对数据库进行统一的管理和控制,以保证数据库的安全性和完整性。用户通过 DBMS 访问数据库中的数据,数据库管理员也通过 DBMS 进行数据库的维护工作。它提供多种功能,可使多个应用程序和用户用不同的方法在相同或不同时刻去建立、修改和询问数据库。它使用户能方便地定义和操作数据,维护数据的安全性和完整性,以及进行多用户下的数据库并发控制和恢复。

1.4.1　数据库管理系统的主要功能

1. 数据库的定义功能

DBMS 提供数据定义语言(Data Define Language,DDL)用以定义数据库的结构、包括外模式、内模式及其相互之间的映象,及定义数据的完整性约束、保密限制等约束条件。定义工作由 DBA 完成。因此在 DBMS 中包括 DDL 的编译程序,将用 DDL 编写的各种源模式编译成相应的目标模式。这些目标模式是对数据库的描述,而不是数据本身,它们是数据库的框架(即结构),并被保存在数据字典中,供以后进行数据操纵或数据控制时查阅使用。

2. 数据库操作功能

DBMS 提供数据操作语言(Data Manipulation Language,DML)实现对数据库的操作。基本的数据操作有 4 种:检索、插入、删除和修改。DML 有两类,一类是宿主型 DML,嵌入到宿主语言中使用,例如嵌入到 VB、C 等高级语言中;另一类是自主型或自含型 DML,可以独立使用。因此,DBMS 中必须包括 DML 的编译程序或解释程序。

3. 数据库运行控制功能

DBMS 对数据库的控制主要通过四个方面实现:数据安全性控制、数据完整性控制、多用户环境下的并发控制和数据库的恢复。

(1) 数据安全性控制是对数据库的一种保护,它的作用是防止未授权的用户存取数据库中的数据。

(2) 数据完整性控制是 DBMS 对数据库提供保护的另一个重要方面。完整性是对数据的准确性和一致性的控制与约束。当数据加入到数据库时,对数据的合法性和一致性进行检验,以保证数据的完整、一致。

(3) 并发控制是 DBMS 的第三类控制机制。数据库技术的一个优点是数据的共享性,但多个应用程序同时对数据库进行操作可能会破坏数据的正确性,或者在数据库内存储了错误的数据,或者用户读取了不正确的数据(称为脏数据)。并发控制机构能防止上述情况发生,正确处理好多用户、多任务环境下的并发操作。

(4) 数据库恢复机构是保护数据库的又一个重要方面。数据库建立后,在运行中要不断地对数据库进行操作,就可能会出现各种故障,如停电、软硬件各种错误、人为破坏等,从而导致数据库损坏,或者数据不正确。此时,DBMS 的恢复机构就有能力把数据库从被破坏的、不正确的状态，恢复至以前某个正确的状态。为了保证恢复工作的正常进行，系统要经常为数据库建立若干备份副本。

DBMS 其他控制功能还有系统缓冲区的管理以及数据存储的某些自适应调节机制等。

4. 数据库的维护功能

数据库的维护包括数据库的初始数据的载入、转换功能，数据库的转储功能，数据库的重组织功能和性能监视、分析功能等。这些功能大都由各个实用程序来完成，如装配程序（装配数据库）、重组程序（重新组织数据库）、日志程序（用于更新操作和数据库的恢复）和统计分析程序等。

5. 数据库组织、存储和管理功能

在数据的组织与存取方面，有文件读写与维护程序、存取路径（如索引）管理程序、缓冲区管理程序（包括缓冲区读、写和淘汰模块），这些程序负责维护数据库的数据和存取路径，提供数据在外围储存设备上的物理组织与存取方法。

6. 数据通信功能

DBMS 提供与通信软件接口或集成功能。除了集中式的数据库体系结构，用户对数据库的访问都是通过网络与 DBMS 主机进行通信的。无论哪种情况，DBMS 将访问请求作为通信消息接收，并且以同样的方式进行回复。所有这些转换都是通过数据通信管理器（Data Communication Manager，DCM）处理的。尽管 DCM 不属于 DBMS 的组件，但必须能够实现两者的对接或集成。

以上是一般的 DBMS 所具备的功能。通常在大、中型机上实现的 DBMS 功能较强、较全，在微机上实现的 DBMS 功能较弱。

1.4.2 数据库管理系统的组成

DBMS 是个高度复杂的软件，不同的系统之间也存在较大差异，没有一个标准的组成结构。但依照 DBMS 提供的主要功能，图 1-16 给出了一个可能的 DBMS 组件结构（深色部分）。DBMS 可以划分为若干个软件组件（模块），每个模块完成特定的操作和功能。

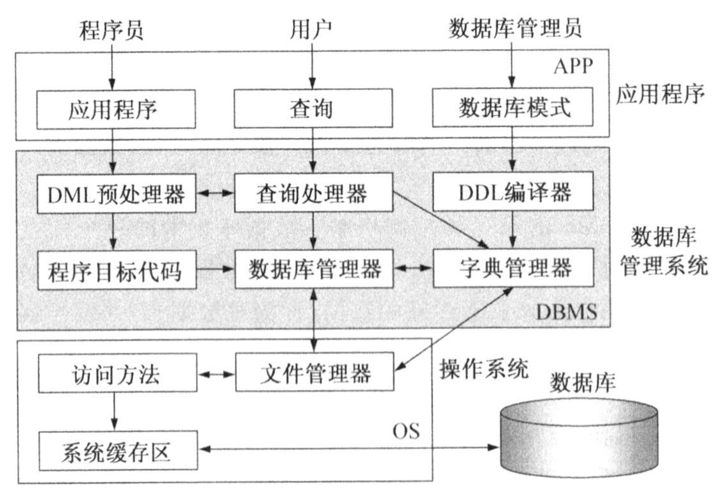

图 1-16 数据库管理系统组成示意图

1. DDL 编译器

DDL 编译器(数据定义语言及其翻译处理程序)有 DDL 翻译处理程序(包括外模式、模式、存储模式处理程序)、保密定义处理程序(如授权定义处理程序)、完整性约束定义处理程序等。这些程序接收相应的定义,进行语法、语义检查,把它们翻译为内部格式存储在数据字典中。DDL 翻译处理程序还根据模式定义负责建立数据库的框架(即形成一个空库),等待装入数据。

2. DML 预处理器

DML 预处理器(数据操作语言及其编译/解释程序)有 DML 处理程序、终端查询语言解释程序、数据存取程序、数据更新程序等。DML 处理程序或终端查询语言解释程序对用户数据操作请求进行语法、语义检查,有数据存取或更新程序完成对数据库的存取操作。

3. 查询处理器

查询处理的目标是将应用程序表示的查询转换为正确有效的、用低级语言表达的执行策略(关系代数),并通过执行该策略来获取所需要的数据。查询处理通常分为四个主要阶段:分解(分析和验证)、优化、代码生成和代码执行。

4. 数据库管理器

数据库管理器(数据库运行控制程序)与用户提交的应用程序和查询相连接,它接受查询并检查外模式和概念模式,确定需要哪些概念记录才能满足查询的请求,并通知文件管理器来执行请求。其中包括系统初启程序,负责初始化 DBMS,建立 DBMS 的系统缓冲区,系统工作区,打开数据字典等。还有安全性控制,完整性检查、并发控制、事务管理、运行日志管理等程序模块,在数据库运行过程中监视着对数据库的所有操作,控制管理数据库资源,处理多用户的并发操作等。一方面保证用户事务的正常运行及其一致性,一方面保证数据库的安全性和完整性。

5. 数据字典管理器

数据字典(Data Dictionary,DD)中存放着数据库三层模式结构的描述,对于数据库的操作都要通过查阅 DD 进行。现有的大型系统中,把 DD 单独抽出来自成一个系统,成为一个软件工具,使得 DD 成为一个比 DBMS 更高级的用户和数据库之间的接口。

1.5　主流网络数据库产品简介

目前有许多数据库管理系统产品,如 Oracle、DB2、Sybase、MySQL、Informix、Microsoft SQL Server、Microsoft Access、Visual FoxPro 等,各以其特有的功能,适合于不同级别的系统和不同需求的用户,在数据库市场上占有一席之地。

1. Access 数据库

Microsoft Access 是美国 Microsoft 公司推出的微机数据库管理系统。它具有界面友好、易学易用、开发简单、接口灵活等特点,是典型的新一代桌面数据库管理系统。其主要特点如下。

(1) 完善地管理各种数据库对象,具有强大的数据组织、用户管理、安全检查等功能。

(2) 强大的数据处理功能,在一个工作组级别的网络环境中,使用 Access 开发的多用户数据库管理系统具有客户机/服务器(Client/Server)结构和相应的数据库安全机制;Access 具备了许多先进的大型数据库管理系统所具备的特征,如事务处理/出错回滚能力等。

(3) 可以方便地生成各种数据对象,利用存储的数据建立窗体和报表,可视性好。

(4) 作为 Office 套件的一部分,可以与 Office 集成,实现无缝连接。

(5) 能够利用 Web 检索和发布数据,实现与 Internet 的连接。

Access 主要适用于中小型应用系统,或作为客户机/服务器系统中的客户端数据库。

2. Informix 数据库

Informix 是美国 Infomix Software 公司研制的关系型数据库管理系统。Informix 有 Informix-SE 和 Informix-Online 两种版本。Informix-SE 适用于 UNIX 和 Windows NT 平台,是为中小规模的应用而设计的,Informix-Online 在 UNIX 操作系统下运行,可以提供多线程服务,支持对称多处理器,适用于大型应用。

Informix 可以提供面向屏幕的数据输入询问及面向设计的询问语言报告生成器。数据定义包括定义关系、撤销关系、定义索引和重新定义索引等。Informix 不仅可以建立数据库,还可以方便地重构数据库,系统的保护措施十分健全,不仅能使数据得到保护而不被权限外的用户存取,且能重新建立丢失了的文件及恢复被破坏了的数据。

Informix 可移植性强、兼容性好,在很多微型计算机和小型机上得到应用,尤其适用于中小型企业的人事、仓储及财务管理。

3. Oracle 数据库

Oracle 是美国 Oracle 公司研制的一种关系型数据库管理系统,是一个协调服务器和用于支持任务决定型应用程序的开放型 RDBMS。它可以支持多种不同的硬件和操作系统平台,从台式机到大型和超级计算机,为各种硬件结构提供高度的可伸缩性,支持对称多处理器、群集多处理器、大规模处理器等,并提供广泛的国际语言支持。

Oracle 是一个多用户系统,能自动从批处理或在线环境的系统故障中恢复运行。系统提供了一个完整的软件开发工具 Developer 2000,包括交互式应用程序生成器、报表打印软件、字处理软件以及集中式数据字典,用户可以利用这些工具生成自己的应用程序。

Oracle 以二维表的形式表示数据,并提供了 SQL 语言,可完成数据查询、操作、定义和控制等基本数据库管理功能。Oracle 具有很好的可移植性,通过它的通信功能,微型计算机上的程序可以同小型乃至大型计算机上的 Oracle 相互传递数据。另外,Oracle 还具有与 C 语言的调用接口,允许通过通用的编程语言进行数据库的访问,并提供了与Oracle 数据库间进行数据互传的电子表格和图形处理等软件的接口。

Oracle 属于大型数据库系统,主要适用于大、中小型应用系统,或作为客户机/服务器系统中服务器端的数据库系统。

4. DB2 数据库

DB2 是 IBM 公司研制的一种关系型数据库管理系统。DB2 主要应用于大型应用系统，具有较好的可伸缩性，可支持从大型机到单用户环境，应用于 OS/2、Windows 等平台。

DB2 提供了高层次的数据利用性、完整性、安全性、可恢复性，以及小规模到大规模应用程序的执行能力，具有与平台无关的基本功能和 SQL 语言。DB2 采用了数据分级技术，能够使大型机数据很方便地下载到 LAN 数据库服务器，使得客户机/服务器用户和基于 LAN 的应用程序可以访问大型机数据，并使数据库本地化及远程连接透明化。它以拥有一个非常完备的查询优化器而著称，其外部连接改善了查询性能，并支持多任务并行查询。

DB2 具有很好的网络支持能力，每个子系统可以连接十几万个分布式用户，可同时激活上千个活动线程，对大型分布式应用系统尤为适用。

5. SQL Server 数据库

SQL Server 是美国 Microsoft 公司推出的一种关系型数据库系统。SQL Server 是一个可扩展、高性能、为分布式客户机/服务器计算所设计的数据库管理系统，实现了与 Windows NT 的有机结合，提供了基于事务的企业级信息管理系统方案。其主要特点如下。

(1) 高性能设计，可充分利用 Windows NT 的优势。

(2) 系统管理先进，支持 Windows 图形化管理工具，支持本地和远程系统管理和配置。

(3) 强大的事务处理功能，采用各种方法保证数据的完整性。

(4) 支持对称多处理器结构、存储过程、ODBC，并具有自主的 SQL 语言。

SQL Server 以其内置的数据复制功能、强大的管理工具、与 Internet 的紧密集成和开放的系统结构为广大的用户、开发人员和系统集成商提供了一个出众的数据库平台。

6. Sybase 数据库

Sybase 是美国 Sybase 公司研制的一种关系型数据库系统，是一种典型的 UNIX 或 Windows NT 平台上客户机/服务器环境下的大型数据库系统。

Sybase 提供了一套应用程序编程接口和库，可以与非 Sybase 数据源及服务器集成，允许在多个数据库之间复制数据，适用于创建多层应用。系统具有完备的触发器、存储过程、规则以及完整性定义，支持优化查询，具有较好的数据安全性。

Sybase 通常与 Sybase SQL Anywhere 用于客户机/服务器环境，前者作为服务器数据库，后者为客户机数据库，采用该公司研制的 PowerBuilder 作为开发工具，在我国大中型系统中具有广泛的应用。

7. FoxPro 数据库

FoxPro 最初由美国 Fox 公司于 1988 年推出，1992 年 Fox 公司被 Microsoft 公司收购后，相继推出了 FoxPro 2.5、2.6 和 Visual FoxPro 等版本，其功能和性能有了较大的提高。

Visual FoxPro 引入了面向对象理念和可视化界面，进一步提高了系统的开发能力。Visual FoxPro 在我国大中专院校教学中广泛使用。

8. MySQL

MySQL 是一个小型关系型数据库管理系统，开发者为瑞典 MySQL AB 公司，于 2008 年被 Sun 公司收购。目前，MySQL 广泛地应用于 Internet 上的中小型网站中。由于其体积小、速度快、总体拥有成本低，尤其是源码开放这一特点，许多中小型网站为了降低网站总体拥有成本而选择了 MySQL 作为网站数据库。

与其他的大型数据库如 Oracle、DB2、SQL Server 等相比，MySQL 有它的不足之处，如规模小、功能有限等，但是这丝毫没有减少它受欢迎的程度。目前，Internet 上流行的网站构架方式是 LAMP(Linux＋Apache＋MySQL＋PHP)，即使用 Linux 作为操作系统，Apache 作为 Web 服务器，MySQL 作为数据库，PHP 作为服务器端脚本解释器。由于这 4 个软件都是遵循 GPL 的开放源码软件，因此使用这种方式可以建立起一个稳定、免费的网站系统。

1.6 数据库技术与应用新趋势*

随着计算机应用领域的不断拓展和多媒体技术的发展，数据库已成为计算机科学技术中发展最快、应用最广泛的重要分支之一。数据库技术的研究也取得了重大突破，已成为计算机信息系统和计算机应用系统的重要技术基础和支柱。

从 20 世纪 60 年代末开始，数据库系统已从第一代层次数据库、网状数据库，第二代关系数据库系统，发展到第三代以面向对象模型为主要特征的数据库系统。

关系数据库理论和技术在 20 世纪 70～80 年代得到了长足的发展和广泛而有效的应用。80 年代，关系数据库成为应用的主流，几乎所有新推出的数据库管理系统产品都是关系型的，它在计算机数据管理的发展史上是一个重要的里程碑，具有数据结构化、最低冗余度、较高的程序与数据独立性、易于扩充、易于编制应用程序等优点。目前许多信息系统都是建立在关系数据库系统理论设计之上的。

但是，这些数据库系统(包括层次数据库、网状数据库和关系数据库)，不论其模型和技术上有何差别，都主要是面向和支持商业和事务处理应用领域的数据管理。然而，随着用户应用需求的提高、硬件技术的发展和 Internet/Intranet 提供的丰富多彩的多媒体交流方式，促进了数据库技术与网络通信技术、人工智能技术、面向对象程序设计技术、并行计算技术等相互渗透和结合，成为当前数据库技术发展的主要特征，形成了数据库新技术。

1.6.1 数据库技术的研究领域

数据库学科的研究范围是十分广泛的，概括地讲可以包括以下三个领域：数据库管理系统软件的研制、数据库设计和数据库理论。

1. 数据库管理系统软件的研制

DBMS 是数据库系统的基础。DBMS 核心技术的研究和实现是三十余年来数据库领域所取得的主要成就。DBMS 是一个基础软件系统，它提供了对数据库中的数据进行存储检索和管理的功能。

DBMS 的研制包括研制 DBMS 本身及以 DBMS 为核心的一组相互联系的软件系统，包括工具软件和中间件。研制的目标是提高系统的可用性、可靠性、可伸缩性；提高性能和提高用户的生产率。

2. 数据库设计

数据库设计的主要任务是在 DBMS 的支持下，按照应用的要求，为某一部门或组织设计一个结构合理、使用方便、效率较高的数据库及其应用系统。其中主要的研究方向是数据库设计方法学和设计工具。包括数据库设计方法、设计工具和设计理论的研究，数据模型和数据建模的研究，计算机辅助数据库设计方法及其软件系统的研究，数据库设计规范和标准的研究等。

3. 数据库理论

数据库理论的研究主要集中于关系的规范化理论、关系数据理论等。近年来，随着人工智能与数据库理论的结合、并行计算技术等的发展，数据库逻辑演绎和知识推理、数据库中的知识发现(Knowledge Discovery from Database，KDD)、并行算法等成为新的理论研究方向。

计算机领域中其他新兴技术的发展对数据库技术产生了重大影响。数据库技术和其他计算机技术的互相结合、互相渗透，使数据库中新的技术内容层出不穷。数据库的许多概念、技术内容、应用领域，甚至某些原理都有了重大的发展和变化，建立和实现了一系列新型数据库系统，如分布式数据库系统、并行数据库系统、知识库系统、多媒体数据库系统等。它们共同构成了数据库系统大家族，使数据库技术不断地涌现新的研究方向。

1.6.2　数据库技术的发展

各种学科技术与数据库技术的有机结合，使数据库领域中新内容、新应用、新技术层出不穷，形成了各种新型的数据库系统，如：面向对象数据库系统、分布式数据库系统、多媒体数据库系统、知识数据库系统、并行数据库系统、模糊数据库系统等。

数据库技术被应用到特定的应用领域，又出现了工程数据库、演绎数据库、时态数据库、统计数据库、空间数据库、科学数据库、文献数据库等，它们都继承了传统数据库的理论和技术，但已经不是传统意义上的数据库了。

1. 面向对象数据库系统

随着信息技术和市场的发展，人们发现关系型数据库系统虽然技术很成熟，但其局限性也是显而易见的：它能很好地处理所谓的"表格型数据"，却对技术界出现的越来越多复杂类型的数据无能为力。

面向对象的方法和技术对数据库发展的影响最为深远，它起源于程序设计语言，把面向对象的相关概念与程序设计技术相结合，是一种认识事物和世界的方法论，它以客观世界中一种稳定的客观存在实体对象为基本元素，并以"类"和"继承"来表达事物间具有的共性和它们之间存在的内在关系。

面向对象数据库系统将数据作为能自动重新得到和共享的对象存储，包含在对象中的是完成每一项数据库事务处理指令，这些对象可能包含不同类型的数据，包括传统的数据和处理过程，也包括声音、图形和视频信号等，对象可以共享和重用。

面向对象数据库系统的这些特性通过重用和建立新的多媒体应用能力使软件开发变得容易，这些应用可以将不同类型的数据结合起来。面向对象数据库系统的好处是其支持WWW应用。然而，面向对象的数据库是一项相对较新的技术，尚缺乏理论支持，它可能在处理大量包含很多事务的数据方面比关系数据库系统慢得多。目前，人们已经开发了混合关系对象数据库，这种数据库将关系数据库管理系统处理事务的能力与面向对象数据库系统处理复杂关系与新型数据的能力结合起来。

2. 分布式数据库系统

分布式数据库系统是分布式技术与数据库技术的结合，在数据库研究领域中已有多年的历史并出现过一批支持分布数据管理的系统，如SDD1系统、DINGRES系统和POREL系统等。

从概念上讲，分布式数据库是物理上分散在计算机网络各节点上，而逻辑上属于同一个系统的数据集合。它具有数据的分布性和数据库间的协调性两大特点。系统强调节点的自治性而不强调系统的集中控制，且系统应保持数据的分布透明性，使应用程序编写时可完全不考虑数据的分布情况。这无疑分布式是计算机应用的发展方向，也是数据库技术应用的实际需求，其技术基础除计算机硬、软件技术支持外，计算机通信与网络技术当然是其最重要的基础。

分布式系统结构、分布式数据库由于其实现技术上的问题，当前并没有完全达到预期的目标，而客户机/服务器(Client/Server，C/S)和浏览器/服务器(Browse/Server，B/S)体系结构却正在风行。从广义上理解，C/S或B/S也是一种分布式结构。

3. 多媒体数据库系统

多媒体数据库系统是多媒体技术与数据库技术的结合，是当前最有吸引力的一种技术，其主要特征如下。

(1) 多媒体数据库系统能表示和处理多种媒体数据。多媒体数据在计算机内的表示方法决定于各种媒体数据所固有的特性和关联。对常规的格式化数据使用常规的数据项表示。对非格式化数据，像图形、图像、声音等，就要根据该媒体的特点来决定表示方法。所以多媒体数据库系统要提供管理这些异构表示形式的技术和处理方法。

(2) 多媒体数据库系统能反映和管理各种媒体数据的特性，或各种媒体数据之间空间或时间的关联。在客观世界里，各种媒体信息有其本身的特性或各种媒体信息之间存在一定的自然关联。这些不同媒体数据之间存在自然的关联，包括时序关系(如多媒体对象在表达时必须保证时间上的同步特性)和空间结构(如必须把相关媒体的信息集成在一个合理布局的表达空间内)。

(3) 多媒体数据库系统提供比传统数据库管理系统更强的适合非格式化数据查询的搜索功能。允许对Image等非格式化数据做整体和部分搜索，允许通过范围、知识和其他描述符的确定值和模糊值搜索各种媒体数据，允许同时搜索多个数据库中的数据，允许通过对非格式化数据的分析建立图示等索引来搜索数据，允许通过举例查询(Query by Example)和通过主题描述查询使复杂查询简单化。

(4) 多媒体数据库系统还提供事务处理与版本管理功能。

4. 知识数据库系统

知识数据库系统的功能是如何把由大量的事实、规则、概念组成的知识存储起来,进行管理,并向用户提供方便快速的检索、查询手段。因此,知识数据库可定义为:知识、经验、规则和事实的集合。

知识数据库系统具备对知识的表示方法、知识系统化的组织管理、知识库的操作、库的查询与检索、知识的获取与学习、知识的编辑、库的管理等功能。知识数据库是人工智能技术与数据库技术的结合。

5. 并行数据库系统

并行数据库系统是并行技术与数据库技术的结合,其发挥多处理机结构的优势,将数据库在多个磁盘上分布存储,利用多个处理机对磁盘数据进行并行处理,从而解决了磁盘"I/O"瓶颈问题;通过采用先进的并行查询技术,开发查询间并行、查询内并行以及操作内并行,大大提高查询效率。其目标是提供一个高性能、高可用性、高扩展性的数据库管理系统,而在性能价格比方面,较相应大型机上的DBMS高得多。

并行数据库系统作为一个新兴的方向,需要深入研究的问题还很多,但可以预见,由于并行数据库系统可以充分地利用并行计算机强大的处理能力,必将成为并行计算机最重要的支撑软件之一。

6. 模糊数据库系统

模糊性是客观世界的一个重要属性,传统数据库系统描述和处理的是精确的或确定的客观事物,但不能描述和处理模糊性和不完全性等概念,这是一个很大的不足。为此,开展模糊数据库理论和实现技术的研究,其目标是能够存储以各种形式表示的模糊数据。

模糊数据库的数据结构和数据联系、数据上的运算和操作、对数据的约束(包括完整性和安全性)、用户使用的数据库窗口用户视图、数据的一致性和无冗余性的定义等都是模糊的,精确数据可以看成是模糊数据的特例。

模糊数据库系统是模糊技术与数据库技术的结合,由于理论和实现技术上的困难,模糊数据库技术近年来的发展不是很理想,但它已在模式识别、过程控制、案情侦破、医疗诊断、工程设计、营养咨询、公共服务以及专家系统等领域得到较好的应用,显示了广阔的应用前景。

7. 移动数据库系统

移动数据库即随身携带的数据库。移动计算使得计算机或其他信息设备在没有与固定物理连接设备相连的情况下能够传输数据。

所谓移动数据库是指支持移动计算环境的分布式数据库,通常应用在诸如掌上电脑、PDA、车载设备、移动电话等嵌入型设备中。

移动计算环境比传统的计算环境更为复杂和灵活。计算平台的移动性、连接的频繁断接性、网络条件的多样性、网络通信的非对称性、系统的高伸缩性和低可靠性以及电源能力的有限性等因素对移动数据库的性能提出了相当高的要求。移动数据库在实际应用中必须解决好数据的一致性(复制性)、高效的事务处理、数据的安全性等问题。

移动技术的发展必将对移动数据库的发展起强大的推动作用，同时移动数据库的发展也能促进移动计算的广泛应用。

8. 主动数据库系统

所谓主动数据库系统就是除了完成一切传统数据库的服务外，还具有各种主动服务功能的数据库系统。

主动数据库是相对传统数据库的被动性而言的。在传统数据库中，当用户要对数据库中的数据进行存取时，只能通过执行相应的数据库命令或应用程序来实现。数据库本身不会根据数据库的状态主动做些什么，因而是被动的。

然而在许多实际应用领域中，例如计算机集成制造系统，管理信息系统，办公自动化中，常常希望数据库系统在紧急情况下能够根据数据库的当前状态，主动、适时地作出反应，执行某些操作，向用户提供某些信息。例如，仓库管理系统就是这样，需要系统能够及时地反映仓库的货物存储状况，以便做出相应的进出货决策。这类应用的特点是事件驱动数据库操作以及要求数据库系统支持涉及时间方面的约束条件。为此，人们在传统数据库的基础上，结合人工智能技术研制和开发了主动数据库。

9. XML 数据库系统

XML 技术的出现，使数据处理出现了从文件方式到数据库系统，再回到文件方式的循环。但新的文件方式已经与最初的文件系统有了本质的区别——格式化文档。

XML 和关系数据库在数据应用和数据管理方面各有优势。一方面，要研究数据库的新技术、探索数据库的发展方向；另一方面，在数据库的基本实现基础上，添加必要的新技术是探索新数据库的发展方向。

原生 XML 数据库(Native XML Database，NXD)为 XML 文档定义了一个(逻辑)模型，并根据该模型存取文件。原生 XML 数据库的结构可分为基于文本的和基于模型的两大类。

基于文本的 NXD(Text-based Native XML Database)将 XML 作为文本存储。它可以是文件系统中的文件、关系数据库中的 BLOB 或特定的文件格式。基于文本的 NXD 与层次结构的数据库很相似，当存取预先定义好层次的数据时，它比关系数据库更胜一筹。

基于模型的 NXD(Model-based Native XML Database)是根据文件构造一个内部模型并存储这个模型。有些数据库将该模型存储于关系型和面向对象的数据库中。其他数据库使用了专为这种模型优化了的存储格式。

原生 XML 数据库的特性有：① 文件集；② 查询语言；③ 更新和删除；④ 事务、锁定和并发，支持事务处理；⑤ 原生数据库提供应用程序接口 API；⑥ NXD 可以为 XML 文档提供“往返车票”；⑦ 外部数据；⑧ 支持元素和属性的索引。

1.6.3 数据库技术的新应用

当前数据库技术的发展呈现出与多种学科知识相结合的趋势，凡是有数据(广义的)产生的领域就可能需要数据库技术的支持，它们相结合后就会出现一种新的数据库成员，从而壮大数据库家族。

如数据仓库是信息领域近年来迅速发展起来的数据库技术，数据仓库的建立能充分利用已有的资源，把数据转换为信息，从中挖掘出知识，提炼出智慧，最终创造出效益。工程数据库系统的功能是用于存储、管理和使用面向工程设计所需要的工程数据。统计数据是来自于国民经济、军事、科学等各种应用领域的一类重要的信息资源，由于对统计数据操作的特殊要求，从而产生了统计学和数据库技术相结合的统计数据库系统等。数据库技术在特定领域的应用，为数据库技术的发展提供了源源不断的动力。

1. 空间数据库

空间数据库是一种应用于地理空间数据处理与信息分析领域的具有工程性质的数据库，它所管理的对象主要是地理空间数据，包括空间数据和非空间数据。

2. 工程数据库

工程数据库系统和传统数据库系统一样，包括工程数据库管理系统和工程数据库设计两方面的内容。

工程数据库设计的主要任务是在工程数据库管理系统的支持下，按照应用的要求，为某一类或某个工程项目设计一个结构合理、使用方便、效率较高的工程数据库及其应用系统。数据库设计得好，可以使整个应用系统效率高、维护简单、使用容易。即使是最佳的应用程序，也无法弥补数据库设计时的某些缺陷。这方面的研究包括工程数据库设计方法和辅助设计工具的研究和开发。

3. 数据仓库

数据仓库作为决策支持系统(DSS)的一种有效、可行的体系化解决方案，包括了三个方面的内容：数据仓库技术(Data Warehouse，DW)，联机分析技术(On-Line Analytical Processing，OLAP)，数据挖掘技术(Data Mining，DM)。

数据库技术的发展和激烈的市场竞争为解决 DSS 提供了可能和需求，并找到了以数据仓库为基础、以 OLAP 和 DM 工具为手段的一整套可操作、可实施的解决方案。

数据仓库需要以下数据库技术的支持。

(1) 高性能数据库服务器。DW 的应用不同于传统 DB 的 OLTP(联机事务系统)应用。传统 DB 的应用是操作型的，而 DW 的应用是分析型的，它需要高性能的 DBMS 核心的支持，以较快地获得分析结果，这通常需数秒至数分钟。DW 虽然比 OLTP 的响应时间长一些，但由于分析型应用涉及的数据量大，查询要求复杂，因此，对 DBMS 核心的性能要求更高，同时 DBMS 必须具有良好的查询优化机制。

(2) 并行数据库技术。DW 中的数据量大，而且随着时间的延长，新的数据还会不断进入。DW 中的数据库通常是 GB 甚至 TB 级的，可谓是超大规模数据库(VLDB)。并行数据库技术是存储和管理 VLDB，并提供对 VLDB 复杂查询处理的有效技术。

(3) 数据库互操作技术。DW 中的数据大多来自企业或行业中已运行的 OLTP 数据库或外部的数据源。这些数据库常常是异构的，甚至是文件系统中的数据。DW 必须从这些异构数据源中定期抽取、转换和集成所需要的数据，并把它们存入 DW 中。因此，异构数据源之间的互访和互操作技术是必需的。

DW 仍可由传统的 DBMS 来管理和控制，并不需要重新设计一个特殊的 DBMS 引擎。

4. 联机分析处理

1991 年 W. H. Inmon 提出 DW 概念，1993 年 E. F. Codd 提出 OLAP 概念，OLAP 工具几乎与 OLAP 概念同时推出。

人们清醒地认识到，仅有 DW 是不够的，OLAP 分析工具更加重要。E. F. Codd 在“Providing OLAP to User-analysis”一文中完整地定义了 OLAP 和多维分析的概念，并给出了数据分析从低级到高级的 4 种模型以及 OLAP 的 12 条准则，这些都对 OLAP 工具的发展和产品的功能产生了重大的影响。在短短的几年间，OLAP 技术迅速发展，产品越来越丰富。它们具有灵活的分析功能、直观的数据操作和分析结果可视化表示等突出优点，从而使用户对基于大量复杂数据的分析变得轻松而高效。

在 OLAP 中，特别应指出的是多维数据视图的概念和多维数据库的实现。这一技术的发展使决策分析中的数据结构和分析方法相分离，才有可能研制出通用而灵活的分析工具，并使分析工具产品化。在早期的决策分析程序中，分析方法和数据结构是紧密捆绑在一个应用程序中的，因此，对数据施加不同的分析方法十分困难。

关于多维数据视图和多维数据库，简言之，维是人们观察现实世界的角度，决策分析需要从不同的角度观察分析数据，以多维数据为核心的多维数据分析是决策的主要内容，多维数据库是以多维方式来组织数据。

目前，OLAP 工具可分为两大类：基于多维数据库的 OLAP 和基于关系数据库的 OLAP。两者的相同之处是：基本数据源仍是数据库和数据仓库，都是基于关系数据模型的，并且向用户呈现的也都是多维数据视图。不同之处是：前者是把分析所需的数据从数据仓库中抽取出来，物理地组织成多维数据库；而后者则是利用关系表来模拟多维数据，并不是物理地生成多维数据库。

5. 数据挖掘

数据挖掘是指从大型数据库或数据仓库中发现并提取隐藏在其中的信息的一种新技术。其目的是帮助决策者寻找数据间潜在的关联，发现被忽略的要素，而这些信息对预测趋势和决策行为也许是十分有用的。

数据挖掘技术涉及数据库、人工智能、机器学习和统计分析等多种技术。

数据挖掘技术使 DSS 系统跨入了一个新阶段。传统的 DSS 系统通常是在某个假设的前提下通过数据查询和分析来验证或否定这个假设。而数据挖掘技术则能够自动分析数据、进行归纳性推理、从中发掘出潜在的模式、或产生联想、建立新的业务模型、帮助决策者调整市场策略、并找到正确的决策。

1.6.4 数据库技术与应用新趋势

在软件产业与计算机科学的发展过程中，数据库理论与技术研究是计算机领域中发展最快、涉及面最广、研究范围最宽的学科之一。人类社会的进步，信息时代的到来，互联网的发展，促使数据与信息处理迅速扩展到人类社会的各行各业、方方面面；信息量的剧增与数据瞬息即变的现实，要求数据库系统提供最先进的现代化手段，提供数据管理与信息处理的最新技术和强有力的工具。因此，数据库理论与技术研究处于越来越重要的地位，吸引了众多的数据库理论研究、系统研制和应用开发等不同层次方面的学者、专家和技术人才致力其研究和实践。

当然，也正因为数据库系统所管理、存储的数据，是各个部门宝贵的信息资源，直接关系到提高企业的效益、改善部门的管理、改进人们的生活方式，使数据库技术与经济的增长、社会的发展、信息化的进程有着密切的关联，因此这门学科获得了巨大的源动力和深厚的应用基础。

随着信息高速公路、互联网络、多媒体技术的迅猛发展，数据库更是信息产业中不可缺少的理论与技术，数据库技术与网络通信技术、面向对象技术、并行计算技术、多媒体技术、人工智能技术、管理信息系统、决策支持系统等学科互相渗透、互相结合，形成了新一代数据库系统的大家族，使数据库活力如初，仍然是一个充满挑战与机遇的研究方向。

数据库系统领域的研究经历了三代数据库系统的演进和发展，这些都是“应用驱动”和“技术驱动”相结合的结果，是数据库研究人员艰苦探索的结果。

我们可以从数据模型、新技术内容、应用领域等三个方面概括当前新一代（第三代）数据库系统的发展现状和趋势。

1. 新技术、新方法的扩充与探索

面向对象方法与技术的出现对计算机科学产生了深远的影响。同样，数据库研究人员借鉴和吸收了面向对象的方法与技术，提出了面向对象的数据模型和面向对象的数据库系统（OODB）。面向对象的数据库系统必须解决商业模式问题，建立一个商用的面向对象的数据库应用系统，其经济开销太大，而且 OODB 还必须考虑能够对现有的关系数据库进行转换，因此目前市场还不能承受，即目前还尚未有十分成熟、完善的商品化产品。当前数据库的研究建立在数据库已有的成果和技术上，针对不同的应用，对传统的 DBMS，主要是 RDBMS 进行不同层次上的扩充，例如建立对象关系（OR）模型和建立对象关系数据库（ORDB）。

2. 数据库技术与多学科技术的结合

数据库技术与多学科技术的有机结合是当前数据库发展的重要特征。由于数据库技术与计算机领域中的其他新兴技术的结合、互相渗透，使数据库中新的技术内容层出不穷，数据库的理论、应用研究都有重大的发展和变化，并且建立了一系列新型的数据库，如分布式数据库、并行数据库、演绎数据库、知识库、多媒体库、移动数据库等，真正构成了数据库的大家族。

面向专用领域的数据库技术的研究是当前数据库技术发展的又一重要特征。为了适应数据库应用多元化的要求，需要研究适合各种专门应用领域的数据库技术，如工程数据库、统计数据库、科学数据库、空间数据库、地理数据库和 Web 数据库等。

3. 数据库系统结构的网络化

数据库系统结构也由主机/终端的集中式结构发展到网络环境的分布式结构，而且发展到两层、三层、多层客户机/服务器结构以及 Internet 环境下的浏览器/服务器结构和移动环境下的动态结构，以适应不同的应用环境。

4. 广泛的研究方向和应用领域

目前在数据库领域中的研究十分火热，如数据库的新理论、新方法、新技术，数据仓库、OLAP 及数据挖掘，与 Web 相关的数据库技术如异构数字资源管理、移动数据库、网络环境下的数据库安全、电子商务等，还有数字图书馆、知识管理等方向，都是热门议题。其中涵盖了存取的方法和数据结构、对象关系数据库系统、查询处理与优化、移动计算和数据库、数据仓库和 OLAP、空间和时间数据库、数据模型和查询语言、实时数据库系统、非精确和不确定信息处理、异构数据库和异构信息源、数据挖掘、第三级存储器、数据库设计、科学与统计数据库、信息提取和数据库技术、面向对象数据库系统、Web 与数据库、数据库安全、半结构化数据库系统、数据库性能和测试基准、约束和规则管理、逻辑理论和数据库、并行和分布式数据库系统、图像和视频数据库系统等。

1.7 小　　结

本章从概念的层面对数据库系统做了简单概述，旨在为后续章节的学习做必要的基础铺垫。其中包括：数据管理技术发展阶段，数据库系统的组成，数据库系统的三层模式结构及其两层映射，数据库系统的数据模型，DBMS 提供的主要功能以及组成部件，数据库技术与应用的发展状况与展望。

习　题　1

一、单项选择题

1. 关系数据库中，实现表之间的联系是通过表与表之间的　（　　）

A. 公共索引　　B. 公共存储　　C. 公共元组　　D. 公共属性

2. 下面系统中不属于关系数据库管理系统的是　（　　）

A. Oracle　　B. MS SQL Server　　C. IMS　　D. DB2

3. 在关系数据库中，关系表是三级模式结构中的　（　　）

A. 外模式　　B. 模式　　C. 存储模式　　D. 内模式

4. 在下面列出的数据模型中，哪一个是概念数据模型　（　　）

A. 关系模型　　B. 层次模型　　C. 网状模型　　D. 实体—联系模型

5. 数据库系统 DBS 和数据库管理系统 DBMS 之间的关系是　（　　）

A. DBMS 包含 DBS　　B. DBS 等同于 DBMS

C. DBS 包含 DBMS　　D. 没有任何关系

6. 在关系数据库中，索引属于三级模式结构中的　（　　）

A. 外模式　　B. 内模式　　C. 模式　　D. 子模式

7. DBMS 把经过编译后的数据定义存储在　（　　）

A. 程序中　　B. 索引中　　C. 数据字典中　　D. 日志中

8. 数据库系统的核心是　（　　）

A. 操作系统　　B. 数据库　　C. 数据库管理系统　　D. 人

9. 数据库具有最小冗余度、较高的程序与数据独立性，易于扩充和________的特点（　　）

A. 程序结构化　　B. 程序标准化　　C. 数据模块化　　D. 数据结构化

10. 在数据库的三级模式结构中，描述数据库中全体数据的全局逻辑结构和特征的是（　　）

A. 外模式　　B. 模式　　C. 存储模式　　D. 内模式

11. 在数据库技术中，面向对象的数据模型是一种（　　）

A. 概念模型　　B. 结构模型　　C. 物理模型　　D. 形象模型

12. 数据的完整性是指数据的正确性、有效性和（　　）

A. 可维护性　　B. 独立性　　C. 安全性　　D. 相容性

13. 概念模型是将现实世界的客观对象抽象为某一种信息结构，它并不依赖于计算机系统，它的基本语义单位是（　　）

A. 位与字节　　B. 数据与信息　　C. 实体与联系　　D. 概念与模型

14. 描述概念模型的常用方法是（　　）

A. 数据字典　　B. 数据流图　　C. 二维表　　D. 实体联系图

15. 在文件系统阶段，操作系统管理数据的基本单位是（　　）

A. 文件　　B. 记录　　C. 程序　　D. 数据项

16. 不同实体是根据________划分的（　　）

A. 名字　　B. 属性　　C. 联系　　D. 数量

17. 数据库类型是根据________划分的（　　）

A. 数据模型　　B. 概念模型　　C. 存取数据方法　　D. 数据联系

18. 在数据库技术中，反映现实世界中事物的存在方式和运动状态的是（　　）

A. 信息　　B. 数据　　C. 概念　　D. 符号

19. 在关系数据库中，视图是三级模式结构中的（　　）

A. 内模式　　B. 子模式　　C. 模式　　D. 概念模式

20. 在数据库的三级模式结构中，内模式有（　　）

A. 1个　　B. 2个　　C. 3个　　D. 任意多个

二、填空题

1. E-R模型中实体之间的联系在关系模型中是通过关系的________实现的。

2. E-R模型的组成要素包括：实体、属性和________。

3. DBMS的数据操作功能包括：输入、________、更新、插入、删除、修改数据等。

4. 数据是信息的符号表示，或称载体；信息是数据的________。

5. 实际数据库系统中所支持的数据模型主要有________、________、________和________4种。

6. 数据库技术的主要特点为____。

7. 一个数据库的数据模型至少应该包括3个组成部分：________、数据操作和数据的约束条件。

8. 当数据库的存储结构改变时，可相应修改________________，从而保证模式不变。

9. 在数据库系统的三级组织结构中，DBA 视图是________，系统程序员视图是________，用户视图是________。

10. 关系模型通过________实现表与表之间的联系。

三、判断题

1. 文件系统存在数据冗余的原因是其数据之间没有关联性。(　　)

2. 数据库管理员的主要职责是查询数据。(　　)

3. DBMS 的主要功能是存储数据。(　　)

4. 概念模型的特点是数据结构、数据操作和数据约束。(　　)

5. 概念模型独立于软件和硬件。(　　)

6. 数据冗余可能产生的后果就是数据的不一致性。(　　)

7. Oracle 数据库是关系数据库。(　　)

8. 索引可以不唯一。(　　)

9. 关系数据库的基本结构是三维表。(　　)

10. E-R 图用来描述现实世界的概念模型。(　　)

第2章 关系数据库基础

关系数据库采用数学方法来处理数据库中的数据。自1970年IBM研究实验室的E. F. Codd在*Communications of the ACM*上发表了题为*A Relational Model of Data for Shared Data Banks*的论文,以及此后他连续发表的多篇论文,奠定了关系数据库的理论基础,Codd也因此而获得了1981年的ACM图灵奖。30多年来,关系数据库系统的研究和开发取得了辉煌的成就,关系数据库已成为最重要、应用最广泛的数据库系统。关系数据库技术的发展极大地促进了数据库应用领域的扩大和深入。

本章系统地讲解了关系数据库的重要概念,包括关系模型的数据结构、关系的三类完整性约束以及关系操作,在重点介绍关系代数的同时简要介绍了关系演算。

2.1 关系模型的基本概念

2.1.1 关系模型形式定义

关系模型是目前最重要的一种数据模型,关系数据库是以关系模型为基础的数据库。关系模型由关系数据结构、关系操作集合和关系完整性约束三部分构成。

1. 关系数据结构

关系模型与层次、网状模型不同,它是建立在严格的数学概念基础上的。关系模型的数据结构非常简单,只包含单一的数据结构——关系。简单地说,一个关系模型的逻辑结构就是一张二维表,它由行和列组成。

关系模型的数据结构虽然简单却能够表达丰富的语义,描述出现实世界的实体以及实体间的各种联系。现实世界的实体以及实体间的各种联系均可用关系来表示。

2. 关系操作集合

关系模型给出了关系操作的能力说明,但不对RDBMS语言做具体的语法要求,即不同的RDBMS可以定义不同的语言来实现这些操作。

关系模型中常用的操作包括查询操作和更新操作两部分。常用的查询操作包括选择(Select)、投影(Project)、连接(Join)、除(Divide)、并(Union)、交(Intersection)、差(Except)、笛卡尔积(Cartesian Product)等;常用的更新操作包括插入(Insert)、删除(Delete)、修改(Update)等。其中,选择、投影、并、差、笛卡尔积是5种基本操作,其他操作可以用基本操作定义或导出。

关系模型中的操作采用集合操作方式，即操作的对象是集合，操作的结果也是集合。这种操作方式也称为一次一集合的方式。相应地，非关系数据模型的操作则为一次一记录的方式。

3. 关系完整性约束

关系完整性是指关系的值必须满足一些约束条件以保证数据的正确、有效和相容，这些约束条件是现实世界客观存在的约束要求，任何关系在任何时刻都要满足这些语义约束。

关系完整性有三类：实体完整性、参照完整性和用户定义完整性。其中实体完整性保证每一个数据(实体)是可识别的；参照完整性保证当数据与数据之间有联系时，这种联系造成的数据取值的制约；用户定义完整性保证每一个数据的取值是合理的。其中，实体完整性和参照完整性是关系模型必须满足的完整性约束条件，被称为关系的两个不变性。也就是说，只要是关系数据库系统就应该支持实体完整性和参照完整性。

2.1.2 关系模型的基本术语

1. 关系

在关系模型中，数据以二维表(如表 2-1)的形式存在，这个二维表称为关系(Relation)。但是，关系与传统的二维表又有区别。严格来说，关系是一种规范化的二维表，它满足以下三个条件：

(1) 关系中的每一列都是不可再分的基本属性；

(2) 关系中各属性不能重名；

(3) 关系中的行列次序并不重要，即可以交换行、列的前后顺序。

表 2-1 课程基本信息

课程编号	课程名称	课程类别	学分
0001001	马克思主义基本原理	通识课	3
0001004	中国近现代史纲要	通识课	2
0001006	形势与政策(一)	通识课	2
0001007	形势与政策(二)	通识课	2
0001008	大学英语(一)	基础课	4
……	……	……	……

2. 域

域(Domain)是一组具有相同数据类型的值的集合。例如，自然数、整数、实数、大于等于 0 且小于 60 的正整数等，都可以是域。域中所包含的所有值的个数称为域的基数。关系模型中域通常用于表示属性的取值范围。

3. 属性

关系中的列被称为属性(Attribute)或字段；每个属性都有名字，称为属性名；表2-1中

的“课程编号”、“课程名称”、“课程类别”及“学分”就是属性名。关系中对应某一列的值称为属性值;关系中列的个数称为关系的元数;关系中如果有 n 列则称为 n 元关系。例如,表2-1中有四列,就称该关系为四元关系。同一属性值的域必须相同。

4. 元组

关系中的行被称为元组(Tuple)或记录。元组中的每一个属性值称为元组的一个分量(Component),n 元关系的每个元组有 n 个分量。如表 2-1 中,元组(0001001,马克思主义基本原理,通识课,3)中对应“课程编号”属性的分量是“0001001”,对应“课程名”属性的分量是“马克思主义基本原理”。

5. 关键码

在关系数据库中,关键码(简称键)是关系模型的一个重要概念。通常,键由一个或几个属性组成,有如下几种键。

(1) 在一个关系中,能唯一标识元组的属性或属性集称为关系的超键(Super Key)。

(2) 如果一个属性集能唯一标识元组,且又不含有多余的属性,那么这个属性集称为关系的候选键(Candidate Key),即候选码。

(3) 若一个关系有多个候选键,则可选定其中一个为主码(Primary Key),即主键。

(4) 包含在任何一个候选键中的属性称为主属性(Prime Attribute)。

(5) 不包含在任何候选键中的属性称为非主属性(Non-prime Attribute)或非码属性(Non-key Attribute)。

例如,表 2-1 中,属性“课程编号”为候选码,由于只有一个候选码,则“课程编号”即为主码。同时,作为候选码的属性,“课程编号”为主属性,剩下的三个属性“课程名称”、“课程类别”、“学分”为非主属性。

6. 关系模式

对关系的描述称为关系模式(Schema),记为 $R(U)$,其中 R 为关系名,U 为 R 中属性名的集合,表示为:

关系名(属性 1,属性 2,…,属性 n)

例如,表 2-1 中的关系可以描述为:

课程基本信息(课程编号,课程名称,课程类别,学分)

2.1.3 关系的三类完整性规则

1. 实体完整性规则

实体完整性规则:若属性 A 是基本关系 R 的主属性,则 A 不能取空值。所谓空值(Null Value)就是“不知道”或“不存在”的值。如在表 2-1 中的课程基本信息关系中,由于课程编号是主属性,则课程编号不能取空值。

对于实体完整性规则说明如下。

(1) 实体完整性规则是针对基本关系而言的。一个基本关系通常对应于现实世界中的一个实体集,如课程关系对应于课程的集合。

(2) 现实世界中的实体是可区分的,即它们具有某种唯一性标识;在关系模型中一般以主码作为唯一性标识，如每门课程都是独立的个体，是不一样的。

（3）主属性不能取空值。如果主属性取空值，说明存在某个不可标识的实体，即存在不可区分的实体，这与第（2）点相矛盾，因此这个规则称为实体完整性规则。

（4）实体完整性规则规定基本关系的所有主属性都不能取空值，而不仅是其中的某个或者某几个主属性不能取空值。例如，在学生选课关系——选课（学号，课序号）中，“学号，课序号”为主码，则“学号”和“课序号”这两个主属性都不能取空值。

2. 参照完整性规则

现实世界中的实体之间往往存在某种联系，在关系模型中实体及实体间的联系都是用关系来描述的。这样就存在着关系与关系间的引用。

【例 2-1】 专业实体和学院实体可以用下面的关系来表示，其中主码用下划线标识。

专业（专业编号，专业名称，所属学院编号）

学院（学院编号，学院名称，学院简称）

这两个关系之间存在着属性的引用，即专业关系引用了学院关系的主码“学院编号”。显然，专业关系中的“所属学院编号”的值必须是确实存在的学院编号，即在专业关系中有该学院的记录。也就是说，专业关系中某个属性的取值需要参照学院关系的属性取值。

【例 2-2】 学生、课程以及学生与课程之间的多对多联系可以用以下 3 个关系表示。

学生（学号，姓名，性别，年级，班级，…）

课程（课程号，课程名，学分，…）

选课（学号，课程号，成绩）

这 3 个关系之间也存在着属性的引用，即选课关系引用了学生关系中的主码“学号”，同时也引用了课程关系中的主码“课程号”。与例 2-1 类似，选课关系中“学号”的值必须是确实存在的“学号”，即在学生关系中有该学生的记录；同时，选课关系中的“课程号”的值必须是确实存在的“课程号”，即在课程关系中有该课程的记录。亦即，选课关系中的某些属性的取值需要参照其他关系的属性取值。

值得注意的是，不仅两个或者两个以上的关系可以存在引用关系，同一关系内部的属性间也可以存在引用关系。

【例 2-3】 有职工关系如下：

职工（职工号，姓名，性别，所属车间，上司，工资）

在职工关系中，主码为“职工号”，“上司”属性表示该职工直接上司的职工号，它引用本关系中的“职工号”，即“上司”必须是确实存在的职工号，即在职工关系中有该职工的记录。

设 F 是基本关系 R 的一个或一组属性，但不是关系 R 的主码。K_s 是基本关系 S 的主码。如果 F 与 K_s 相对应，则称 F 是 R 的外键（Foreign Key），也称为外码，并称基本关系 R 为参照关系（Referencing Relation），基本关系 S 为被参照关系（Referenced Relation）。关系 R 和 S 不一定是不同的关系。很显然，目标关系 S 的主码 K_s 和参照关系 R 的外码 F 必须定义在同一个（或同一组）域上。

在例 2-1 中，专业关系的“所属学院编号”属性与学院关系的主码“学院编号”相对应，因此“所属学院编号”是专业关系的外码。这里，学院关系是被参照关系，专业关系是参照关系。如图 2-1(a)所示。

在例 2-2 中，选课关系的“学号”属性与学生关系的主码“学号”相对应；选课关系的“课程号”属性与课程关系的主码“课程号”相对应，因此“学号”和“课程号”属性是选课关系的外码。这里学生关系和课程关系均为被参照关系，选课关系为参照关系。如图 2-1(b)所示。

在例 2-3 中，“上司”属性与本身的主码“职工号”属性相对应，因此“上司”是外码。这里，职工关系既是参照关系又是被参照关系。如图 2-1(c)所示。

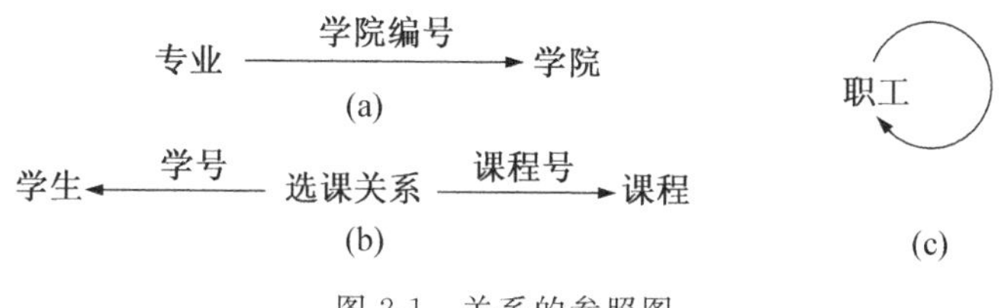

图 2-1　关系的参照图

参照完整性规则：若属性(或属性组)F是基本关系R的外码，它与基本关系S的主码K_s相对应(基本关系R和S不一定是不同的关系)，则对于R中每个元组在F上的值必须为以下两种中的一种：① 取空值(F的每个属性值均为空值)；② 等于S中某个元组的主码值。

例如，对于例 2-1，专业关系中每个元组的“所属学院编号”属性只能取以下两种值：① 空值，表示尚未给该专业分配学院；② 非空值，这时该值必须是学院关系中已经存在的某个元组的“学院编号”值，即该专业不可能分配到一个不存在的学院中。

对于例 2-2，根据参照完整性规则，选课关系中的“学号”和“课程号”也只能取两类值：空值或者被参照关系中已经存在的值。但是由于“学号”和“课程号”是选修关系中的主属性，按照实体完整性规则，它们均不能取空值。所以选课关系中的“学号”和“课程号”属性实际上只能取各自被参照关系中已经存在的主码值。

对于例 2-3，按照参照完整性规则，“上司”属性可以取两类值：① 空值，表示该职工目前没有上司；② 非空值，这时该值必须是职工关系中已经存在的“职工号”。

3. 自定义完整性规则

实体完整性和参照完整性规则是关系数据模型必须要满足的，或者说是关系数据模型固有的特性。除此之外，还有其他与应用逻辑密切相关的数据完整性约束条件，例如某个属性值必须取唯一值、某个属性的取值必须在某个范围内，某些属性值之间应该满足一定的函数关系等。类似这些方面的约束不是关系数据模型本身所要求的，而是为了满足应用方面的语义而提出的。这些完整性需求是由用户来定义的，所以称为自定义完整性规则，或用户定义完整性规则。现有的大部分数据库管理系统都提供定义和检验这类完整性的机制，方便用户采用统一、系统的方法处理它们，而不需要由应用程序来处理。

在自定义完整性规则中最常见的是限定属性的取值范围，即对值域的约束，如在例 2-2中，选课关系中的“成绩”属性的取值，通常就被设定为[0,100]的区间；在例 2-3 中，可以约定“姓名”属性不能取空值等。

2.1.4 关系查询语言和关系运算

早期的关系操作通常用代数方式或逻辑方式来表示，分别称为关系代数和关系演算。关系代数用对关系的运算来表达查询要求；关系演算用谓词来表达查询要求。关系演算又可按照谓词变量的基本对象分为元组关系演算和域关系演算。关系代数、元组关系演算和域关系演算在表达能力上是完全等价的。

SQL(Structured Query Language)是一种介于关系代数和关系演算之间的结构化查询语言。它不仅具有丰富的查询功能，而且具有数据定义和数据控制功能，是集查询、数据定义、数据操作和数据控制于一体的关系数据语言。SQL 充分体现了关系数据语言的特点和优点，是关系数据库的标准语言。

2.2 关系代数

对数据库中的数据进行查询是我们对数据库进行的最重要的操作之一，因此学会表达查询是数据库学习的重要内容之一。本节介绍用关系代数来表达查询要求的方法。

关系代数是一种抽象的查询语言，它通过对关系的运算来表达查询要求。关系代数的运算对象是关系，运算结果也是关系。关系代数的运算按运算符的不同可分为两类：传统的集合运算和专门的关系运算，运算符分别是集合运算符和专门的关系运算符，另外还有算术比较符和逻辑运算符，用来辅助专门的关系运算进行操作。如表 2-2 所示。

表 2-2 关系代数运算符

运算符		含 义	运算符		含 义
集合运算符	∪	并	逻辑运算符	¬	非
	−	差		∧	与
	∩	交		∨	或
	×	笛卡尔积	比较运算符	>	大于
专门的关系运算符	σ	选择		≥	大于等于
	π	投影		<	小于
	⋈	连接		≤	小于等于
	÷	除		=、<>	等于、不等于

2.2.1 传统的集合运算

传统的集合运算是二目运算，包括并、交、差和笛卡尔积四种运算。

设关系 R 和关系 S 具有相同的元数，且相应的属性取自相同的域，t 是元组变量，

$t \in R$ 表示 t 是 R 的一个元组。

1. 并

关系 R 和关系 S 的并记作 $R \cup S = \{t \mid t \in R \vee t \in S\}$。结果集合由属于 R 或属于 S 的元组组成，如果某个元组在 R 和 S 中都出现，该元组也只在结果集合中出现一次。

2. 交

关系 R 和关系 S 的交记作 $R \cap S = \{t \mid t \in R \wedge t \in S\}$。结果集合由既属于 R 又属于 S 的元组组成。关系的交也可以用差来表示，即 $R \cap S = R - (R - S)$。

3. 差

关系 R 和关系 S 的差记作 $R - S = \{t \mid t \in R \wedge t \notin S\}$。结果集合由属于 R 但不属于 S 的元组组成。

【例 2-4】 关系 R 和关系 S 具有相同的关系模式，其数据如图 2-2 所示。$R \cup S$、$R \cap S$ 和 $R - S$ 的运算结果如图 2-3 所示。

关系 *R*

A	*B*	*C*
1	a	2
2	b	2
1	b	1
3	d	3

关系 *S*

A	*B*	*C*
2	b	2
3	b	1
1	a	2
3	c	2

图 2-2　关系 R 和关系 S 数据

$R \cup S$

A	*B*	*C*
1	a	2
2	b	2
1	b	1
3	d	3
3	b	1
3	c	2

$R \cap S$

A	*B*	*C*
1	a	2
2	b	2

$R - S$

A	*B*	*C*
1	b	1
3	d	3

图 2-3　$R \cup S$、$R \cap S$ 和 $R - S$ 的运算结果

4. 笛卡尔积

设关系 R 和 S 是任意两个关系，R 是 m 目关系，有 j 个元组；S 是 n 目关系，有 k 个元组，关系 R 和 S 的笛卡尔积，其结果集合是一个 $(m+n)$ 目的新关系，有 $(j \times k)$ 个元组，其中，每个元组的前 m 个分量来自 R 的一个元组，后 n 个分量来自 S 的一个元组，记作

$$R \times S = \{\widehat{t_r t_s} \mid \hat{t_r} \in R \wedge t_s \in S\}$$

【例 2-5】 关系 R 和关系 S 的数据如图 2-4 所示。$R \times S$ 的运算结果如图 2-5 所示。

关系 R

A	B	C
1	a	2
2	b	2
1	b	1
3	d	3

关系 S

B	C
b	1
a	2

图 2-4　关系 R 和关系 S 数据

$R \times S$

A	R.B	R.C	S.B	S.C
1	a	2	b	1
2	b	2	b	1
1	b	1	b	1
3	d	3	b	1
1	a	2	a	2
2	b	2	a	2
1	b	1	a	2
3	d	3	a	2

图 2-5　$R \times S$ 的运算结果

2.2.2　专门的关系运算

专门的关系运算包括选择、投影、连接和除运算等。

1. 选择

选择又称为限制。它是在关系 R 中选择满足给定条件的元组，记作

$$\sigma_F(R) = \{t \mid t \in R \wedge F(t) = '\text{真}'\}$$

其中逻辑表达式 F 表示选择条件，取值为逻辑值“真”或“假”，F 的基本形式为 $X\ \theta\ Y$，其中 θ 表示比较运算符（>、≥、<、≤、=或<>），F 中的运算对象 X、Y 可以是属性名、常量或简单函数，属性名也可以用它的序号来代替。

【例 2-6】　关系 R 的数据如图 2-6 所示，计算 $\sigma_{A<C}(R)$。

关系 R

A	B	C
1	a	9
4	b	4
5	b	5
6	d	1

图 2-6　关系 R 和关系 S 数据

解　$\sigma_{A<C}(R)$就是从关系 R 中选择出满足属性 A 的值小于属性 C 的值这一条件的元组。属性 A 和 C 的值均为整数，根据题意，结果集合只有一行元组，如图 2-7 所示。

$\sigma_{A<C}(R)$

A	B	C
1	a	9

图 2-7　例 2-6 的结果

【例 2-7】　关系 R 的数据如图 2-6 所示，计算 $\sigma_{C<8 \wedge B='b'}(R)$

解　$\sigma_{C<8 \wedge B='b'}(R)$就是从关系 R 中选择出满足属性 C 的值小于常数 8，且 B 的值等于字符'b'这两个复合条件的元组。属性 A 的值为整数，属性 B 的值为字符，根据题意，结

果集合有两行元组，如图 2-8 所示。

$\boldsymbol{\sigma}_{C<8 \wedge B='b'}(\boldsymbol{R})$

A	B	C
4	b	4
5	b	5

图 2-8　例 2-7 的结果

2. 投影

关系 R 上的投影是从 R 中选取出若干属性列组成新的关系，记作

$$\pi_A(R)=\{t[A] \mid t\in R\}$$

其中 A 为 R 中的属性列。

投影是从列的角度进行的运算，投影以后取消了原关系中的某些列，因此可能出现重复的元组，需要在运算后删除这些重复的元组。

【例 2-8】　关系 R 的数据如图 2-9 所示，计算 $\pi_{A,C}(R)$。

关系 *R*

A	B	C
1	a	9
4	b	5
4	c	5
6	d	1

图 2-9　关系 R 数据

解　$\pi_{A,C}(R)$就是从关系 R 中选择出 A 列和 C 列组成新的关系，得到的结果是由 A、C 两个属性构成的二目关系，该关系原有 4 个元组，如图 2-10(a)所示，由于第二和第三元组重复，删除一个，所以结果集合只有 3 个元组，如图 2-10(b)所示。

A	C
1	9
4	5
4	5
6	1

(a) $\pi_{A,C}(R)$的中间结果

A	C
1	9
4	5
6	1

(b) 删除重复元组后的最终结果

图 2-10　例 2-8 的结果

【例 2-9】　关系 W 的数据如图 2-11 所示，计算 $\pi_{A,B}(\sigma_{C=1}(W))$。

关系 *W*

A	B	C
α	10	1
α	20	1
β	30	1
β	40	2

图 2-11　关系 W 数据

解 根据运算符优先级，首先计算括号内的 $\sigma_{C=1}(W)$，结果如图 2-12(a)所示，然后根据选择的结果进行 A、B 列上的投影，结果如图 2-12(b)所示。

A	B	C
α	10	1
α	20	1
β	30	1

(a) $\sigma_{C=1}(W)$的结果

A	B
α	10
α	20
β	30

(b) 投影的结果

图 2-12 例 2-9 的结果

3. 连接

连接也称 θ 连接，它是从两个关系的笛卡尔积中选取属性间满足一定条件的元组，记作

$$R \underset{A\theta B}{\bowtie} S = \{\widehat{t_r t_s} \mid t_s \in R \wedge t_s \in S \wedge t_r[A]\theta t_s[B]\}$$

其中 A 和 B 分别为 R 和 S 上目数相等且可比的属性组；θ 是比较运算符。连接运算从 R 和 S 的笛卡尔积 $R\times S$ 中选取 R 关系在 A 属性组上的值与 S 关系在 B 属性组上值满足比较关系 θ 的元组。

【例 2-10】 关系 R 和关系 S 的数据如图 2-13 所示，计算 $R \underset{R.C>S.C}{\bowtie} S$。

关系 ***R***

A	B	C
1	a	5
2	b	6
3	c	7
1	d	8

关系 ***S***

C	D	E
7	3	c
5	1	a
6	4	d

图 2-13 关系 R 和关系 S 数据

解 (1) 首先计算 R 和 S 的笛卡尔积，结果如图 2-14 所示。

R×S

A	B	R.C	S.C	D	E
1	a	5	7	3	c
2	b	6	7	3	c
3	c	7	7	3	c
1	d	8	7	3	c
1	a	5	5	1	a
2	b	6	5	1	a
3	c	7	5	1	a
1	d	8	5	1	a
1	a	5	6	4	d
2	b	6	6	4	d
3	c	7	6	4	d
1	d	8	6	4	d

图 2-14 $R\times S$ 的运算结果

(2) 再从 $R\times S$ 的结果集合中选择属性值之间满足条件 $R.C>S.C$ 的元组，最终结果如图 2-15 所示。

$R\underset{R.C=S.C}{\bowtie}S$

A	B	R.C	S.C	D	E
1	d	8	7	3	c
2	b	6	5	1	a
3	c	7	5	1	a
1	d	8	5	1	a
3	c	7	6	4	d
1	d	8	6	4	d

图 2-15　例 2-9 的最终结果

连接运算中有两种最为重要、最常用的连接；等值连接和自然连接。

θ 是"＝"运算符时称为等值连接。记作

$$R\underset{A=B}{\bowtie}S=\{\widehat{t_r t_s} \mid t_r\in R\wedge t_s\in S\wedge t_r[A]=t_s[B]\}$$

其中 A、B 分别是关系 R 和 S 中的度数相等且可比的属性组。

【例 2-11】 关系 R 和关系 S 的数据如图 2-13 所示，计算 $R\underset{R.C=S.C}{\bowtie}S$。

解 (1) 首先计算 R 和 S 的笛卡尔积，结果如图 2-16 所示。

$R\times S$

A	B	R.C	S.C	D	E
1	a	5	7	3	c
2	b	6	7	3	c
3	c	7	7	3	c
1	d	8	7	3	c
1	a	5	5	1	a
2	b	6	5	1	a
3	c	7	5	1	a
1	d	8	5	1	a
1	a	5	6	4	d
2	b	6	6	4	d
3	c	7	6	4	d
1	d	8	6	4	d

图 2-16　$R\times S$ 的运算结果

(2) 再从 $R\times S$ 的结果集合中选择属性值之间满足条件 $R.C=S.C$ 的元组，最终结果如图 2-17 所示。

$R \underset{R.C=S.C}{\bowtie} S$

A	B	R.C	S.C	D	E
3	c	7	7	3	c
1	a	5	5	1	a
2	b	6	6	4	d

图 2-17　例 2-10 最终结果

自然连接是一种特殊的等值连接。它要求两个关系中进行比较的分量必须是相同的属性组，并且在结果中将重复的属性列去除。记作 $R\bowtie S$。一般的连接操作是从行的角度进行运算，但是自然连接还需要取消重复的属性列，所以是同时从行和列的角度进行运算。

【例 2-12】 关系 R 和关系 S 的数据如图 2-13 所示，计算 $R\bowtie S$。

解　(1) 首先计算 R 和 S 的笛卡尔积，结果如图 2-18 所示。

$R\times S$

A	B	R.C	S.C	D	E
1	a	5	7	3	c
2	b	6	7	3	c
3	c	7	7	3	c
1	d	8	7	3	c
1	a	5	5	1	a
2	b	6	5	1	a
3	c	7	5	1	a
1	d	8	5	1	a
1	a	5	6	4	d
2	b	6	6	4	d
3	c	7	6	4	d
1	d	8	6	4	d

图 2-18　$R\times S$ 的运算结果

(2) 再从 $R\times S$ 的结果集合中找出相同的属性列 $R.C$ 和 $S.C$，选择属性值之间满足条件 $R.C=S.C$ 的元组，最终结果如图 2-19 所示。

(3) 最后从等值连接的运算结果中删除重复的列，最终结果如图 2-20 所示。

$R \underset{R.C=S.C}{\bowtie} S$

A	B	R.C	S.C	D	E
3	c	7	7	3	c
1	a	5	5	1	a
2	b	6	6	4	d

图 2-19　等值连接的运算结果

$R\bowtie S$

A	B	C	D	E
3	c	7	3	c
1	a	5	1	a
2	b	6	4	d

图 2-20　例 2-11 的最终结果

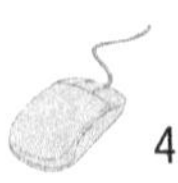

4. 除运算

在介绍除运算之前，首先介绍象集的概念。

给定一个关系 $R(X,Z)$，X 和 Z 为属性组。当 $t[X]=x$ 时，x 在 R 中的象集定义为：

$$Z_x=\{t[Z]\mid t\in R,t[X]=x\}$$

它表示 R 中属性组 X 上值为 x 的元组在 Z 上分量的集合。

例如：关系$R(X,Z)$如图 2-21 所示。a 在R中的象集$Z_a=\{2,3,4\}$，b在R中的象集 $Z_b=\{3,5,6\}$，c 在 R 中的象集 $Z_c=\{2\}$。

X	Z
a	2
b	3
a	4
a	3
b	5
b	6
c	2

图 2-21　关系 R

下面给出除运算的定义：

给定关系 $R(X,Y)$ 和 $S(Y,Z)$，其中 X、Y、Z 为属性组，R 中的 Y 与 S 中的 Y 可以有不同的属性名，但必须出自相同的域集。

R 与 S 的除运算得到一个新关系 $P(X)$，P 的元组来自于R，这些元组满足在 X 上分量值 x 的象集包含 S 在 Y 上的投影集合。记作

$$R\div S=\{t_r[X]\mid t_r\in R\land \pi_Y(S)\in Y_x\}$$

其中 Y_x 为 x 在 R 中的象集，$x=t_r[X]$。

除运算是同时从行和列的角度进行运算。

【例 2-13】 关系 R 和关系 W 的数据如图 2-22 所示，计算 $R\div W$。

关系 *R*

A	B	C
1	a	5
2	b	6
3	c	7
1	d	8

关系 *W*

B	C	D
d	8	1
a	5	2

图 2-22　关系 R 和关系 W 数据

解　(1) 首先确定关系 R 和关系 W 中相同的属性列为 B、C，根据定义，最终结果为 $P(A)$。

(2) 在关系 R 中，A 可以取 3 个值{1,2,3}。其中：1 的象集为{(a,5),(d,8)}；2 的象集为{(b,6)}；3 的象集为{(c,7)}。

(3) 求出 W 在 B、C 列上的投影 $\pi_{B,C}(W)$，结果如图 2-23 所示。

(4) 显然只有 1 的象集包含了 W 在(B,C) 属性组上的投影，所以 $R\div W$ 的结果如图 2-24 所示。

$\pi_{B,C}(W)$

B	C
d	8
a	5

图 2-23　投影结果

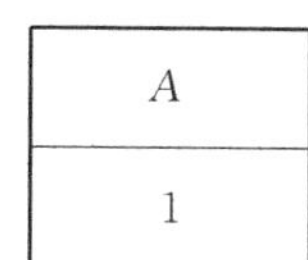

A
1

图 2-24　最终结果

可见，除运算是一种特殊的运算，当我们需要表达诸如“查询选修了全部课程的学生学号”这种包含全部取值的查询时就需要使用除运算。

2.2.3 关系代数运算的应用举例

将上述各种运算加以组合，构成复合关系代数表达式就能表达丰富的查询要求，从而实现强大的查询功能。在表达式的计算过程中，括号具有最高的优先级，其余的运算按照从左到右的顺序进行。

本节将从两个方面对关系代数加以综合应用：① 给出关系代数表达式，要求对该表达式进行运算，并明确表达式所表达的查询含义；② 给出查询要求，要求构造出关系代数表达式来表达查询要求。

1. 计算关系代数表达式并明确查询含义

以下例子均针对学生课程数据库，其中有学生关系 Student，课程关系 Course，选修关系 SC，关系的实例如图 2-25 所示。其中，SC 中的属性 Grade 表示该学生该门课取得的成绩，Course 中的属性 CCredit 表示该门课程的学分。

Student

Sno(学号)	Sname(姓名)	Birth(出生年份)	SSex(性别)
208001	李东生	1989	男
208002	胡锐	1990	男
208003	李德歌	1988	男
208004	秦彩钦	1990	女

(a) 学生信息表

Course

Cno(课程编号)	Cname(课程名称)	CCredit(学分)	CKind(课程性质)
0001	数据库原理	3	专业课
0002	ACM 程序设计	2	选修课
0003	网络原理	3	专业课
0004	计算机文化基础	2	公共课

(b) 课程信息表

SC

Sno	Cno	Grade
208001	0001	80
208001	0002	85
208001	0003	75
208001	0004	90
208002	0003	78
208003	0001	84
208003	0004	65
208004	0003	95

(c) 选课信息表

图 2-25　学生课程数据库

【例 2-14】 计算下述表达式的结果，并说明各操作的实际查询含义。

(1) $\sigma_{\text{Cname}=\text{'网络原理'}}(\text{Course})$；

(2) $\pi_{\text{Sno,Cno}}(\text{SC})$；

(3) $\pi_{\text{Cname}}(\sigma_{\text{CKind}=\text{'专业课'}}(\text{Course}))$；

(4) $\pi_{\text{Sno,Grade}}(\sigma_{\text{Cno}=\text{'0002'}}(\text{SC}))$；

(5) SC ⋈ Student ⋈ Course；

(6) $\pi_{\text{Sname,SSex}}(\sigma_{\text{Cname}=\text{'计算机文化基础'}}(\text{SC} \bowtie \text{Student} \bowtie \text{Course}))$；

(7) $\pi_{\text{Sno,Cno}}(\text{SC}) \div \text{Course}$。

解　(1) 对 Course 关系作选择运算，选择条件是课程名称 Cname 的取值为“网络原理”。因此，可以逐行判断 Cname 的值，如果某行的 Cname 取值为“网络原理”，就把该行放到结果集中。结果集的关系模式仍同 Course 一样。最终得到的结果集如图 2-26 所示。

Cno	Cname	CCredit	CKind
0003	网络原理	3	专业课

图 2-26　例 2-14(1)结果

(2) 对 SC 关系作投影运算，留下 Sno 及 Cno 两个属性列，因而结果集合中的关系模式就与 SC 不同了。最终得到的结果集如图 2-27 所示。

(3) 根据运算符优先级，括号的优先级要高于一般运算符，因此，首先对关系 Course 作选择运算，选择那些课程性质 CKind 属性的值为“专业课”的行，所得结果集合的关系模式仍同 Course 一样，元组有 2 行。然后，再对此结果集合作投影运算，只留下属性 Cname 一列。最终得到的结果集如图 2-28 所示。

(4) 根据运算符优先级，括号优先，因此，首先对关系 SC 作选择运算，选择那些课程号 Cno 属性的取值为“0002”的所有行，所得结果集合的关系模式仍同 SC 一样，元组有 1 行。这部分实际上就是查询课程号为“0002”的课程的选修情况，再对此结果集作投影运算，留下学号 Sno 和成绩 Grade 这两个属性列。最终得到的结果集如图 2-29 所示。

Sno	Cno
208001	0001
208001	0002
208001	0003
208001	0004
208002	0003
208003	0001
208003	0004
208004	0003

图 2-27　例 2-14(2)结果

Cname
数据库原理
网络原理

图 2-28　例 2-13(3)结果

Sno	Grade
208001	85

图 2-29　例 2-14(4)结果

(5) 运算次序从左到右。首先关系 SC 与关系 Student 作自然连接，共同属性是 Sno,因而此运算就是在 SC 与 Student 的笛卡尔积中选择那些使 SC. Sno＝Student. Sno 成立的行,同时在得到的结果集中去掉重复的 Sno 属性。结果如图 2-30(a)所示。然后,此结果集合再与 Course 作自然连接,共同属性是 Cno,此运算就是在上述结果集合与 Course 的笛卡尔积中选择那些使 SC. Cno＝Course. Cno 成立的行,同时在得到的结果集中去掉重复的 Cno 属性。最终得到的结果集如图 2-30(b)所示。

Sno	Cno	Grade	Sname	Birth	SSex
208001	0001	80	李东生	1989	男
208001	0002	85	李东生	1989	男
208001	0003	75	李东生	1989	男
208001	0004	90	李东生	1989	男
208002	0003	78	胡锐	1990	男
208003	0001	84	李德歌	1988	男
208003	0004	65	李德歌	1988	男
208004	0003	95	秦彩钦	1990	女

(a) SC 与 Student 自然连接的结果

Sno	Cno	Grade	Sname	Birth	SSex	CName	CCredit	CKind
208001	0001	80	李东生	1989	男	数据库原理	3	专业课
208001	0002	85	李东生	1989	男	ACM 程序设计	2	选修课
208001	0003	75	李东生	1989	男	网络原理	3	专业课
208001	0004	90	李东生	1989	男	计算机文化基础	2	公共课
208002	0003	78	胡锐	1990	男	网络原理	3	专业课
208003	0001	84	李德歌	1988	男	数据库原理	3	专业课
208003	0004	65	李德歌	1988	男	计算机文化基础	2	公共课
208004	0003	95	秦彩钦	1990	女	网络原理	3	专业课

(b) SC、Student 及 Course 自然连接的结果

图 2-30　例 2-14(5)结果

(6) 根据运算符优先级,括号优先,因此,首先进行 SC 与 Student 再与 Course 的自然连接,得到的中间结果如图 2-30(b)所示。然后,对此中间结果集合进行选择运算,即,从中选择课程名称 Cname 属性的取值为“计算机文化基础”的行,得到的结果如图2-31(a)所示。最后,再对图 2-31(a)所示的结果集合进行投影运算,留下学生姓名 Sname 和学生性别 SSex 这两列,最终得到的结果集合如图 2-31(b)所示。

Sno	Cno	Grade	Sname	Birth	SSex	CName	CCredit	CKind
208001	0004	90	李东生	1989	男	计算机文化基础	2	公共课
208003	0004	65	李德歌	1988	男	计算机文化基础	2	公共课

(a) 对例 12-14(5)选择的结果

Sname	SSex
李东生	男
李德歌	男

(b) 对例 12-14(5)选择并投影的结果

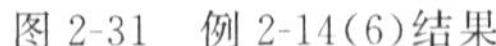
图 2-31　例 2-14(6)结果

Sno
208001

图 2-32　例 2-14(7)结果

(7) 运算次序从左到右。首先对关系 SC 作投影运算，留下学号属性 Sno 和课程编号 Cno 属性，然后，与关系 Course 作除运算，根据除运算定义可以知道，结果集合是只有属性 Sno 的新关系，其中的元组只有一行，如图 2-32 所示。

2. 构造关系代数表达式表达查询要求

很多情况下需要根据查询要求构造出关系代数表达式来表达查询要求，这就需要我们透彻理解和深入认识每一种运算。

通过前面各运算的介绍我们可以得到如下结论。

(1) **选择**是一元运算，从一个关系中选择符合条件的元组，它是根据某些条件在行的角度上对该关系进行分割，该操作获得的结果关系与原关系一样，元组是原关系的子集。

(2) **投影**是一元运算，在列的角度上对关系进行分割，消除某些列，如果结果关系中存在着重复元组，则删去重复的元组。该操作结果的关系模式同原关系不一样。

(3) **连接**是二元运算，从两个关系的笛卡尔积中选取属性值之间满足一定条件的元组，是从行的角度进行的运算。等值连接和自然连接是两种特殊的连接运算。

(4) **等值连接**是二元运算，从两个关系的笛卡尔积中选取指定属性值相同的元组。

(5) **自然连接**是二元运算，在等值连接的基础上，在结果集合中把重复的属性列去掉。它是同时从行和列的角度进行的运算。

(6) **除法**是二元运算，涉及全部取值的查询，同时从行和列的角度进行运算。

【例 2-15】 如图 2-25 所示的学生课程数据库，根据下述查询要求，请写出相应的关系代数表达式。

(1) 查询出生年份早于 1990 年的学生基本情况；

(2) 查询课程的课程名和课程性质；

(3) 查询选修了课程号为“0004”的课程的学生学号；

(4) 查询选修了课程名为“网络原理”的学生姓名与成绩；

(5) 查询被所有学生选修的课程编号。

解 (1) 该查询要求是对关系 Student 作行选择，因此运用选择运算，选择条件是“出生年份早于 1990 年”。

关系代数表达式：$\sigma_{Birth<1990}(Student)$。

(2) 该查询要求是对关系 Course 作列的分割，只要其中的“课程名”和“课程性质“这两列信息，因此运用投影运算。

关系代数表达式：$\pi_{Cname,CKind}(Course)$。

(3) 该查询要求首先需要在关系 SC 中找出选修了课程号为“0004”的课程的学生选修信息，即要对关系 SC 作行选择，因此首先运用选择运算，选择条件是“课程号为‘0004’”，然后，再对得到的这一中间结果集在列上作分割，只要其中的“学号”这一列信息，因此再运用投影运算。

关系代数表达式：$\pi_{Sno}(\sigma_{Cno='0004'}(SC))$。

(4) 分析该查询要求可以看到，结果中既要有学生姓名信息，又要有成绩，可是该数据库中没有一个关系既有 Sname 属性，又有 Grade 属性，还有课程名称信息。因此，首先需要将有 Sname 属性的 Student 关系与有 Grade 属性的 SC 关系作连接以得到一个新关系，该新关系同时有 Sname 属性和 Grade 属性；然后，将新生成的关系与 Course 自然连接，这样，在生成的关系中就同时拥有 Sname，Grade，Cname 这三个原本属于三个不同关系的属性；然后对得到的这个关系作选择操作，选择条件是“课程名为‘网络原理’”；最后，再对得到的结果集合作列的分割，只要其中的“姓名”和“成绩”这两列信息。

关系代数表达式：$\pi_{\text{Sname,Grade}}(\sigma_{\text{Cname='网络原理'}}(\text{SC} \bowtie \text{Student} \bowtie \text{Course}))$。

(5) 该查询要求涉及对全部取值的查询，因而应该采用除运算，由于关系 SC 与关系 Student 的共同属性是 Sno，而结果集需要的是课程号属性 Cno，因此，被除数部分必须由 Sno 和 Cno 属性构成。

关系表达式：$\pi_{\text{Sno,Cno}}(\text{SC}) \div \text{Student}$。

另外需要说明的是，构造好关系代数表达式后，还要验证表达式所对应的运算操作含义是否符合查询要求。有时候，尽管从运算定义看，表达式的运算结果是符合查询结果要求的，可是表达式的运算含义却与查询要求不符，涉及除运算的表达式特别容易出现这样的问题。因此，对于除运算的表达式一定要结合运算含义来验证，以保证其正确地表达了查询要求。

2.3 关 系 演 算

对于关系数据的查询，除了可以用关系代数表达式表示外，还可以用数理逻辑中的一阶谓词演算表示，这就是关系演算。

关系演算是以数理逻辑中的谓词演算为基础的。以谓词演算为基础的查询语言称为关系演算语言。用谓词演算作为数据库查询语言的思想最早见于 Kuhns 的论文；将谓词演算用于关系数据库语言（即关系演算的概念）是由 E. F. Codd 提出来的。关系演算按谓词变元的不同分为元组关系演算和域关系演算。

2.3.1 元组关系演算

元组关系演算是以元组变量作为谓词变元的基本对象。在元组关系演算系统中，称 $\{t \mid \varphi(t)\}$ 为元组演算表达式。其中 t 是元组变量，$\varphi(t)$ 为元组关系演算公式，简称公式。它由原子公式和运算符组成。

原子公式有以下 3 类。

(1) $R(t)$。R 是关系名，t 是元组变量。$R(t)$ 表示 t 是 R 中的元组。关系 R 可表示为 $\{t \mid R(t)\}$。

(2) $t[i]\theta u[j]$。t 和 u 是元组变量，θ 是算术比较运算符。$t[i]\theta u[j]$ 表示“元组 t 的第 i 个分量与元组 u 的第 j 个分量满足比较关系 θ”。

(3) $t[i]\theta c$ 或 $c\theta t[i]$。c 是常量，该公式表示“t 的第 i 个分量与常量 c 满足比较关系 θ”。

一种典型的元组关系演算语言是由 E. F. Codd 提出的 ALPHA 语言，尽管没有实际实现，但是关系数据库管理系统 Ingres 最初所采用的 QUEL 语言是参照 ALPHA 语言研制的，与 ALPHA 语言非常相似。

2.3.2 域关系演算

关系演算的另一种形式是域关系演算。域关系演算以元组变量的分量即域变量作为谓词变元的基本对象。在域关系演算系统中，称$\{X_1, X_2, \cdots, X_k \mid \varphi(X_1, X_2, \cdots, X_k)\}$为域演算表达式。其中 $X_1, X_2, \cdots, X_k$是域变量；$\varphi(X_1, X_2, \cdots, X_k)$为域关系演算公式，简称公式。它由原子公式和运算符组成。

(1) $R(X_1, X_2, \cdots, X_k)$。R 是 k 元关系，X_i是域变量或常量。$R(X_1, X_2, \cdots, X_k)$表示由分量 $X_1, X_2, \cdots, X_k$组成的元组属于R。

(2) $X\theta Y$。X 和 Y 是域变量，θ 是算术比较运算符。$X\theta Y$ 表示"X 和 Y 满足比较关系 θ"。

(3) $X\theta c$ 或 $c\theta X$。c 是常量，该公式表示"域变量 X 与常量 c 满足比较关系 θ"。

M. M. Zloof 于 1995 年提出了 QBE，它是一种很有特色的域关系演算语言，并于 1978 年在 IBM370 上实现。QBE 是 Query By Example 的简称，其最突出的特点是它的操作方式。它是一种高度非过程化的基于屏幕表格的查询语言，用户通过终端屏幕编辑程序、采用填写表格的方式构造查询要求，而查询结果也是以表格方式显示，非常直观、易用。

2.4 小　结

关系数据库系统与非关系数据库系统的区别在于：相对于非关系数据库系统中众多的数据结构，关系系统只有一种数据结构，就是"表"。

关系运算理论是关系数据库查询语言的理论基础。只有掌握了关系运算理论，才能深刻理解查询语言的本质并熟练使用查询语言。

关系定义为元组的集合，但关系又有特殊的性质。关系模型必须遵循实体完整性规则、参照完整性规则和用户定义完整性规则。

习　题　2

1. 在关系数据模型中，二维表的列称为属性，而二维表的行称为________。
2. 要求关系的元组在组成主键的属性时不能为空值，这是要保证________完整性。
3. 在关系数据模型上，通过外码实现的是________数据完整性。
4. 给出关系、属性、元组和域的定义。
5. 试述关系模型的完整性规则。
6. 某公司中有多个部门和多名职员，每个职员只能属于一个部门，一个部门可以有多名职员，从职员到部门的联系类型是　　　(　　)

A. 多对多　　B. 一对一　　C. 多对一　　D. 一对多

7. 取出关系中某些列的关系代数运算称为 ( )

A. 取列运算 B. 投影运算 C. 连接运算 D. 选择运算

8. 关系代数有5种基本运算，其中通过组合________和________可以实现连接运算。

9. 专门的关系运算包括选择、________、________和除运算等。

10. 设有关系Student(SNo,SName,SSex,ClsNo)，其中各属性的含义依次为学号、姓名、性别和所在班级号，以及关系Class(ClsNo,ClsName,Manager)，其中各属性含义依次为班级号、班级名称、班长的学号。

(1) 检索姓名为“李政”的学生的全部信息；

(2) 检索年龄不超过25岁的女生的学号、姓名和年龄；

(3) 检索班级名为“计算机01”的班级中所有学生的姓名和学号；

(4) 检索学生姓名为“张山”的学生所在班级名称。

第 3 章 SQL 语言

SQL 是一种介于关系代数与关系演算之间的语言，是被关系数据库产品广泛使用的标准结构化查询语言，其功能包括查询、操作、定义和控制 4 个方面。

本章简要介绍了 SQL 标准的发展历史、SQL 的特点和功能及 SQL 的一些基本概念。重点介绍了 SQL 中的数据定义、数据查询、数据操作和数据控制语句，并以丰富翔实的用例阐析了各语句的具体使用方法。

3.1 SQL 概 述

SQL(Structured Query Language) 语言，即结构化查询语言，是一种通用的关系数据库语言。由于其学习简单、使用灵活、功能强大等特点，受到计算机业界的热烈欢迎，获得各种关系数据库系统产品的支持，成为关系数据库系统的一种通用语言。

3.1.1 SQL 的发展简史

SQL 是在 20 世纪 70 年代由 Royce 和 Chamberin 提出的，并在 IBM 公司研制的关系数据库管理原型系统 System R 上实现。80 年代，随着 Oracle、Ingres 和 DB2 等多个基于 SQL 的关系数据库产品的不断推出，SQL 的标准化工作也随之展开。1986 年 10 月，美国国家标准局(American National Standard Institute，ANSI)制订了 SQL 的第一个标准 SQL-86；1987 年，国际标准化组织(International Organization for Standardization，ISO)通过了该标准。从此 ANSI 不断修改和完善 SQL 标准，1989 年公布了 SQL-89 标准，1992 年公布了 SQL-92 标准(SQL2)，1999 年公布了 SQL-99 标准(SQL3)，2003 年公布了 SQL-2003 标准。经过 ANSI/ISO 和各个厂商的不断修改、扩充和完善，SQL 已成为关系数据库的国际标准语言，不同产品的数据库之间的相互操作有了共同的基础。

3.1.2 SQL 的特点

SQL 的特点表现在下列几个方面。

(1) 综合统一。SQL 具备了数据定义、数据操作、数据查询和数据控制的各项功能，语言风格一致。通过 SQL 可实现关系数据库生命周期中的各项操作，包括数据库建立、关系模式的定义、数据查询、数据更新和数据库安全控制等各项操作，为数据库系统的应用开发提供了良好的操作环境。

(2) 高度非过程化。SQL 是非过程化的语言，使用时与数据库的物理环境无关，无需提供操作路径和操作步骤，只需提出“做什么”就行了，大大提高了数据的独立性。

(3) 面向集合的操作。非关系数据模型采用的是记录操作方式，操作对象是一条记录，而 SQL 采用集合操作方式，操作对象和操作结果都可以是集合。

(4) 以同一种语法结构提供多种使用方式。SQL 提供两种使用方式：① 自含式，在终端上输入 SQL 命令的联机交互方式；② 嵌入式，嵌入到其他高级语言中，提供灵活的编程形式。无论哪种方式，其语法结构基本上是一样的，这就为学习和使用 SQL 带来了极大的方便。

(5) 语言简洁，易学易用。SQL 接近英语，命令简捷。完成其核心功能只用了下列 9 个动词。

- 数据定义：CREATE(创建)，ALTER(修改)，DROP(删除)。
- 数据操作：INSERT(插入)，UPDATE(修改)，DELETE(删除)。
- 数据查询：SELECT(查询)。
- 数据控制：GRANT(授予)，REVOKE(回收)。

3.1.3 SQL 的功能

SQL 提供了数据库操作的各项功能，主要有下列 4 部分功能。

(1) 数据定义：提供了数据库的定义，数据库中各类对象的定义，包括基本表、视图、索引、存储过程、触发器、自定义函数等的定义。

(2) 数据操作：提供了基于表的数据的插入、修改、删除等。

(3) 数据查询：提供了表或视图的简单查询、连接查询。

(4) 数据控制：提供了对数据库和数据库中各类对象操作的权限的分配和回收。

3.1.4 网上书店数据库

本章将以一个网上书店数据库为例，介绍 SQL 的各项功能(带下划线的为主键)。

网上书店数据库关系模式如下：

书籍信息表(<u>书籍编号</u>，书名，ISBN，作者，出版社，所属分类，单价，出版日期)

网站用户表(<u>用户编号</u>，密码，真实姓名，E-mail 地址，联系电话，通信地址)

订单表(<u>订单号</u>，用户编号，下单时间，订单处理状态)

订书信息表(<u>订单号</u>，<u>书籍编号</u>，数量)

图书分类表(<u>分类号</u>，分类名)

其中详细结构如表 3-1～表 3-10 所示。

表 3-1　网站用户表

列名	含义	数据类型	是否主键	是否外键	其他约束
user_id	用户 ID 号	bigint(8)	Yes	No	自动增 1
user_name	用户名	varchar(50)	No	No	
user_true_name	用户真实姓名	varchar(50)	No	No	

续 表

列名	含义	数据类型	是否主键	是否外键	其他约束
user_address	用户联系地址	varchar(200)	No	No	
user_telephone	联系电话	varchar(50)	No	No	
user_postcode	邮政编码	varchar(10)	No	No	
user_role	用户角色	int(4)	No	No	
user_password	登录密码	varchar(50)	No	No	

表 3-2 网站用户数据表

user_id	user_name	user_true_name	user_adderss	user_telephone	user_postcode	user_role	user_password
1	jxy007	江小鱼	宁波市北仑区新大路1069 号	13511112222	315800	0	jxy007008
2	zxlong	曾祥龙	宁波市北仑区新矸街道仙荷家园 1—103JHJ	13958305364	315800	0	612345
3	meimei	丁小花	杭州市天目山路	13056256566	310000	0	mei123
4	tom	庄明	瑞安市塘下镇塘上村	13654215587	325204	0	tom886
5	aqv	张无忌	金华市牛山北路 99号	13952421458	321004	0	aqv123456
6	pingping	曾卫平	江西省新干县麦斜乡城溪大队小陂村	13525645888	331311	0	iloveyou

表 3-3 订单表

列名	含义	数据类型	是否主键	是否外键	其他约束
order_form_id	订单 ID	bigint(8)	Yes	No	自动增 1
uscr_id	用户 ID	bigint(8)	No	Yes	
add_time	下单时间	datetime(8)	No	No	默认 getdate()
status	订单状态	int(4)	No	No	

表 3-4 订单数据表

order_form_id	user_id	add_time	status
1	1	2008—10—5 19:51	0
2	2	2008—10—5 19:51	0
3	2	2008—10—5 19:51	1
4	3	2008—10—5 19:51	2
5	1	2008—10—5 19:51	0

续 表

order_form_id	user_id	add_time	status
6	4	2008—10—5 19:51	0
7	3	2008—10—5 19:51	0
8	2	2008—10—5 19:51	1
9	6	2008—10—5 19:51	1
10	5	2008—10—5 19:51	0
11	3	2008—10—5 19:51	0
12	5	2008—10—5 19:51	0
13	1	2008—10—6 2:07	0

表 3-5　书籍信息表

列名	含义	数据类型	是否主键	是否外键	其他约束
book_id	书籍 ID	bigint(8)	Yes	No	自动增 1
book_name	书名	varchar(80)	No	No	
publisher	出版社	varchar(80)	No	No	
price	价格	money(8)	No	No	
price_rebate	折扣	float(8)	No	No	
publish_date	出版日期	datetime(8)	No	No	
pagecount	总页数	int(4)	No	No	
format	开本	varchar(10)	No	No	
simple_content	内容简介	varchar(2000)	No	No	
add_time	录入时间	datetime(8)	No	No	默认 getdate()
type_id	书籍类型 ID	int(4)	No	Yes	
book_image	封面图片	image(16)	No	No	
author	作者	varchar(20)	No	No	
isbn	ISBN 书号	varchar(20)	No	No	

表 3-6　书籍信息数据表

book_id	book_name	publisher	price	price_rebate	publish_date	pagecount	add_time	type_id	book_image	author	…
1	ACM 程序设计	北京大学出版社	34	0	2008—10—1 0:00	300	2008—10—5 17:13	18	NULL	曾棕根	…
2	数据库开发综合训练教程	高等教育出版社	30.6	0	2008—5—1 0:00	326	2008—10—5 17:20	18	NULL	曾棕根	…
3	数据库应用开发教程	电子工业出版社	28	0	2007—7—1 0:00	297	2008—10—5 18:08	18	NULL	曾棕根	…
4	C++Builder 数据库开发实用教程	清华大学出版社	21	0	2006—11—1 0:00	224	2008—10—5 18:41	18	NULL	曾棕根	…
5	自然辩证法概论	北京航空航天大学	29.8	0.2	2008—9—1 0:00	278	2008—10—5 18:44	1	NULL	徐治立	…
6	时空的密码	上海科技出版社	31	0.15	2008—8—1 0:00	295	2008—10—5 18:49	1	NULL	李新洲	…
7	现代中药药理与临床应用手册	中国中医药出版社	138	0.3	2008—10—1 0:00	1048	2008—10—5 18:51	5	NULL	梅全喜	…
8	百姓实用就医指南	中国中医药出版社	18	0.2	2008—10—1 0:00	264	2008—10—5 18:54	5	NULL	杨晓光	…
9	儿童营养新观念 101 问	中国纺织出版社	28	0.25	2008—10—1 0:00	259	2008—10—5 19:00	5	NULL	筱霞	…
10	大飞机风云	北京航空航天大学出版社	75	0.1	2008—8—1 0:00	442	2008—10—5 19:40	16	NULL	孙礼鹏	…
11	航天测控系统工程	国防工业出版社	50	0	2008—8—1 0:00	598	2008—10—5 19:42	16	NULL	于志坚	…
12	数字声频多声道环绕声技术	人民邮电出版社	32	0	2008—11—1 0:00	232	2008—10—5 19:45	19	NULL	王鑫	…
13	海水养殖研究新进展	海洋出版社	90	0.2	2008—10—1 0:00	613	2008—10—5 19:47	6	NULL	王清印	…

表 3-7 订书信息表

列名	含义	数据类型	是否主键	是否外键	其他约束
order_form_id	订单 ID	bigint(8)	Yes	Yes	
book_id	书籍 ID	bigint(8)	Yes	Yes	
book_count	订书数量	int(4)	No	No	

表 3-8 订书信息数据表

order_form_id	book_id	book_count
1	13	10
2	3	1
3	5	25
4	4	30
5	9	6
6	1	40
7	1	60
8	11	100
9	12	15
10	7	1
11	6	3
12	1	1
12	2	1
12	3	1
12	4	1
12	8	45
12	13	30
13	1	1
13	5	1
13	10	1

表 3-9 图书分类表

列名	含义	数据类型	是否主键	是否外键	其他约束
type_id	书籍类型 ID	int(4)	Yes	No	自动增 1
type_name	书籍类型名称	varchar(50)	No	No	

表 3-10　图书分类数据表

type_id	tpye_name
1	自然科学
2	数理化学科
3	天文学地球科学
4	生物科学
5	医药卫生
6	农业科学
7	一般工业技术
8	矿业石油天然气
9	冶金金属学
10	机械仪表武器
11	动力工程原子能
12	化工轻工手工业
13	建筑科学水利工程
14	标准产品目录
15	交通运输
16	航天航空
17	环境科学
18	计算机技术
19	电工无线电自动化

由于各种关系数据库产品在 SQL 标准的基础上增加了各自的扩展功能，所以不同的数据库产品在 SQL 实现上存在着部分差异。为便于系统地介绍 SQL，下面将以 MS SQL Server 2000 的 Transact-SQL 为主，介绍 SQL 的数据定义、数据查询、数据操作和数据控制等功能。

3.2　SQL 表达式

3.2.1　常量与变量

1. 常量

与其他计算机编程语言一样，在程序运行时的值保持不变的称为常量，常量也称为标量值。SQL 中的常量分为数字常量、字符串常量和日期时间常量。

数字常量分为整数常量和浮点数常量。整数常量是由一个可选符号、数字字符(0～9)构成的字符序列，如 123，－99。浮点数常量有两种表示方式：① 用包含小数点的数字字符序列表示，如 123.45，－25.709；② 用科学记数法表示，如 2.3E8，0.6914E-10。

字符串常量是由一对单引号括起来的字符序列，如'book'，'123'。其中字符可包括数字字符(0～9),英文字母(A～Z,a～z),也可包括特殊字符,如感叹号(!)和数字号(#)等。在中文系统环境中,字符串常量也可包含中文汉字,如 '中国'。在字符序列中用两个单引号('')表示字符串中的一个单引号('),如' I''m a student' 表示字符串 I'm a student。

日期时间常量用特定格式的字符序列表示,并被单引号括起来,其中表示的日期和时间的数值必须是有效的,如'1949－10－01', '08:20:50', '2009－02－18 09:45:30'。

2. 变量

在程序运行时值可以改变的称为变量,SQL Server 中变量分为全局变量和局部变量。全局变量存储系统的信息,由系统定义和维护,名称以两个@符号开头,如@@VERSION。局部变量由用户定义和维护,名称以一个@符号开头,如@lcount。局部变量用 DECLARE 语句声明,可用 SET 或 SELECT 命令对其赋值,举例如下。

```
DECLARE @lcount INT
SET @lcount = 20
DECLARE @lname CHAR(10)
SELECT @lname = 'Hello! '
```

3. 数据类型

常量和变量都有一定的数据类型。如前所述,常量的表示格式决定了其数据类型,变量则在声明时规定了其数据类型。数据类型是数据对象所表示数据的特征,它决定了数据的存储格式。除了常量和变量之外,表中的列、存储过程及函数中的参数和表达式等都具有某种数据类型。在 SQL 中除了使用系统提供的基本数据类型之外,用户还可以自定义数据类型。SQL 标准中提供了主要的数据类型,各种关系数据库产品在支持标准 SQL 的基础上作了各自的扩展。SQL Server 2000 中由系统提供的主要数据类型分为以下 4 类。

(1) 数值型,如表 3-11 所示。

表 3-11 数值型

数据类型	说　明	SQL 92 同义词
INT	整数类型,$-2^{31}\sim2^{31}-1$ 的整数	INTEGER
BIGINT	整数类型,$-2^{63}\sim2^{63}-1$ 的整数	
SMALLINT	整数类型,$-2^{16}\sim2^{16}-1$ 的整数	
TINYINT	整数类型,0～255 的整数	
BIT	比特类型,0 或 1 的整数	
DECIMAL(p,s)	精确小数类型,$-10^{38}+1\sim10^{38}-1$ 的固定精度和小数位的精确数据	DEC
NUMERIC(p,s)	同 DECIMAL	
MONEY	货币类型,$-2^{63}\sim2^{63}-1$ 的固定小数位为 4 位的精确数据	
SMALLMONEY	货币类型,－214748.3648～214748.3647 的固定小数位为 4 位的精确数据	

续 表

数据类型	说 明	SQL 92 同义词
FLOAT	浮点数据类型，-1.79E+308～1.79E+308	DOUBLE PRECISION FLOAT
REAL	浮点数据类型，-3.40E+38～3.40E+38	FLOAT

(2) 字符串型，如表 3-12 所示。

表 3-12 字符串型

数据类型	说 明	SQL 92 同义词
CHAR(n)	定长字符串类型，长度由参数 n 指定	CHARACTER(n)
VARCHAR(n)	变长字符串类型，最大长度不能超过由参数 n 指定的值	CHARACTER VARYING(n)
NCHAR(n)	定长 Unicode 字符串类型，长度由参数 n 指定	NATIONAL CHARACTER(n)
NVARCHAR(n)	变长 Unicode 字符串类型，最大长度不能超过由参数 n 指定的值	NATIONAL CHARACTER VARYING(n)

(3) 二进制数据型，如表 3-13 表示。

表 3-13 二进制数据型

数据类型	说 明	SQL 92 同义词
BINARY(n)	定长二进制数据类型，长度由参数 n 指定，1≤n≤8000	BINARY(n)
VARBINARY(n)	变长二进制数据类型，最大长度不能超过由参数 n 指定的值，1≤n≤8000	BINARY VARYING(n)
IMAGE	变长二进制数据串类型	

(4) 时间型，如表 3-14 所示。

表 3-14 时间型

数据类型	说 明	SQL 92 同义词
DATETIME	日期时间类型，范围从 1753 年 1 月 1 日到 9999 年 12 月 31 日的日期和时间数据，精确到百分之三秒(或 3.33 毫秒)	
SMALLDATETIME	范围在从 1900 年 1 月 1 日到 2079 年 6 月 6 日的日期和时间数据，精确到分钟	

3.2.2 函　数

函数是实现某一特定功能的程序，SQL 函数分为由系统提供的内置函数和由用户编写的自定义函数。

在 SQL 中提供一系列的内置函数，以方便数据计算和查询。常用的函数分为聚合函数、数学函数、日期时间函数、字符串函数和类型转换函数等。表 3-15～表 3-19 列出了 SQL Server 2000 中常用的内置函数。

表 3-15　聚合函数

函数名	功　能	说　明
AVG	求平均值	
COUNT	统计行数	
MAX	求最大值	
MIN	求最小值	
SUM	求和	

1. 数学函数

表 3-16　数学函数

函数名	功　能	说　明
ABS	求绝对值	
COS	求余弦值	参数以弧度为单位
EXP	求指数值	
LOG	求自然对数	
LOG10	求以 10 为底的对数	
RAND	返回 0～1 的随机浮点数值	
ROUND	求指定精度的四舍五入的值	
SIGN	求数值的符号	正数返回 1，零返回 0，负数返回 −1
SIN	求正弦值	参数以弧度为单位
SQRT	求平方根值	
TAN	求正切值	参数以弧度为单位

2. 日期时间函数

表 3-17 日期时间函数

函数名	功 能	说 明
DAY	求日期型数据中的日期值	
DATEADD	求在指定日期加上一段时间后新的日期和时间值	
DATEDIFF	求两个日期之间的指定部分差值	
GETDATE	取系统的日期和时间值	
MONTH	求日期型数据中的月份值	
YEAR	求日期型数据中的年份值	

3. 字符串函数

表 3-18 字符串函数

函数名	功 能	说 明
ASCII	返回字符串中第一个字符的 ASCII 码值	
CHAR	返回 ASCII 码值指定的字符	
LEFT	从字符串左边截取指定长度的子字符串	
LEN	求字符串的长度	
LOWER	将字符串中的大写字母字符转换成小写字母字符	
LTRIM	删除字符串中前端的空格	
REPLACE	字符串中查找指定的子串并用新的子串进行替换	
REPLICATE	返回字符串经重复指定次数后形成的新字符串	
REVERSE	对字符串中字符排列顺序颠倒后构成新的字符串	
RIGHT	从字符串右边截取指定长度的子字符串	
RTRIM	删除字符串中末端的空格	
SPACE	产生指定个数空格构成的字符串	
STR	将数值型数据转换成字符串	
SUBSTRING	在字符串中从指定位置开始截取一定长度的子串	
UPPER	将字符串中的小写字母字符转换成大写字母字符	

4. 类型转换函数

表 3-19 类型转换函数

函数名	功 能	说 明
CAST	将数值从一个数据类型转换到另一个数据类型	
CONVERT	将数值从一个数据类型转换到另一个数据类型	使用格式与 CAST 不同

3.2.3 表达式

由常量、变量、标量函数和运算符构成的式子称为表达式。简单的表达式可以是一个常量、变量、列或标量函数。可以用运算符将两个或更多的简单表达式连接起来组成复杂的表达式。表达式返回的值可用于数据查询结果的计算，或作为数据更新的值，也可以用于数据查询和数据更新的筛选条件中。

SQL 表达式中的运算符主要有算术运算符、字符串运算符、关系运算符和逻辑运算符。其中算术运算符有加号(＋)、减号(－)、乘号(＊)和除号(/)；字符串运算符有字符串连接运算符(＋)；关系运算符有等于(＝)、大于(＞)、小于(＜)、大于等于(＞＝)、小于等于(＜＝)和不等于(＜＞)；逻辑运算符有作用于布尔类型数据的逻辑与(AND)、逻辑或(OR)和逻辑非(NOT)运算符以及作用于其他类型(形式)数据的逻辑运算符(BETWEEN、LIKE、IN、EXIST、ALL、ANY 和 SOME 等)。

算术运算符用于数值型数据的算术运算，运算结果的数据类型也是数值类型。如：

```
10 + 8
80 * 3.14159 - 100
```

其中，加号(＋)和减号(－)也用于日期时间型的运算，如：

```
cast('2009 - 02 - 01 ' as datetime) + 30
```

字符串连接运算符用于两个字符串的连接，产生一个新的字符串，如：

```
'I am '+ 'a student.'
```

运算结果是'I am a student. '。

关系运算符用于两个相同类型数据的比较，运算结果是布尔类型的值，SQL 中布尔类型有三种值：TRUE(真)、FALSE(假)及 UNKNOWN(不确定)，如：

```
book_id = 8
price>10.0
```

逻辑运算符用于条件的测试，运算结果是布尔类型的值，如：

```
price> = 10.0 AND price< = 100.0
book_id = 1 OR book_id = 9
NOT price>10.0
```

由多个简单表达式构成的复合表达式中，运算符优先级是按照括号、算术运算符、字符串运算符、关系运算符和逻辑运算符的顺序。同类运算符内部也可能有各自的优先顺序，如算术运算符按照先乘除后加减的原则，逻辑运算符按照 NOT、AND、OR 的顺序。运算符优先级相同时计算顺序按照从左到右的原则。

SQL 中表达式按照其应用的不同位置，可分为出现在表名后面的列名表达式、出现在 SELECT 语句后面的目标列表达式和出现在 WHERE 或 HAVING 语句后面的条件表达式三种。

1. 列名表达式

列名表达式可以是单一的列名或是由多个列的组合，还可以由列、作用于列的聚合函数和常量加上各类运算符构成的各种类型的表达式。如：

```
user_name,SUM(book_count)
price * (1 - price_rebate)
```

2. 目标列表达式

目标列表达式有以下 4 种形式（ * 表示所有的列）：

<表名>. *

表示指定表中的所有列。

聚合函数()对指定的表按照聚合函数进行计算。

[<表名>.]<列名表达式>[,[<表名>.]<列名表达式>]…

表示在不同的表中指定多个列。如：

```
订单表. *
订单表.user_id,网站用户表.user_name
```

3. 条件表达式

条件表达式分为以下 6 种：

(1) 比较大小用关系运算符构成表达式，用于比较两个值的关系。如：

```
price = 10.0
```

(2) 指定范围。

① BETWEEN…AND…如：

```
price BETWEEN 10.00 AND 20.00
```

表示价格(price)介于 10.00 和 20.00 之间，等同于

```
price> = 10.00 AND price< = 20.00
```

② NOT BETWEEN…AND…如：

```
price NOT BETWEEN 10.00 AND 20.00
```

(3) 集合。确定是否在某个系列中。

① IN…出现在某个系列之中。如：

```
author IN('杨晓光','孙礼鹏','于志坚','王清印','曾棕根')
```

如果 author 等于其中的某一个，则表达式的值为 TRUE(真)，否则为 FALSE(假)。

② NOT IN…不出现在某个系列之中。如：

```
author NOT IN('杨晓光','孙礼鹏','于志坚','王清印','曾棕根')
```

如果 author 不等于其中的任何一个，则表达式的值为 TRUE(真)，否则为 FALSE(假)。

(4) 字符匹配。按照一定的模式匹配字符串。

```
[NOT] LIKE  匹配字符串
```

匹配字符串可以是普通的字符串,也可以包含通配符的字符串。其中通配符%表示任意长度的任意字符;通配符_表示一个任意字符。如:

```
bookname LIKE '数据库%'
user_postcode NOT LIKE '31000_'
```

(5) 空值。在 SQL 中未确定的值用 NULL 表示,空值的判定不能用关系运算符"="或"<>",要用"IS NULL"和"IS NOT NULL"。"IS NULL"判断是否为空值;"IS NOT NULL"判断是否不为空值。

(6) 多重条件。可以用逻辑运算符 AND 和 OR 来连接多个条件。其中 AND 是逻辑与运算,表示两个条件均成立时运算结果为真,其他情况均为假;OR 是逻辑或运算,当两个条件都为假时,结果为假,其他情况均为真。AND 的运算优先级高于 OR。如:

```
order_form_id = 3 AND count>10
type_id = 2 OR type_id = 3 AND price<100.0
```

3.2.4 新增数据类型

为了满足用户复杂的程序设计,在 SQL 中除了系统提供的基本数据类型之外,用户可以自己定义新的数据类型,用于数据定义和数据操作。用户自定义的数据类型是构造类型,是在已有的数据类型基础上根据需要构造起来的。

在 MS SQL Server 2000 中,可以用系统存储过程 sp_addtype 来创建用户数据类型。如:

```
EXEC sp_addtype faxno,'char(20)','NULL';
```

执行上述语句后,在当前数据库中创建了一个名为 faxno 的用户数据类型,用于存放长度为 20 的定长字符串。

在定义了新的数据类型之后,用户可以用于数据定义,用法和基本数据类型一样。如:修改网站用户表中列 user_telephone 的数据类型为 faxno。

```
ALTER TABLE 网站用户表
ALTER COLUMN user_telephone faxno;
```

3.3 SQL 数据定义

关系数据库的基本对象包括基本表、视图和索引。SQL 数据定义的功能包括基本表的定义、视图的定义和索引的定义。

基本表(也称为表或基表)是独立存在的表,是关系数据库的基本组成单位,一个基本表对应于一个关系。

3.3.1 创建、修改与删除基表

1. 创建基表

创建基表用 CREATE TABLE 语句实现。CREATE TABLE 语句的基本格式为:

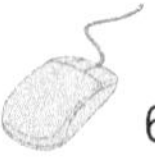

```
CREATE TABLE  <表名>(<列名><数据类型> [列级完整性约束]
                    [,<列名><数据类型>[列级完整性约束]] …
                    [,<表级完整性约束>]);
```

其中：

（1）列级完整性约束是指针对列值设置的限制条件，只涉及表中单个列的数据。列级完整性约束包括 NULL 约束、DEFAULT 约束、CHECK 约束和 UNIQUE 约束。

（2）表级完整性约束是指涉及表中多个列的属性或与其他表的参照完整性。表级完整性约束包括 PRIMARY KEY 约束、UNIQUE 约束和 FOREIGN KEY 约束。

【例 3-1】 创建网站用户表。

```
CREATE TABLE 网站用户表(
   user_id bigint IDENTITY(1,1) NOT NULL PRIMARY KEY,
   user_name varchar(50) NULL,
   user_true_name varchar(50) NULL,
   user_address varchar(200) NULL,
   user_telephone varchar(50) NULL,
   user_postcode varchar(10) NULL,
   user_role int NULL,
   user_password varchar(50) NULL
);
```

其中 NULL 和 NOT NULL 是针对各个列上的 NULL 约束，说明该列的值是否允许为空值；PRIMARY KEY 是主键约束。

【例 3-2】 创建订书信息表。

```
CREATE TABLE 订书信息表 (
   order_form_id bigint NOT NULL,
   book_id bigint NOT NULL,
   book_count int NULL,
   PRIMARY KEY CLUSTERED (order_form_id, book_id),
   FOREIGN KEY (order_form_id) REFERENCES 订单表 (order_form_id),
   FOREIGN KEY (book_id) REFERENCES 书籍信息表 (book_id)
);
```

其中 PRIMARY KEY 是主键约束，由于主键是 order_form_id 和 book_id 两列的组合，所以该约束是表级约束；作为外键，列 order_form_id 和列 book_id 分别与订单表和书籍信息表所对应的列建立参照完整性约束。

2. 修改基表

修改基表用 ALTER TABLE 语句实现。ALTER TABLE 语句的基本格式为：

```
ALTER TABLE <表名>
   [ADD <列名><数据类型>[完整性约束]]
   [DROP <完整性约束名>]
   [ALTER COLUMN <列名><数据类型>[完整性约束]];
```

【例 3-3】 修改网站用户表，为其添加用户公司名称列，列名为 user_company，数据类型为字符型，长度为50，允许列值为空值。

```
ALTER TABLE 网站用户表
    ADD user_company VARCHAR(50) NULL;
```

【例 3-4】 修改网站用户表，删除其中的用户公司名称列。

```
ALTER TABLE 网站用户表
    DROP user_company;
```

【例 3-5】 修改图书分类表中的列 type_name 为非空。

```
ALTER TABLE 图书分类表
    ALTER COLUMN type_name CHAR(50) NOT NULL;
```

3. 删除基表

删除基表用 DROP TABLE 语句实现。DROP TABLE 语句的基本格式为：

```
DROP TABLE  <表名>;
```

【例 3-6】 删除网站用户表。

```
DROP TABLE 网站用户表;
```

基表一旦删除，则表中的数据也同时全部删除，同时基于表之上的索引、触发器也一并删除。

3.3.2 创建与删除索引

索引是建立在表上的，如同一本书的目录可以提高检索书中内容的速度一样，索引可以提高表中数据的查询速度。

1. 创建索引

创建索引用 CREATE INDEX 语句实现。CREATE INDEX 语句的基本格式为：

```
CREATE [UNIQUE] [ CLUSTERED |NOCLUSTERED] INDEX <索引名> ON <表名> (
    <列名>[ASC|DESC][,<列名>[ASC|DESC]]…
);
```

索引可以建在表中的一列或几列的组合上，对于每一列索引值的排列次序用 ASC（默认）或 DESC 说明是升序还是降序。选项 UNIQUE 为表创建唯一索引（不允许存在索引值相同的两行）。选项 CLUSTERED 表示创建的索引是聚集索引，所谓的聚集索引就是表中行的物理排序与索引排序相同的索引，一个表中只允许有一个聚集索引。选项 NOCLUSTERED 表示创建的索引是非聚集索引，一个表中允许有多个非聚集索引。

【例 3-7】 在网站用户表中创建一个基于邮政编码的索引 IDX_postcode。

```
CREATE INDEX IDX_postcode ON 网站用户表(user_postcode);
```

【例 3-8】 在订单表中创建一个基于用户编号和订单号的索引 IDX_userorder。

```
CREATE INDEX IDX_userorder ON (user_id,order_form_id DESC);
```

【例 3-9】 在书籍信息表中创建一个基于书名的唯一索引 IDX_bookname。

```
CREATE UNIQUE INDEX IDX_bookname ON 书籍信息表(book_name);
```

2. 删除索引

删除索引用 DROP INDEX 语句实现。DROP INDEX 语句的基本格式为：

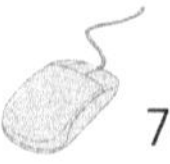

```
DROP INDEX <索引名> ON <表名>;
```

【例 3-10】 删除订单表中的索引 IDX_userorder。

```
DROP INDEX IDX_userorder ON 订单表;
```

3.3.3 创建与删除视图

视图是定义在一个或多个基表(或视图)上的导出表,视图的创建和删除就是视图的定义在数据库中的创建和删除。

1. 创建视图

创建视图用 CREATE VIEW 实现。CREATE VIEW 语句的基本格式为:

```
CREATE VIEW <视图名>
  AS <SELECT 语句>;
```

【例 3-11】 创建一个包含用户 ID 号和用户密码的视图 View_IDPWD。

```
CREATE VIEW View_IDPWD AS
SELECT user_id, user_password FROM 网站用户表;
```

【例 3-12】 创建一个邮政编码为"310013"的视图 View_ZJU。

```
CREATE VIEW View_ZJU AS
SELECT user_id, user_password FROM 网站用户表
WHERE user_postcode = '310013';
```

2. 删除视图

删除视图用 DROP VIEW 语句实现。DROP VIEW 语句的基本格式为:

```
DROP VIEW <视图名>;
```

【例 3-13】 删除视图 View_IDPWD。

```
DROP VIEW View_IDPWD;
```

3.4 SQL 数据查询

3.4.1 SELECT 语句基本格式

SELECT 语句的基本格式为:

```
SELECT [ALL | DISTINCT]<目标列表达式>[, <目标列表达式>]…
  FROM <表名或视图名>[,<表名或视图名>]…
  [WHERE <条件表达式>]
  [GROUP BY <分组属性>[HAVING<条件表达式>]]
  [ORDER BY <属性列表>[ASC|DESC]];
```

说明:

(1) SELECT 子句中的目标列表达式用于指定查询结果集中的列。如果使用关键字 DISTINCT 表示在结果集中消除重复的行,不使用关键字DISTINCT或使用 ALL 关键字表示查询结果返回所有的行。

(2) FROM 子句中指定的是查询的数据来源,可以是单个表或视图,也可以是多个表和视图。

(3) WHERE 子句中的条件表达式用于限定查询的范围,也就是数据来源中参与查询的行的范围。

(4) GROUP BY 子句指定查询按照分组属性进行分组,值相等的为一组,查询结果为每一组返回一行。

(5) HAVING 子句只在分组时使用,随 GROUP BY 子句出现,条件表达式作用于分组,选择满足条件的分组。

(6) ORDER BY 子句用于查询结果的排序,可按单个或多个序列进行排序,ASC 为升序(可省略),DESC 为降序。

(7) 当 WHERE 子句、GROUP BY 子句和 HAVING 子句同时出现在一个查询中,SQL 的执行顺序为:

① 执行 WHERE 子句,从表中选取行;

② 由 GROUP BY 对选取的行进行分组;

③ 执行聚合函数;

④ 执行 HAVING 子句选取满足条件的分组。

3.4.2 单表查询

单表查询指的是对单个表所进行的查询。

1. 选择表中的若干列

选择表中的某几列进行查询输出。

【例 3-14】 查询网站用户名表中的用户名和电话号码。

```
SELECT user_name,user_telephone
FROM 网站用户表;
```

执行结果:

```
user_name        user_telephone
---------        --------------
jxy007           13511112222
zxlong           13958305364
meimei           13056256566
tom              13654215587
aqv              13952421458
pingping         13525645888
...
```

目标列表达式除了可以为列名之外,还可以是表达式、函数等。

【例 3-15】 查询各类书籍的九折价格和出版年份。

```
SELECT book_id, book_name, price * 0.9 AS 九折价格,YEAR(publish_date) AS 出版年份
FROM 书籍信息表;
```

执行结果：

book_id	book_name	九折价格	出版年份
1	ACM 程序设计	30.60000	2008
2	数据库开发综合训练教程	27.54000	2008
3	数据库应用开发教程	25.20000	2007
4	C++Builder 数据库开发实用教程	18.90000	2006
5	自然辩证法概论	26.82000	2008
…			

【例 3-16】 查询订单表的所有信息。

```
SELECT *
FROM 订单表;
```

执行结果：

order_form_id	user_id	add_time	status
1	1	2008—10—05 19:51:09.357	0
2	2	2008—10—05 19:51:22.043	0
3	2	2008—10—05 19:51:28.607	1
4	3	2008—10—05 19:51:30.000	2
5	1	2008—10—05 19:51:32.810	0
…			

用 * 表示选择所有的列。

【例 3-17】 查询图书信息表中所有作者的姓名。

```
SELECT DISTINCT author
FROM 书籍信息表;
```

执行结果：

author
李新洲
梅全喜
孙礼鹏
王清印
王鑫
筱霞
徐治立
…

用 DISTINCT 消除重复的行。

2. 选择表中的若干行

在 WHERE 子句中添加条件对所有表中查询的行进行限定，参见第 3.2.3 节的条件表达式。

【例 3-18】 在订单表中，查询用户号为 3 的所有订单信息。

```
SELECT *
FROM 订单表
WHERE user_id = 3;
```

执行结果：

order_form_id	user_id	add_time	status
4	3	2008-10-05 19:51:30.000	2
7	3	2008-10-05 19:51:37.920	0
11	3	2008-10-05 19:51:47.780	0

【例 3-19】 在书籍信息表中，查询单价在 50 元以上(包含 50 元)的图书信息。

```
SELECT *
FROM 书籍信息表
WHERE price> = 50;
```

执行结果：

book_id	book_name	publisher	price	price_rebate	…
7	现代中药药理与临床应用手册	中国中医药出版社	138.0000	0.29999999999999999	…
10	大飞机风云	北京航空航天大学出版社	76.0000	0.10000000000000001	…
…					

【例 3-20】 在书籍信息表中，查询在 2008 年第三季度出版的图书信息。

```
SELECT *
FROM 书籍信息表
WHERE publish_date BEWTEEN '2008 - 07 - 01 00:00:00 ' AND '2008 - 9 - 30 23:59:59 ';
```

执行结果：

book_id	book_name	publish_date
5	自然辩证法概论	2008-09-01 00:00:00.000
6	时空的密码	2008-08-01 00:00:00.000
10	大飞机风云	2008-08-01 00:00:00.000
11	航天测控系统工程	2008-08-01 00:00:00.000
…		

【例 3-21】 在书籍信息表中，查询由高等教育出版社、人民邮电出版社和浙江大学出版社出版的图书信息。

```
SELECT book_id, book_name, publisher
FROM 书籍信息表
WHERE publisher IN('高等教育出版社','人民邮电出版社','浙江大学出版社');
```

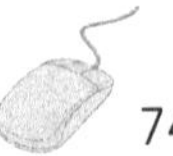

执行结果：

book_id	book_name	publisher
2	数据库开发综合训练教程	高等教育出版社
12	数字声频多声道环绕声技术	人民邮电出版社

【例 3-22】 在网站用户表中，查询邮政编码以 31 开头用户的用户名、电话号码和邮政编码信息。

```
SELECT user_name, user_telephone, user_postcode
FROM 网站用户表
WHERE user_postcode LIKE '31%';
```

执行结果：

user_name	user_telephone	user_postcode
jxy007	13511112222	315800
zxlong	13958305364	315800
meimei	13056256566	310000

【例 3-23】 在书籍信息表中，查询封面图片为空的图书名称、出版社和作者信息。

```
SELECT book_name, publisher, author
FROM 书籍信息表
WHERE book_image IS NULL;
```

执行结果：

book_name	publisher	author
ACM 程序设计	北京大学出版社	曾棕根
数据库开发综合训练教程	高等教育出版社	曾棕根
数据库应用开发教程	电子工业出版社	曾棕根
C++Builder 数据库开发实用教程	清华大学出版社	曾棕根
自然辩证法概论	北京航空航天大学	徐治立
时空的密码	上海科技出版社	李新洲
…		

【例 3-24】 查询订书信息表中书籍 ID 为 1 并且数量大于 10 册的所有订单信息。

```
SELECT *
FROM 订书信息表
WHERE book_id = 1 AND book_count>10;
```

执行结果：

order_form_id	book_id	book_count
6	1	40
7	1	60

多个条件可以通过逻辑运算符 AND 或 OR 进行连接。

3. 查询结果排序

用 ORDER BY 子句对查询结果进行排序输出，可以指定一列或多列按照升序或降序排序。

【例 3-25】 在订书信息表中，查询所有订书信息，按订书数量从小到大排序。

```
SELECT book_id,order_form_id,book_count
FROM 订书信息表
ORDER BY book_count ASC;
```

执行结果：

book_id	order_form_id	book_count
5	13	1
10	13	1
6	11	3
9	5	6
13	1	10
…		

排序方式限定词：升序为 ASC，可省略；降序为 DESC。

【例 3-26】 查询订书信息表，按照图书 ID 号和订数(数量多在前)排序输出。

```
SELECT *
FROM 订书信息表
ORDER BY book_id, book_count DESC;
```

执行结果：

order_form_id	book_id	book_count
7	1	60
6	1	40
12	1	1
13	1	1
12	2	1
12	3	1
2	3	1
4	4	30
12	4	1

4. 使用聚集函数

【例 3-27】 查询网站用户表中的用户总数量。

```
SELECT COUNT( * )
FROM 网站用户表;
```

执行结果：

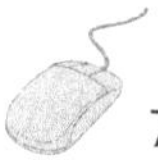

```
------------
6
```

使用 COUNT(*)统计表中所有行的数量，包括 NULL 值。

【例 3-28】 查询订书信息表中已下订单的图书品种数量。

```
SELECT COUNT(DISTINCT book_id)
FROM 订书信息表;
```

执行结果：

```
------------
13
```

使用 COUNT()时，参数加 DISTINCT 关键字返回消除指定列上重复值后的统计数。

【例 3-29】 统计订书信息表中，书籍 ID 为 5 的预订总数量。

```
SELECT SUM(book_count)
FROM 订书信息表
WHERE book_id = 5;
```

执行结果：

```
------------
26
```

【例 3-30】 在书籍信息表中，求所有书籍的平均单价。

```
SELECT AVG(price)
FROM 书籍信息表;
```

执行结果：

```
----------------------
46.6461
```

【例 3-31】 在书籍信息表中，求所有书籍中的最高单价和最低单价。

```
SELECT MAX(price) AS max_price, MIN(price) AS min_price
FROM 书籍信息表;
```

执行结果：

max_price	min_price
138.0000	18.0000

5. 查询结果分组

用 GROUP BY 子句对查询结果按某一列或几列进行分组，具有相同列值的行合为一组。

【例 3-32】 在订书信息表中，查询每种图书的订书数量。

```
SELECT book_id, SUM(book_count) AS book_sum
FROM 订书信息表
GROUP BY book_id;
```

执行结果：

```
book_id        book_sum
----------     ------------
1              102
2              1
3              2
4              31
5              26
...
```

查询条件如果是作用在分组后的结果上，则用 HAVING 短语。

【例 3-33】 在订书信息表中，查询合计订书数量大于 10 册的图书的书籍 ID。

```
SELECT book_id
FROM 订书信息表
GROUP BY book_id
HAVING SUM(book_count)>10;
```

执行结果：

```
book_id
----------------------
1
4
5
8
11
12
13
```

3.4.3 连接查询

连接查询指的是对两个或两个以上的表或视图进行的查询，查询所涉及的表或视图是通过一定关系连接在一起的。连接条件或连接谓词用来连接两个表的条件。一般格式如下：

[<表名 1>.]<列名 1><比较运算符>[<表名 2>.]<列名 2>

[<表名 1>.]<列名 1>BETWEEN[<表名 2>.]<列名 2>AND[<表名3>.]<列名 3>

常用的连接查询有等值连接和非等值连接、自身连接、外连接和复合条件连接等。

1. 等值连接和非等值连接

在 WHERE 子句中指出两个表的连接属性以及连接属性之间的关系，称为连接条件。连接条件中如果两个表的列之间为相等关系（关系运算＝），则为等值连接，否则为非等值连接（关系运算＞、＞＝、＜＞、＜、＜＝）。

如果两个表中有相同的列名，则在选择列表达式和条件表达式中的列名前必须加上该表的表名作为前缀，以避免二义性。

【例 3-34】 从订书信息表和书籍信息表中查询已订书籍的详细信息。

```
SELECT order_form_id,订书信息表.book_id,book_name,publisher,author,book_count
FROM 订书信息表,书籍信息表
WHERE 订书信息表.book_id = 书籍信息表.book_id;
```

执行结果：

order_form_id	book_id	book_name	publisher	author	book_count
1	13	海水养殖研究新进展	海洋出版社	王清印	10
2	3	数据库应用开发教程	电子工业出版社	曾棕根	1
3	5	自然辩证法概论	北京航空航天大学	徐治立	25
4	4	C++Builder 数据库开发实用教程	清华大学出版社	曾棕根	30
5	9	儿童营养新观念 101 问	中国纺织出版社	筱霞	6
6	1	ACM 程序设计	北京大学出版社	曾棕根	40
7	1	ACM 程序设计	北京大学出版社	曾棕根	60

…

在订书信息表和书籍信息表中存在相同的列 book_id,列名相同,所以在选择列表和条件表达式中出现的 book_id 前均加上表名前缀("订书信息表."或"书籍信息表.")。

该查询过程大致如下：针对订书信息表中的每一行,都在书籍信息表中查找满足连接条件的行(订书信息表. book_id=书籍信息表. book_id),两行连接起来作为结果集的一行输出;继续订书信息表下一行的查询,重复上述步骤,直至结束。

等值连接、非等值连接可使用内连接方式替代,内连接采用 INNER JOIN 关键字,连接条件用 ON 子句代替 WHERE 子句。

【例 3-35】 按照图书分类表各个分类连接查询书籍信息表中的图书信息。

```
SELECT 图书分类表.type_id, type_name, book_name, publisher
FROM 图书分类表 INNER JOIN 书籍信息表
ON 图书分类表.type_id = 书籍信息表.type_id;
```

执行结果：

type_id	type_name	book_name	publisher
1	自然科学	自然辩证法概论	北京航空航天大学
1	自然科学	时空的密码	上海科技出版社
5	医药卫生	现代中药药理与临床应用手册	中国中医药出版社
5	医药卫生	百姓实用就医指南	中国中医药出版社
5	医药卫生	儿童营养新观念 101 问	中国纺织出版社
6	农业科学	海水养殖研究新进展	海洋出版社

…

2. 自身连接

一个表与自身的连接称为自身连接或自连接。由于所有属性名都是同名属性,因此必须使用别名前缀。

【例 3-36】 在书籍信息表中查询每本书籍的名称和出版社以及与之同一时间出版的所有其他书籍的名称和出版社。

```
SELECT A.book_id, A.book_name, A.publisher,A.publish_date, B.book_name, B.publisher
FROM 书籍信息表 A,书籍信息表 B
WHERE A.publish_date = B.publish_date
ORDER BY A.book_id;
```

执行结果：

book_id	book_name	publisher	publish_date	book_name	publisher
1	ACM 程序设计	北京大学出版社	2008—10—01 00:00:00.000	ACM 程序设计	北京大学出版社
1	ACM 程序设计	北京大学出版社	2008—10—01 00:00:00.000	现代中药药理与临床应用手册	中国中医药出版社
1	ACM 程序设计	北京大学出版社	2008—10—01 00:00:00.000	百姓实用就医指南	中国中医药出版社
1	ACM 程序设计	北京大学出版社	2008—10—01 00:00:00.000	儿童营养新观念 101 问	中国纺织出版社
1	ACM 程序设计	北京大学出版社	2008—10—01 00:00:00.000	海水养殖研究新进展	海洋出版社
2	数据库开发综合训练教程	高等教育出版社	2008—05—01 00:00:00.000	数据库开发综合训练教程	高等教育出版社
3	数据库应用开发教程	电子工业出版社	2007—07—01 00:00:00.000	数据库应用开发教程	电子工业出版社

…

为书籍信息表取两个别名 A 和 B,理解上可以将 B 看成是书籍信息表的一个副本。

和等值连接一样,自身连接也可用 INNER JOIN 实现。

```
SELECT A.book_id, A.book_name, A.publisher, A.publish_date, B.book_name, B.publisher
FROM 书籍信息表 A INNER JOIN 书籍信息表 B
ON A.publish_date = B.publish_date
ORDER BY A.book_id;
```

3. 外连接

在普通连接中,查询结果只输出满足条件的行;外连接中除了输出满足连接条件的结果之外,也输出不满足条件的结果。不满足条件的部分用空值(NULL)输出。

在例 3-35 中,以图书分类表为主体连接书籍信息表,在书籍信息表不存在的图书分类,结果不输出;如果要想显示所有的分类,则需要用外连接,外连接的运算符如下。

(1) 左外连接：LEFT OUT JOIN 或 LEFT JOIN。

(2) 右外连接：RIGHT OUT JOIN 或 RIGHT JOIN。

(3) 全外连接：FULL OUT JOIN 或 FULL JOIN。

左外连接,结果集中列出左边表所有的行,右边表中不满足条件的行各列用 NULL 值填充。右外连接,结果集中列出右边表所有的行,左边表中不满足条件的行各列用 NULL 值填充。全外连接,结果集中列出两边所有的行,两边不满足条件的行各列用 NULL 值填充。

【例 3-37】 按照图书分类表各个分类连接查询书籍信息表中的图书信息。

```
SELECT 图书分类表.type_id, type_name, book_name, publisher
FROM 图书分类表 LEFT JOIN 书籍信息表
ON 图书分类表.type_id = 书籍信息表.type_id;
```

执行结果：

type_id	type_name	book_name	publisher
1	自然科学	自然辩证法概论	北京航空航天大学
1	自然科学	时空的密码	上海科技出版社
2	数理化学科	NULL	NULL
3	天文学地球科学	NULL	NULL
4	生物科学	NULL	NULL
5	医药卫生	现代中药药理与临床应用手册	中国中医药出版社
5	医药卫生	百姓实用就医指南	中国中医药出版社
5	医药卫生	儿童营养新观念 101 问	中国纺织出版社
6	农业科学	海水养殖研究新进展	海洋出版社
7	一般工业技术	NULL	NULL
8	矿业石油天然气	NULL	NULL
9	冶金金属学	NULL	NULL
10	机械仪表武器	NULL	NULL
…			

由于是左外连接，所以以 JOIN 左边的表即图书分类表为主体，用该表中所有满足条件的行返回查询结果，那些在书籍信息表中不存在的图书分类，在书籍信息表相应的 book_name 和 publisher 列上以 NULL 值填充。

3.4.4 嵌套查询

嵌套查询是嵌套在 SELECT、INSERT、UPDATE、DELETE 语句或另一个嵌套查询中的 SELECT 语句。上层的查询称为外层查询、父查询或主查询，嵌套查询称为内层查询或子查询，内层查询的结果作为外层查询的参数。使用嵌套查询的原因是为了化繁为简，即把复杂的查询分解成一系列的简单查询，简化程序的设计。在嵌套查询中，最里面的子查询先执行，按照层次依次由内向外执行。嵌套查询中子查询不得包含 ORDER BY 子句。

1. 单行子查询

如果子查询执行结果是单行单列的标量值，则在父查询中可视为一个常量处理。下面列出单行子查询的几种用法。

(1) 出现在父查询的关系表达式中，也称为比较运算符的子查询，通常在父查询的 WHERE 子句中。比较运算符=、>、<、>=、<=、<>。

【例 3-38】 查询书籍信息表中图书分类属于“医药卫生”的所有书籍。

```
SELECT book_id, book_name
FROM 书籍信息表
WHERE type_id =
(SELECT type_id FROM 图书分类表 WHERE type_name = '医药卫生')
```

执行结果：

book_id	book_name
7	现代中药药理与临床应用手册
8	百姓实用就医指南
9	儿童营养新观念101问

该查询的执行顺序为先执行子查询,

```
SELECT type_id
FROM 图书分类表
WHERE type_name = '医药卫生'
```

执行结果是5;然后执行父查询,此时父查询等同于执行下面的查询:

```
SELECT book_id, book_name
FROM 书籍信息表
WHERE type_id = 5
```

(2) 在子查询中使用聚合函数。

【例3-39】 查询书籍信息表中价格大于平均单价的书籍。

```
SELECT book_id, book_name,price
FROM 书籍信息表
WHERE price>(SELECT AVG(price) FROM 书籍信息表);
```

执行结果:

book_id	book_name	price
7	现代中药药理与临床应用手册	138.0000
10	大飞机风云	76.0000
11	航天测控系统工程	50.0000
13	海水养殖研究新进展	90.0000

该查询先执行子查询,得出所有书籍的平均单价46.6461;然后以此为条件值查询大于平均单价的图书信息。

(3) 在SELECT语句的查询列中使用子查询。

【例3-40】 在书籍信息表中查询图书的价格信息,要求每行显示图书名称、价格和平均单价。

```
SELECT book_id, book_name, price,
(SELECT AVG(price) FROM 书籍信息表) AS 平均单价
FROM 书籍信息表;
```

执行结果:

book_id	book_name	price	平均单价
1	ACM程序设计	34.0000	46.6461
2	数据库开发综合训练教程	30.6000	46.6461
3	数据库应用开发教程	28.0000	46.6461
4	C++Builder数据库开发实用教程	21.0000	46.6461
5	自然辩证法概论	29.8000	46.6461
6	时空的密码	31.0000	46.6461

…

2. 多行子查询

子查询执行结果是多行，则作为集合参与父查询的运算。

（1）使用 IN 语句的子查询。通过 IN（或 NOT IN）运算符将子查询和父查询连接起来，父查询中的某个列值与子查询返回的查询结果集的每个值进行比较，如果找到一个相等，则返回 TRUE，否则返回 FALSE。

【例 3-41】 查询订书信息表中所有由中国中医药出版社出版的书籍的订单号。

```
SELECT DISTINCT order_form_id
FROM 订书信息表
WHERE book_id IN
  (SELECT book_id
  FROM 书籍信息表
  WHERE publisher = '中国中医药出版社');
```

执行结果：

```
order_form_id
------------------------
10
12
```

【例 3-42】 查询订书信息表中所有不是由中国中医药出版社出版的书籍的订单号。

```
SELECT DISTINCT order_form_id
FROM 订书信息表
WHERE book_id   NOT IN
  (SELECT book_id
  FROM 书籍信息表
  WHERE publisher = '中国中医药出版社');
```

执行结果：

```
order_form_id
------------------------
1
2
3
4
5
…
```

（2）使用 EXISTS 语句的子查询。带有 EXISTS 语句的子查询返回逻辑值 TRUE（真）或 FALSE（假）。

【例 3-43】 对照图书分类表，查询书籍信息表中图书的分类名称。

```
SELECT type_name
FROM 图书分类表
WHERE EXISTS
(SELECT * FROM 书籍信息表 WHERE 书籍信息表.type_id = 图书分类表.type_id);
```

执行结果：

```
type_name
------------------------
自然科学
医药卫生
农业科学
航天航空
计算机技术
电工无线电自动化
```

【例 3-44】 对照图书分类表，查询在书籍信息表中不存在的图书分类名称。

```
SELECT type_name
FROM 图书分类表
WHERE NOT EXISTS
(SELECT * FROM 书籍信息表 WHERE 书籍信息表.type_id = 图书分类表.type_id);
```

执行结果：

```
type_name
------------------------
数理化学科
天文学地球科学
生物科学
一般工业技术
矿业石油天然气
冶金金属学
机械仪表武器
...
```

(3) 使用 ANY 或 ALL 运算符的子查询。子查询返回单个值时可以使用比较运算符进行关系运算；如果子查询返回多个值时需要用比较运算符进行比较判断，要结合使用 ANY 或 ALL 运算符。其中 ANY 表示与子查询的结果集的每一个值进行比较，如果有一个为真，则返回真(TRUE)。而 ALL 表示与结果集的每一个值进行比较，所有的比较结果都为真时，返回真(TRUE)。表 3-20 是比较运算符与 ANY 或 ALL 运算符结合使用时的情况。

表 3-20 比较运算符与 ANY 或 ALL 结合使用

运算符表达式	说　明
>ANY、>=ANY	大于(等于)子查询中的某个值
=ANY	等于子查询中的某个值(相当于 IN)
<>ANY	不等于子查询中的某个值(相当于 NOT IN)
<ANY、<=ANY	小于(等于)子查询中的某个值
>ALL,>=ALL	大于(等于)子查询中的所有值
=ALL	等于子查询中的所有值(一般无意义)
<>ALL	不等于子查询中的所有值
<ALL,<=ALL	小于(等于)子查询中的所有值

【例 3-45】 在订书信息表中查询满足下列条件的订单信息，其订书数量超过任何一张 book_id 是 13 的订单的订书数量。

```
SELECT book_id, book_count
FROM 订书信息表
WHERE book_count>ALL(
SELECT book_count FROM 订书信息表 WHERE book_id = 13);
```

执行结果：

book_id	book_count
1	40
1	60
11	100
8	45

【例 3-46】 在订书信息表中查询满足下列条件的订单信息，其订书数量与某一张 book_id 是 1 的订单的订书数量相同。

```
SELECT book_id, book_count
FROM 订书信息表
WHERE book_count = ALL(
SELECT book_count FROM 订书信息表 WHERE book_id = 1) AND book_id<>1;
```

3. 相关子查询

前面的例子中，内层查询的执行不依赖于外层查询。如果内层查询的查询条件依赖于外层查询的某个列值，称为相关子查询。

【例 3-47】 在订书信息表中，查询预订 10 本以上图书 ID 为 1 的用户订单信息，显示用户 ID 和订单 ID。

```
SELECT user_id, order_form_id
FROM 订单表 a
WHERE 10<(SELECT book_count
          FROM 订书信息表 b
          WHERE a.order_form_id = b.order_form_id AND book_id = 1);
```

使用相关子查询时，内层查询被反复执行多次，外层查询有多少行，内层查询就被执行多少次。本例查询执行过程大致是这样的：首先取外层查询中订单表的第一行 order_form_id值，根据该值处理内层查询，如果内层查询的结果 book_count 的值大于 10，则保留外层查询的第一行进入结果集，否则不保留；然后取外层查询中订单表的第二行；依次重复处理直到处理完外层查询中订单表的最后一行。

相关子查询大多数情况可以用连接查询改写，本例可用如下连接查询改写。

```
SELECT user_id, a.order_form_id
FROM 订单表 a INNER JOIN 订书信息表 b
ON a.order_form_id = b.order_form_id
WHERE book_id = 1 AND book_count>1;
```

3.4.5 集合查询

集合查询就是对多个查询结果的集合操作，常见的集合查询有 UNION、EXCEPT 和 INTERSECT，分别对应关系运算的并、差和交。参与集合操作的结果表必须有相同的属性个数，对应的属性必须有相同的数据类型。UNION 集合运算主要用于多个查询结果的连接。

【例 3-48】 查询订数大于 1 册的书籍 ID 号和折扣为零的书籍 ID 号。

```
SELECT book_id
FROM 订书信息表
WHERE book_count>1
UNION
SELECT book_id
FROM 书籍信息表
WHERE price_rebate = 0
```

执行结果：

```
book_id
---------
1
2
3
4
5
…
```

使用 UNION 是将这两个查询的结果集合并起来，同时消除重复行。如果要保留重复的行，则使用 UNION ALL。

```
SELECT book_id
FROM 订书信息表
WHERE book_count>1
UNION ALL
SELECT book_id
FROM 书籍信息表
WHERE price_rebate = 0
ORDER BY book_id
```

执行结果：

```
book_id
-------
1
1
1
2
3
4
4
5
…
```

在 UNION 操作的结果集中，除了最后一个查询之外，其他子查询不能用 ORDER BY 子句。

3.5 SQL 数据操作

SQL 语言除了前面的数据定义和数据查询命令之外，还提供数据操纵命令，包括 INSERT、UPDATE 和 DELETE 命令，实现对表中的数据的插入、更新和删除操作。

3.5.1 数据插入

插入数据是通过 INSERT 语句来完成的，INSERT 语句可以实现向表中一次插入一行或多行数据。

1. 插入一行数据

插入一行的 INSERT 语句的基本格式为：

```
INSERT INTO <表名|视图名>
[(<属性列 1>[,<属性列 2>]…)]
VALUES (<常量 1>[,<常量 2>]…)
```

【例 3-49】 向订书信息表中插入一行数据：订单 ID 为 20，书籍 ID 为 6，订书数量为 10。

```
INSERT INTO 订书信息表
(order_form_id, book_id, book_count)
VALUES(20,6,10)
```

如果表中的某些列没有在列名表中出现，则插入的这些列取默认值或 NULL(没有默认值的列)。VALUES 子句中值的顺序必须与列名表中列的顺序一致。

2. 插入多行数据

插入多行的 INSERT 语句的基本格式为：

```
INSERT INTO <表名|视图名>
[(<属性列 1>[,<属性列 2>]…)]
<SELECT 子查询>
```

【例 3-50】 根据订单表中的订单信息，在订书信息表中为每张订单追加 10 本 book_id为 14 的图书。

```
INSERT INTO 订书信息表
(order_form_id, book_id, book_count)
SELECT order_form_id, 14, 10 FROM 订单表
```

3.5.2 数据修改

用 UPDATE 语句实现对表中已存在数据的修改。UPDATE 语句的基本格式为：

```
UPDATE <表名|视图名>
SET <属性列 1> = <表达式 1>[,<属性列 2> = <表达式 2>]…
[WHERE <条件表达式>];
```

在 UPDATE 语句中必须指定被修改的列名和新的值，一次可修改一列或多列。对

于要修改的列，UPDATE 语句可对表中所有的行进行一次性修改，或者通过 WHERE 子句限制修改某一行或多行数据。

【例 3-51】 将订单表中所有的订单状态都改成 3。

```
UPDATE 订单表
SET status = 3
```

【例 3-52】 将网站用户表中用户 ID 为 3 的用户的邮政编码改成 310001。

```
UPDATE 网站用户表
SET user_postcode = '310001'
WHERE user_id = 3
```

3.5.3 数据删除

用 DELETE 语句实现对表中已存在数据的删除。DELETE 语句的基本格式为：

```
DELETE FROM<表名>
[WHERE<条件表达式>];
```

与 UPDATE 语句中的 WHERE 子句作用类似，WHERE 子句限定要删除行的范围，如果省略 WHERE 子句，则删除表中所有数据。

DELETE 语句只是删除表中的数据，表的定义还在。注意 DELETE 语句与删除表语句 DROP TABLE 的区别。

【例 3-53】 删除书籍信息表中的所有数据。

```
DELETE FROM 书籍信息表
```

【例 3-54】 删除订单表中的订单 ID 为 2 的订单数据。

```
DELETE FROM 订单表
WHERE order_form _id = 2
```

3.6 SQL 数据控制

数据库的安全性体现在对数据访问的权限控制，所谓权限指的是数据库用户对数据对象可以进行数据查询或数据操作（如 SELECT、INSERT、UPDATE 和 DELETE）的操作权利。只有拥有对数据库对象相应操作的权限才能进行相应的操作，否则 DBMS 拒绝该用户对数据进行相应的操作。操作权限的分配是由拥有该数据对象授予权限的用户，通常是数据库管理员来完成的。某个对象的操作权限可以单独分配给某个用户，也可通过分配给角色来分配给一批用户。权限可以收回，与权限分配相同，权限的收回既可以针对某个用户也可以针对某个角色。完成权限分配和收回的命令称为数据控制命令。

3.6.1 授 权

向用户授权和向角色授权都通过 GRANT 语句实现。GRANT 语句的基本格式为：

```
GRANT <权限>[,<权限>]…[ON<对象类型><对象名>]TO <用户>[,<用户>]…[WITH GRANT OPTION];
```

其中主要的权限种类如下：SELECT（查询）、INSERT（插入）、UPDATE（更新）、DELETE（删除）、ALL PRIVILEGES（所有权限）。

对象类型为：TABLE、DATEBASE。

选项 WITH GRANT OPTION 表示是否将该权限的授予权限同时授予用户。

【例 3-55】 授予用户 user1 对书籍信息表的更新权限。

```
GRANT UPDATE ON 书籍信息表 TO user1;
```

【例 3-56】 授予用户 user2 对书籍信息表的删除权限，同时将删除权限的授予权限也传递给 user2。

```
GRANT DELETE ON 书籍信息表 TO user2 WITH GRANT OPTION;
```

【例 3-57】 授予角色 usergroup1 对图书分类表的查询和新增权限。

```
GRANT SELECT, INSERT ON 图书分类表 TO usergroup1;
```

【例 3-58】 授予用户 user3 对订书信息表的全部权限。

```
GRANT ALL PRIVILIEGES ON 订书信息表 TO user3;
```

3.6.2 权限收回

权限收回通过 REVOKE 语句实现。REVOKE 语句的基本格式如下：

```
REVOKE <权限>[,<权限>]…[ON <对象类型><对象名>]
  FROM <用户>[,<用户>]…[CASCADE|RESTRICT];
```

选项 CASCADE 表示收回该用户权限的同时，也连锁收回由该用户分配给其他用户的该类权限。选项 RESTRICT 与 CASCADE 相反，当不存在连锁回收的情况下，回收执行，否则语句不执行。

【例 3-59】 回收用户 user1 对书籍信息表的更新权限。

```
REVOKE UPDATE ON 书籍信息表 FROM user1;
```

【例 3-60】 回收角色 usergroup1 对图书分类表的查询和插入权限。

```
REVOKE SELECT, INSERT ON 图书分类表 FROM usergroup1;
```

【例 3-61】 连锁回收用户 user2 对书籍信息表的删除权限。

```
REVOKE DELETE ON 书籍信息表 FROM user2 CASCADE;
```

3.7 视　图

3.7.1 视图的概念

视图是一种逻辑对象，是由对一张表或多个表（或视图）的查询而导出的表。与基表不同，视图并不真正存储数据，在数据库中存储的只是视图的定义，数据来源于该视图所引用的表，视图可以看成是一个虚拟表。视图如同是一个可以移动的窗口，通过它可以看到不同的数据。

定义了一个视图以后，就可以像基表一样引用，但又有区别。对于数据查询，视图可以和基表一样使用；对于数据更新，与基表不同，对视图中数据的更新受到一定的限制。

3.7.2 定义视图

用 CREATE VIEW 语句定义视图。CREATE VIEW 语句的基本格式如下：

```
CREATE VIEW <视图名>[(<列名>[,<列名>]…)]
AS <SELECT 子查询>
[WITH CHECK OPTION]
```

说明：

(1) SELECT 子查询中不能包含有 ORDER BY 子句和 DISTINCT 关键字。

(2) WITH CHECK OPTION 强制视图上执行的所有数据修改语句都必须符合由 SELECT 子查询设置的准则。通过视图修改行时，WITH CHECK OPTION 可确保提交修改后，仍可通过视图看到修改的数据。

(3) 列是从算术表达式、函数或常量派生的，当两个或更多的列可能会具有相同的名称时，必须指定列名。

【例 3-62】 根据书籍信息表创建只包含书名、作者和出版社的视图。

```
CREATE VIEW v_book
AS
SELECT book_name, author, publisher
FROM 书籍信息表
```

【例 3-63】 根据书籍信息表创建图书折扣价的视图。

```
SELECT book_id, book_name, price * (1 - price_rebate)AS nprice
FROM 书籍信息表
```

【例 3-64】 根据书籍信息表和订书信息表创建查询已订书籍的订数的视图。

```
CREATE VIEW v_bookcount
AS
SELECT 书籍信息表.book_id AS bookid, book_name, order_form_id, book_count
FROM 书籍信息表
INNER JOIN 订书信息表 ON 书籍信息表.book_id = 订书信息表.book_id
```

3.7.3 删除视图

视图的删除通过 DROP VIEW 命令实现。DROP VIEW 语句的基本格式如下：

```
DROP VIEW <视图名>;
```

【例 3-65】 删除视图 v_book。

```
DROP VIEW v_book;
```

3.7.4 视图的作用

视图是定义在基表之上的，对视图的一切操作实际上都要转化为对基表的操作。尽管如此，合理而恰当地使用视图，会使数据库的操作更加灵活方便。视图的作用具体体现在以下几个方面。

(1) 将数据集中显示。当我们进行某项查询时，需要的数据往往分散在各个表中，通过建立视图可以将这些数据联系起来集中显示，极大地方便了数据的集中处理。

(2) 简化数据操作。对于某种应用，通过建立视图可屏蔽原基表中不需要的部分数据，使得数据结构清晰，用户操作简单。

(3) 自定义数据。视图的机制使得数据有了多面性，对于同一批数据，用户可根据自

己的需要，建立不同的查询，使得数据在多用户环境中的应用更加灵活。

(4) 提供了一定的逻辑独立性。当数据库重构时，由于逻辑结构的改变，会导致原先的应用程序无法正常运行。通过建立若干个视图，将操作对象从表变成视图，可确保应用程序无需改动就能够访问新的结构数据库，做到了数据在逻辑上的独立性。

(5) 加强了数据的安全性。出于数据库安全性的考虑，应当避免用户直接操作表中的数据。可根据用户的操作权限建立相应的视图，将视图的操作权限开放给用户，用户虽不能直接访问基表，但能够通过视图控制对数据进行的最小化操作，从而确保了数据的安全。

3.8 存储过程

3.8.1 存储过程的概念

存储过程是采用过程化的 SQL 编写的数据库应用模块，存储过程作为数据库的一种对象存储在数据库中，便于数据库用户和应用程序反复调用执行。与非过程化的 SQL 命令相比，采用存储过程可增强程序的灵活性。由于存储过程在执行前通过 DBMS 的编译和优化，所以执行效率比单个 SQL 语句分开执行的效率高。

3.8.2 创建和执行存储过程

1. 创建存储过程

存储过程的创建用 CREATE PROCEDURE 语句实现。

```
CREATE PROCEDURE <存储过程名>[<参数><参数类型>[OUTPUT],…]
AS <SQL 语句>;
```

【例 3-66】 创建查询图书订单的存储过程。

```
CREATE PROCEDURE p_order
AS
SELECT * FROM 订单表;
```

【例 3-67】 创建查询指定图书 ISBN 的存储过程。

```
CREATE PROCEDURE p_query_isbn
@p_isbn VARCHAR(20)
AS
SELECT * FROM 书籍信息表 WHERE isbn = @p_isbn;
```

【例 3-68】 创建插入订单的存储过程。

```
CREATE PROCEDURE p_add_order
@p_user_idbigint, @p_add_time datetime, @p_status int
AS
INSERT INTO 订单表(user_id, add_time, status)
VALUES (@p_user_id, @p_add_time, @p_status);
```

【例 3-69】 创建返回指定 ISBN 的图书总订数的存储过程。

```
CREATE PROCEDURE p_book_count
@p_isbn VARCHAR(20), @p_out_count INT OUTPUT
AS
SELECT @p_out_count = SUM(book_count)
FROM 订书信息表 INNER JOIN 书籍信息表
ON 订书信息表.book_id = 书籍信息表.book_id
WHERE isbn = @p_isbn;
```

2. 执行存储过程

存储过程的执行用 EXECUTE 语句实现。EXECUTE 命令的基本语法格式如下：

```
EXECUTE <存储过程名>[[<.输入参数名> = ]<输入参数值>|<输出参数名>OUTPUT,…];
```

【例 3-70】 执行 p_order 的存储过程。

```
EXECUTE p_order;
```

【例 3-71】 执行 p_isbn 的存储过程，查询 ISBN 为“9787118050301”的图书信息。

```
EXECUTE p_isbn '9787118050301';
```

【例 3-72】 执行 p_add_order 的存储过程，插入一个订单。

```
EXECUTE p_add_order
@p_user_id = 2, @p_add_time = '2009 - 02 - 01 8:30:00', @p_status  = 0;
```

【例 3-73】 执行 p_book_count 存储过程，查询返回图书 ISBN 号为“9787506427487”的图书的总预订数量。

```
DECLARE @@gcount AS BIGINT
EXECUTE p_book_count '9787506427487', @p_out_count  =  @@gcount OUTPUT
SELECT @@gcount
```

3. 修改存储过程

存储过程的修改用 ALTER PROCEDURE 语句来实现。ALTER PROCEDURE 命令的语法格式如下：

```
ALTER PROCEDURE <存储过程名>[<参数><参数类型>[OUTPUT],…]
AS <SQL 语句>;
```

【例 3-74】 修改查询图书订单的存储过程 p_order，使其不包含 2009 年订单。

```
ALTER PROCEDURE p_order
AS
SELECT * FROM 订单表
WHERE YEAR (add_time)<>2009;
```

4. 删除存储过程

存储过程的删除用 DROP PROCEDURE 语句来实现。DROP PROCEDURE 命令的语法格式如下：

```
DROP PROCEDURE <存储过程名>;
```

【例 3-75】 删除 p_book_count 存储过程。

```
DROP PROCEDURE p_book_count;
```

3.9　用户自定义函数*

3.9.1　函数的概念

MS SQL Server 除了提供一批功能完善的内置函数之外，还提供用户自己定义函数的功能，用于补充内置函数的功能。用户自定义函数可以有 0 个或多个输入参数，但不支持输出参数。

在 MS SQL Server 中，用户自定义函数分以下 3 种类型。

（1）标量函数。标量函数返回一个标量值，其返回值的数据类型可以是 SQL 提供的各种标量的数据类型，但不能返回用户自定义的数据类型。

（2）内嵌表值函数。内嵌表值函数返回的是执行某个 SELECT 语句查询结果的一个表，与视图类似，只不过其功能更强，内嵌表值函数可以实现带参数的查询。

（3）多语句表值函数。多语句表值函数组合了视图和存储过程的功能，可利用多语句表值函数返回一个表（与存储过程类似），也可以在 SELECT 语句的 FROM 子句中使用多语句表值函数（与存储过程不同但与视图一样）。

3.9.2　创建和调用标量函数

创建用户自定义函数用 CREATE FUNCTION 语句来实现。用 CREATE FUNCTION 命令创建标量函数的基本语法格式如下：

```
CREATE FUNCTION <函数名>([参数名 参数类型],…)
RETURNS <返回类型>
[AS]
BEGIN
  <函数体>
  RETURN<返回值>
END
```

【例 3-76】 创建一个统计某个时段订单总金额的用户自定义函数。

```
CREATE FUNCTION fn_sum(@p_start_time DATETIME, @p_end_time DATETIME)
RETURNS MONEY
AS
BEGIN
DECLARE @@p_sum AS MONEY
  SELECT @@p_sum = SUM (price * book_count * (1 - price_rebate))
  FROM 订书信息表,订单表,书籍信息表
  WHERE 订书信息表.order_form_id = 订单表.order_form_id
  AND 订书信息表.book_id = 书籍信息表.book_id
  AND 订单表.add_time BETWEEN @p_start_time AND @p_end_time
  RETURN @@p_sum
END
```

【例 3-77】 利用用户定义函数 fn_sum,统计 2008 年全年的订单总金额。

```
SELECT dbo.fn_sum('2008-01-01 0:0:0','2008-12-31 23:59:59');
```

3.9.3 创建和调用内嵌表值函数

用 CREATE FUNCTION 语句创建内嵌表值函数的基本语法格式如下:

```
CREATE FUNCTION <函数名>([参数名 参数类型],…)
RETURNS TABLE
[AS]
RETURN <SELECT 语句>
```

【例 3-78】 创建一个查询图书某种开本的函数。

```
CREATE FUNCTION fn_format(@p_format VARCHAR(10))
RETURNS TABLE
AS
RETURN SELECT *
FROM 书籍信息表
WHERE format = @p_format
```

【例 3-79】 调用用户自定义函数 fn_format 查询开本为 16 开的图书信息。

```
SELECT * FROM fn_format('16 开');
```

3.9.4 创建和调用多语句表值函数

用 CREATE FUNCTION 语句创建多语句表值函数的基本语法格式如下:

```
CREATE FUNCTION <函数名>([参数名 参数类型],…)
RETURNS <返回表名> TABLE (<表的结构的定义>)
[AS]
BEGIN
  <函数体>
  RETURN
END
```

【例 3-80】 创建用户定义函数 fn_orderuser,根据用户网名查询该用户的真实姓名、地址和订单信息。

```
CREATE FUNCTION fn_orderuser(@p_username VARCHAR(50))
RETURNS @t_orderuser TABLE(user_name VARCHAR(50),
                           user_truename VARCHAR(50),
                           user_address VARCHAR(200),
                           order_form_id  BIGINT,
                           add_time DATETIME)
AS
BEGIN
    INSERT INTO @t_orderuser
    SELECT user_name,user_true_name,user_address,order_form_id,add_time
    FROM 订单表 A INNER JOIN 网站用户表 B
```

```
    ON A.user_id = B.user_id
    WHERE B.user_name = @p_username
    RETURN
END
```

【例 3-81】 调用用户定义函数 fn_orderuser，查询网名为“aqv”的用户订单信息。

```
SELECT *
FROM fn_orderuser('aqv');
```

3.9.5　更改和删除函数

1. 更改用户定义函数

更改用户定义函数用 ALTER FUNCTION 语句实现。

(1) 更改标量函数的基本语法格式如下：

```
ALTER FUNCTION <函数名>([参数名 参数类型],…)
RETURNS <返回类型>
[AS]
BEGIN
  <函数体>
  RETURN <返回值>
END
```

(2) 更改内嵌表值函数的基本语法格式如下：

```
ALTER FUNCTION <函数名>([参数名 参数类型],…)
RETURNS TABLE
[AS]
RETURN <SELECT 语句>
```

(3) 更改多语句表值函数的基本语法格式如下：

```
ALTER FUNCTION <函数名>([参数名 参数类型],…)
RETURNS <返回表名> TABLE (<表的结构的定义>)
[AS]
BEGIN
  <函数体>
  RETURN
END
```

【例 3-82】 修改用户定义函数 fn_orderuser，使其根据用户 ID 号查询该用户的真实姓名、地址和订单信息。

```
ALTER FUNCTION fn_orderuser(@p_userid BIGINT)
RETURNS @t_orderuser TABLE(user_name VARCHAR(50),
                           user_truename VARCHAR(50),
                           user_address VARCHAR(200),
                           order_form_id  BIGINT,
                           add_time DATETIME)
AS
```

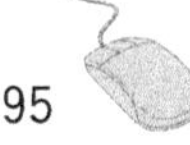

```
BEGIN
    INSERT INTO @t_orderuser
    SELECT user_name,user_true_name,user_address,order_form_id,add_time
    FROM 订单表 A INNER JOIN 网站用户表 B
    ON A.user_id = B.user_id
    WHERE B.user_id = @p_userid
    RETURN
END
```

2. 删除用户定义函数

删除用户定义函数用 DROP FUNCTION 语句来实现。DROP FUNCTION 语句的基本语法格式如下：

```
DROP FUNCTION＜函数名＞
```

【例 3-83】 删除用户自定义函数 fn_sum。

```
DROP FUNCTION fn_sum
```

3.10 嵌入式 SQL*

SQL 既可以采用联机交互方式使用，也可以嵌入到程序设计语言如 C、C++、Java 等中使用。在一个完整的数据库应用系统开发过程中，除了数据处理之外，常常需要对用户界面、图形等进行编程，这些单纯依靠 SQL 是无法实现的，通常需将 SQL 和程序设计语言结合起来使用。这种嵌入到程序设计语言中使用的 SQL 称为嵌入式 SQL(Embedded SQL,ESQL)，而接受嵌入的程序语言称为宿主语言(Host Language)，大多数 SQL 语句都可以嵌入到宿主语言中，如数据定义、查询、更新等。本节以 C 为宿主语言介绍嵌入式 SQL 的用法。

3.10.1 嵌入式 SQL 的实现方式

嵌入式 SQL 的处理方法有两种：扩充宿主语言使之能够处理 SQL 的方法；采用预处理方法。预处理方法用得较多，它是由 RDBMS 的预处理程序对含有 ESQL 命令的源程序进行预编译，扫描出其中的 ESQL 语句，将它们转换成宿主语言的函数调用语句，形成中间代码，以便宿主语言的编译程序能够识别处理；然后由宿主语言的编译程序对该中间代码进行编译形成目标代码。处理过程如图 3-1 所示。

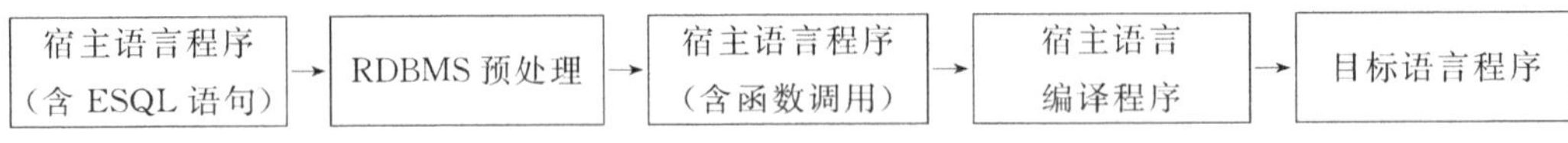

图 3-1　嵌入式 SQL 预处理过程

无论是交互式 SQL 还是嵌入式 SQL，使用时语法基本相同。由于 SQL 嵌入到宿主语言中使用时，两种语言之间存在一系列的差异，所以嵌入式 SQL 的使用有其特有的技术机制，以保证有效地完成数据库操作的各项功能。

3.10.2　嵌入式 SQL 的使用规定

1. SQL 语句和宿主语言语句的区分

在嵌入式 SQL 编程过程中，为了区别 ESQL 语句和宿主语言语句，每条 SQL 语句的前面加 EXEC SQL，并且以分号（;）结束。一般格式如下：

```
EXEC SQL<SQL 语句>;
```

嵌入式 SQL 语句分为说明语句和可执行语句。

2. 建立数据库的联系

（1）建立数据库连接。

嵌入式 SQL 程序访问数据库时首先要连接数据库，只有通过 RDBMS 对连接请求的合法性检查后，才能建立一个合法、可用的连接。

建立数据库连接的 ESQL 语句：

```
EXEC SQL CONNECT TO <数据库名称> [AS <连接名称>] USER<用户名称>;
```

（2）关闭数据库连接。

在完成对连接的数据库的操作后，要关闭对数据库的连接，以释放系统的资源，提高系统效率和保证数据库的安全性。

关闭数据库连接的 ESQL 语句：

```
EXEC SQL DISCONNECT [连接];
```

3. 数据库工作单元和程序工作单元的通信

SQL 执行状态信息是通过 SQL 通信区（SQLCA）返回给宿主语言的，宿主语言根据状态信息决定程序的执行流程。在 SQLCA 数据结构中的 SQLSTATE 变量用于返回 SQL 语句执行的状态信息，在执行一条 SQL 成功后，SQLSTATE 返回全零，否则返回相应的错误代码（非零值）。

在 ESQL 语句中可使用宿主语言的变量（称为宿主变量或主变量）来实现 SQL 和宿主语言程序之间的数据交换。宿主变量是在宿主语言程序中的 SQL 说明节定义的；SQL 说明节以 EXEC SQL BEGIN DECALRE SECTION 开始，以 EXEC SQL END DECLARE SECTION 结束。如：

```
…
EXEC SQL BEGIN DECALRE SECTION;
int ibookid;
float fprice;
EXEC SQL END DECLARE SECTION;
…
```

在 ESQL 语句中使用宿主变量时，变量名前加冒号（:）作为前缀标志，以便于和 SQL 中的表名、列名和数据对象名称区别开来。如：

```
…
EXEC SQL SELECT price INTO :fprice FROM 图书信息表 WHERE bookid = :ibookid;
…
```

4. 结果集处理

宿主语言处理数据方式是以记录的形式，而 SQL 查询的结果是集合的形式。在处理多行数据时仅仅通过宿主变量是不行的，必须通过游标来实现。游标是系统为用户程序开辟的一个缓冲区。游标技术将命名的缓冲区与查询语句绑定起来，查询结果存放在游标中，通过游标指针的移动来实现宿主语言程序对游标中逐条记录的访问，将记录中的各项数据赋值给相应的宿主变量。游标的使用主要分为下列几个步骤。

（1）定义游标。

```
EXEC SQL DECLARE ＜游标名＞ CURSOR FOR ＜SELECT 语句＞；
```

定义游标，并通过游标名称与相应的 ESQL 语句建立联系，注意此时并不执行 SQL 语句。

（2）打开游标。

```
EXEC SQL OPEN ＜游标名＞；
```

打开已定义的游标，执行游标相关联的 ESQL 语句，结果集为游标的活动数据集。游标指针定位于结果集的第一行前的位置。

（3）移动游标，获取游标当前数据。

```
EXEC SQL FETCH [移动方向] FROM ＜游标名称＞ INTO ＜宿主变量列表＞；
```

游标指针移至指定位置，获取当前行的属性值赋给指定的宿主变量。

[移动方向]是游标指针移动的方向，主要有以下几种取值：

① NEXT 或 PRIOR：向下或向上移动一行，NEXT 是默认值；

② FIRST 或 LAST：移动到第一行或最后一行；

③ RELATIVE n：相对于当前位置移动 n 行，n＞0 时方向向下，n＜0 时方向向上；

④ ABSOLUTE n：移动到某个绝对位置，n＞0 时，移动到第 n 行；n＜0 时，移动到倒数第 n 行。

（4）关闭游标。

```
EXEC SQL CLOSE ＜游标名＞；
```

关闭游标与 ESQL 语句的联系，释放活动数据集及相应的系统资源。

3.10.3 嵌入式 SQL 的使用技术

1. 不使用游标的嵌入式 SQL 语句

在 ESQL 中使用的说明性语句、数据定义语句、数据控制语句、查询结果是单行的查询语句以及非 CURRENT 的数据更新语句，不需要使用游标。

【例 3-84】 创建订单表。

```
EXEC SQLCREATE TABLE 订单表(
    order_form_id BIGINT IDENTITY(1,1)NOT NULL PRIMARY KEY,
    user_id BIGINT NULL,
    add_time DATETIME NULL DEFAULT(getdate()),
    status INT NULL);
```

【例 3-85】 删除订单表。

```
EXEC SQL DROP TABLE 订单表;
```

【例 3-86】 在订单表中增加一行记录。

```
EXEC SQLINSERT INTO 订单表
    (user_id,status)
    VALUES(3,0);
```

【例 3-87】 修改订单表中所有订单状态为 1。

```
EXEC SQL UPDATE 订单表 SET status = 1;
```

【例 3-88】 删除订单表中订单号为 2 的订单。

```
EXEC SQL DELETE FROM 订单表 WHERE order_form_id = 2;
```

【例 3-89】 查询订单表中订单号为 5 的订单状态。

```
EXEC SQL SELECT status INTO: vstatus FROM 订单表 WHERE order_form_id = 5;
```

由于在订单表中 order_form_id 唯一,所以查询结果仅返回一行,通过宿主变量 vstatus 获得返回的 status 列值。

2. 使用游标的嵌入式 SQL 语句

在返回多行的查询语句或 CURRENT 的数据更新语句时必须使用游标。

【例 3-90】 查询书籍信息表中开本为 16 开的书籍的名称、出版社和作者。

```
EXEC SQL BEGIN DECLARE SECTION;
    char vbookname[81],vpublisher[81],vauthor[21];/* 定义宿主变量 */
EXEC SQL END DECLARE SECTION;
…  /* 连接数据库,省略 */
EXEC SQL DECLARE CURSOR cur_16k FOR  /* 定义查询游标 */
    SELECT book_name, publisher, author
    FROM 书籍信息表
    WHERE format = '16 开';
EXECSQL OPEN cur_16k;  /* 打开游标 */
printf("书名 出版社 作者\n");
while(1){
    EXEC SQL FETCH FROM cur_16k INTO :vbookname, :vpublisher, :vauthor;
                    /* 在游标中逐行移动,将列值赋给宿主变量 */
    if(sqlca.sqlcode <> 0)
        break;
    printf("%s%s%s\n", vbookname, vpublisher, vauthor); /* 显示输出宿主变量 */
}
EXEC SQL CLOSE cur_16k;          /* 关闭游标 */
```

3.10.4 动态 SQL 语句

对于那些需要在程序运行时才能确定的 SQL 语句,不能用上述的静态嵌入式 SQL 语句,需要用动态 SQL 语句。由于 SQL 语句可根据用户需要动态生成,所以动态 SQL 具有更大的灵活性。动态 SQL 分为动态组装 SQL 语句和动态参数两种形式。

1. 动态组装SQL语句

SQL语句的动态组装是在程序运行中将生成的SQL语句字符串保存到一个SQL语句宿主变量中，通过EXEC SQL EXECUTE语句执行宿主变量中SQL语句。

【例3-91】 根据用户输入的SQL语句执行。

```
EXEC SQL BEGIN DECLARE SECTION;
    char vsqlcmdstring[255];            /* 定义SQL语句宿主变量 */
EXEC SQL END DECLARE SECTION;
…
printf("Input your SQL statement: \n");
scanf("%s", vsqlcmdstring);            /* 由用户输入SQL命令字符串 */
…
EXEC SQL EXECUTE IMMEDIATE :vsqlcmdstring;   /* 执行SQL命令 */
…
```

2. 动态参数

可以在存储SQL语句的字符串中用问号(?)设定一个参数，根据程序运行动态输入SQL语句所需的参数值。

【例3-92】 通过键盘输入用户ID号和订单状态值，对订单表增加新的记录。

```
EXEC SQL BEGIN DECLARE SECTION;
    char *vsqlcmdstring="INSERT INTO 订单表(user_id,status)VALUES(?,?);";
    int vorderid, vstatus;             /* 定义宿主变量 */
EXEC SQL END DECLARE SECTION;
…
printf("Input OrderID Order Status: \n");
scanf("%d%d", vorderid, vstatus);            /* 输入用户ID号和订单状态值 */
/* 准备动态SQL语句，一次准备，以后可多次运行 */
EXEC SQL PREPARE vsqlcmdstring FROM :vsqlcmdstring;
/* 根据设定的参数，执行动态SQL语句 */
EXEC SQL EXECUTE vsqlcmdstring USING :vorderid, :vstatus;
…
/* 根据新设定的参数，再次执行该动态SQL语句 */
EXEC SQL EXECUTE vsqlcmdstring USING :vorderid, :vstatus;
…
```

3.11 小 结

本章从SQL的发展历史开始介绍SQL的基本概念和基本功能，介绍了SQL中的常量、变量、数据类型和表达式等基础知识。针对本章的重点，以网上书店的数据库为实例，详细介绍了SQL的数据定义语句、数据查询语句、数据操作语句和数据控制语句的语法要点和使用方法，主要内容包括表的定义、视图的定义和索引的定义；SELECT语句的基本格式、单表查询、多表查询、嵌套查询和集合查询；数据插入、数据更新和数据删除；权限的授予和回收等。本章还具体地介绍了 SQL 中视图的概念和应用、存储过程的创建和具体应用等。作为选学内容，本章最后简单介绍了自定义函数的定义和调用以及嵌入式 SQL 的实现方式和使用技术。

习　题　3

一、问答题

1. SQL 作为一种通用的关系数据库标准语言，其特点体现在哪几个方面？

2. 什么是视图，它与基表的区别和联系是什么，采用视图有哪些好处？

3. 索引的作用是什么，什么是唯一索引？

4. 什么是存储过程？简述在 SQL 程序设计过程中采用存储过程的好处。

5. 在 SELECT 语句中对查询结果的筛选是通过哪几种方式实现的，它们的区别是什么？

二、实践题

根据本章中的网上书店数据库模式，写出相应的 SQL 命令。

(1) 创建书籍信息表。

(2) 对已存在的订书信息表增加一个新的备注列，列名为 memo，数据类型为 varchar(255)。

(3) 在书籍信息表上创建一个基于 ISBN 书号的非聚集索引。

(4) 根据书籍信息表创建一个包含书名、出版社、出版日期和作者的所有 16 开图书的视图。

(5) 根据网站用户表和订单表创建一个 2009 年所有订单信息的视图，包含订单 ID、用户真实姓名、用户联系地址、邮政编码和下单时间等列。

(6) 查询所有书籍类型 ID 等于 5 的图书信息，要求显示书籍 ID、书名、出版社和作者，并按出版社和作者排序。

(7) 分图书 ID 统计各种图书预订数量，按预订数量降序排序。

(8) 查询书名为“数据库应用开发教程”的图书预订情况，要求显示订单 ID、订书数量、金额。

(9) 查询 2009 年所有用户的订单情况，要求显示用户名，订单 ID、下单时间和订单状态，按用户 ID、订单 ID 排序，要求包含没有预订的用户的信息。

(10) 在订书信息表中查询预订了相同图书的所有订单信息，显示订单 ID(A)、订单 ID(B，与 A 订了相同图书)和图书 ID 号，要求消除 A、B 相同的行。

(11) 在书籍信息表中查询超过所有图书平均折扣的图书信息，要求显示书籍 ID、书名、出版社、价格、折扣。

(12) 在订书信息表中增加一条订书信息，订单 ID 为 11，书籍 ID 为 2，订书数量为 50。

(13) 修改图书分类表，将 type_id 为 17 的书籍类型名称改为“能源与环境科学”。

(14) 在订单表和订书信息表中删除所有用户 ID 为 3 的订单信息。

(15) 创建一个新增图书分类表的存储过程，参数包括新增的书籍类型名称。

第 4 章 关系模式设计基础

对数据库应用系统的开发而言,数据库设计是否良好是最终影响应用系统性能和质量的关键问题之一,其中,关系模式的设计又是数据库设计的核心和关键。本章的学习目标就是学习关系模式设计的基础理论以及对关系模式进行规范化的方法。关系模式设计理论对关系模式的设计起着重要作用。借助该理论,我们可以对关系模式进行分析,判断其设计的优劣,明确造成问题的根本原因,更重要的是还能使我们知道应该如何改造一个"不好"的设计使它可以变得"好"起来。本章主要内容包括:关系模式的非形式化设计准则、函数依赖的概念、范式和规范化方法。

4.1 关系模式的设计原则

4.1.1 关系模式的数据冗余和异常问题

假设有人这样设计了一个学生关系 Student,其关系模式表示如下:

Student(Sno,Sname,Sdept,Mname,Cno,Cname,Credit,Grade) *

其中:Sno 表示学生的学号,Sname 表示学生姓名,Sdept 表示学生的所在系,Mname 表示系主任姓名,Cno 表示所选课程的课程号,Cname 表示所选课程的课程名称,Credit 表示该课程的学分,Grade 表示该学生该门课的成绩。

该学生关系 Student 的实例如表 4-1 所示,学号和课程号的组合能够唯一标识一行记录,因此,(Sno,Cno)是该关系的码,Sno 和 Cno 均是该关系的主属性。

表 4-1 学生关系 Student 的实例

Sno	Sname	Sdept	Mname	Cno	Cname	Credit	Grade
03090101	张功杰	信息系统	刘峰	140001	数据库原理	3.5	90
03090101	张功杰	信息系统	刘峰	140501	计算机网络	3	85
03090101	张功杰	信息系统	刘峰	110501	会计学	2	92
05090102	吴肇星	计算机	李强国	140001	数据库原理	3.5	78
05090102	吴肇星	计算机	李强国	140501	计算机网络	3	80

*若不特别声明,本章后续内容中出现的 Student 关系模式均与此相同。

续　表

Sno	Sname	Sdept	Mname	Cno	Cname	Credit	Grade
05090106	王娴	计算机	李强国	140001	数据库原理	3.5	85
05090106	王娴	计算机	李强国	140501	计算机网络	3	84
05090108	陈谦和	计算机	李强国	140001	数据库原理	3.5	65

上述关系模式存在以下两方面的问题。

1. 数据冗余问题

所谓数据冗余就是指同一个数据在系统中多次重复出现。

在上述关系 Student 中，每个学生的姓名、所在系信息多次重复，课程编号、课程名称以及课程学分同样存在多次重复，这必将造成大量存储空间的浪费。更重要的是，上述数据冗余会带来数据操作的异常问题。

2. 数据操作异常问题

当往学生关系 Student 中插入某新生信息时，如果该新生还没有选课信息，即该学生 Cno 的值为空值，根据关系的实体完整性要求，主属性不能为空，因此，上述关系中就无法插入该新生的基本信息。关系模式中存在的这种问题称为"插入异常"。

当需要修改"140001，数据库原理"这一课程的学分时，必须修改整张表中所有课程号为"140001"的学分属性，否则就会出现数据不一致的错误。关系模式中存在的这种问题称为"修改异常"。

当"03090101，张功杰"毕业了，就需要删除该学生的基本信息，然而，一旦在上述关系中实现该删除功能，不仅删除了"03090101，张功杰"的数据，同时也使得只有他一人选修过的"会计学"这一课程的基本信息等也丢失了。关系模式中存在的这种问题称为"删除异常"。

由上分析可知，学生关系 Student 不是一个好的关系模式。一个设计良好的关系模式，数据冗余应尽可能少，同时在数据操作时不应该出现插入异常、修改异常和删除异常的问题。

如果对上述 Student 关系进行"分解"，改成下面的 4 个关系模式：

　　学生关系 Stu(Sno,Sname,Sdept)；
　　选修关系 SC(Sno,Cno,Grade)；
　　课程关系 C(Cno,Cname,Credit)；
　　系关系 D(Sdept,Mname)。

很显然，改造后的关系模式降低了数据冗余，消除了数据操作异常问题。可见对于一个设计不够好的关系模式，可以按照一定的方法对它进行改造而使它变得好起来。

到底是什么原因使学生关系 Student 成为一个不好的关系模式？针对给定的某一关系，该如何去判断它是否是一个良好的关系？对于一个不好的关系又该如何去改造它？这些都是本章要讨论和解决的重要问题。

4.1.2　关系模式的非形式化设计准则

为了保证关系模式的设计质量，避免出现数据冗余和操作异常问题，人们总结出以下

4 个非形式化设计准则。

准则 1： 关系模式的设计应尽可能只包含有直接联系的属性，不要包含有间接联系的属性；在关系 Student 中，课程学分 Credit 是课程的属性之一，它与课程存在直接联系。可是对学生而言，课程学分就是间接联系的属性。因此，在改造后的设计中 Credit 属性不包含在学生关系 Stu 中，而让它包含于课程关系 Course 中。

准则 2： 关系模式的设计应尽可能使得相应关系中不出现插入、删除和修改等操作异常现象。关系 Student 会出现插入、删除和修改等操作异常问题，改造后不存在操作异常问题。

准则 3： 关系模式的设计应尽可能使得相应关系中避免放置经常为空的属性；在数据库技术中，空值的语义是非常复杂的，对带空值元组的检索和操作也会十分麻烦，应尽量避免。

准则 4： 关系模式的设计应尽可能使得关系的连接操作在作为主键或外键的属性上进行等值连接，并且保证连接以后不会生成额外的元组，即保持等价性。如果两个关系连接匹配的属性不是外键或主键的组合，那么这种连接很可能产生额外的元组。

4.2 函数依赖

学生关系 Student 之所以是一个不好的关系模式，是因为它的属性之间存在着数据依赖，而这些数据依赖有一些不好的性质。

数据依赖是一个关系内部属性之间的一种约束关系，这种约束关系是通过属性间值的相等与否体现出来的，它是现实世界属性间相互关系的语义体现。比如，学生关系中学号和姓名这两个属性，每个学生都有一个唯一的学号，每个学生也都有一个固定的姓名，同时每个学号也是各不相同的。因此，给定一个学生的学号，就能唯一确定该学生的姓名。因此，学号与学生姓名之间就存在着数据依赖关系。

迄今为止人们已经提出了多种类型的数据依赖，函数依赖就是其中最重要的数据依赖之一。

4.2.1 函数依赖的定义

函数依赖，顾名思义，就是属性之间存在着类似于数学中函数的一种数据依赖关系。比如，给定函数表达式 $Y=X^2$，如表 4-2 所示，只要给出一个具体的 X 值，就会有一个唯一的 Y 值与之相对应。

对于关系 Student，其实例数据如表 4-1 所示，其中“学号”(Sno)、“姓名”(Sname)和“所在系”(Sdept)这几个属性之间存在着如下所示的数据依赖关系。每个学生的学号各不相同，同时每个学生只有一个唯一的学号，因而给出一个具体的学号(Sno)，如“03090101”，就有唯一的学生与该学号对应，即有唯一的学生姓名(Sname)“张功杰”与该学号(Sno)对应。关系 Student 中的“学号”(Sno)和“姓名”(Sname)之间存在着数据依赖关系，同时这个数据依赖关系同 $Y=X^2$ 中的自变量 X 和函数 Y 的关系十分相似。事实上，称“学号”(Sno)与“姓名”(Sname)之间存在着的数据依赖关系为函数

表 4-2 函数关系 $Y=X^2$

X	$Y=X^2$
1	1
2	4
3	9
4	16

依赖关系，即：Sno 函数决定 Sname，或者说，Sname 函数依赖于 Sno，记作 Sno→Sname，其中，Sno 被称为"决定因素"。

同理，由于一个学生只属于一个系，因此，只要给出一个具体的学号（Sno）"03090101"，就会有唯一的该生所在系"信息系统"与该学号（Sno）对应。所以，"学号"（Sno）与"所在系"（Sdept）之间也存在着函数依赖关系，Sno 函数决定 Sdept，或者说，Sdept 函数依赖于 Sno，记作 Sno→Sdept。

定义：设 $U\{A_1,A_2,\cdots,A_n\}$ 是属性集合，$R(U)$ 是 U 上的一个关系，X、Y 是 U 的子集。若对于 $R(U)$ 下的任何一个可能的关系，均有 X 的一个值对应于 Y 的唯一具体值，称 X 函数决定 Y，或者 Y 函数依赖于 X，记作 $X \rightarrow Y$。其中 X 称为决定因素。

需要注意的是函数依赖只能根据数据在实际中的含义来确定。例如，假定某学校学生姓名肯定没有重名现象，则"姓名"→"学号"也成立；如果存在重名现象，即同一姓名有多名学生，也就是说，给定一个"姓名"会有多个"学号"与之对应，此时"姓名"显然就不再函数决定"学号"了。

同时，函数依赖不是指关系模式 R 的某个或某些关系满足的约束条件，而是指 R 的一切关系均要满足的约束条件。

如果 $X \rightarrow Y$，同时又有 $Y \rightarrow X$，则称 X 与 Y 相互函数依赖，记作 $X \leftrightarrow Y$。如表 4-1 中，如果课程名称不会重名，则有：Cno→Cname，Cname→Cno，所以，Cno↔Cname。

如果 $X \rightarrow Y$，但 $Y \not\subseteq X$，则称 $X \rightarrow Y$ 是非平凡的函数依赖。

如果 $X \rightarrow Y$，但 $Y \subseteq X$，则称 $X \rightarrow Y$ 是平凡的函数依赖。若不特别声明，本书讨论的总是非平凡的函数依赖。

【例 4-1】　给定关系 $r(R)$ 如表 4-3 所示，说明关系是否满足函数依赖：$A \rightarrow B$，$C \rightarrow A$。

表 4-3　$r(R)$

A	B	C
1	4	2
3	5	6
3	4	6
7	3	8
9	1	0

解　分析表 4-3 可以看到，对于 A 分量，当 $A=3$ 时，B 有 2 个不同的值分别为 5 和 4 与之对应，即给定 A 属性一个值，B 属性不是始终有唯一值与之对应，所以，根据函数依赖定义，$A \rightarrow B$ 不成立。

同理，分析表 4-3 可以看到，对于 C 分量，当 $C=6$ 时，A 都是唯一值 3 与之对应，即对于给定的 C 属性的一个值，A 属性始终有唯一值与之对应，所以，根据函数依赖定义，$C \rightarrow A$ 成立。

【例 4-2】　分析学生关系 Student 中的学号和课程号属性组合（Sno，Cno）与成绩（Grade）的数据依赖关系。

解　分析表 4-1 中的实例数据可以看到，在学生关系 Student 的实例中，一行记录的学号（Sno）、课程号（Cno）和成绩（Grade）数据，其含义就是某学生选修的某门课的成绩，如第一行"03090101"，"140001"，"90"，其含义就是学号为"03090101"的学生，选择了课程号为"140001"的课程，其课程成绩为"90"分。由此可见，一名学生选择某门课程就会有唯一的成绩与之对应，因此有（Sno，Cno）→Grade。

4.2.2 部分函数依赖和完全函数依赖

定义：设 $R(U)$是属性集 U 上的关系，X、Y 是 U 的子集，X'是 X 的真子集，若 $X \rightarrow Y$ 且 $X' \rightarrow Y$，则称 Y 部分函数依赖于 X，记作 $X \xrightarrow{P} Y$。

若 $X \rightarrow Y$，且对于所有 X'，$X' \rightarrow Y$ 均不成立，则称 Y 完全函数依赖于 X，记作 $X \xrightarrow{F} Y$。

【例 4-3】 分析学生关系 Student：

(1) 学号和课程号属性组合(Sno,Cno)与成绩(Grade)的数据依赖关系；

(2) 学号和课程号属性组合(Sno,Cno)与姓名(Sname)的数据依赖关系。

解 (1) 通过例 4-2 的分析可知，(Sno,Cno)→Grade 成立，接下来，我们需要考查它的真子集的情况。

给定一个学生的学号，如“03090101”，他选了 3 门课就会有 3 门课程的成绩，即 3 个 Grade 取值{90,85,92}与该学号对应，因此，Sno→Grade 不成立。

同理，给定一个课程号如“140001”，共有 4 个学生选修此课，因而就会有 4 个学生的成绩，即 4 个 Grade 取值{90,78,85,65}与该课程号对应，因此，Cno→Grade 也不成立。

显然，(Sno,Cno)的任何一个真子集都不能函数决定 Grade，所以，Grade 完全函数依赖于(Sno,Cno)。

(2) 分析表 4-1 中的实例数据可以看到，给定一个(Sno,Cno)的取值，如(03090101，140001)，就有唯一的姓名“张功杰”与之对应，显然，(Sno,Cno)→Sname；同时，对于(Sno，Cno)的真子集(Sno)有 Sno→Sname 成立。即存在(Sno,Cno)的一个真子集(Sno)能函数决定 Sname，所以，Sname 部分函数依赖于(Sno,Cno)。

图 4-1 直观地表示了学生关系 Student 属性之间的函数依赖关系。每个函数依赖用一个箭头表示，箭尾处表示函数依赖的决定因素，箭头处表示函数依赖的属性。如 Grade 完全函数依赖于(Sno,Cno)；由于存在 Sno→Sname，因此 Sname 部分依赖于(Sno,Cno)。

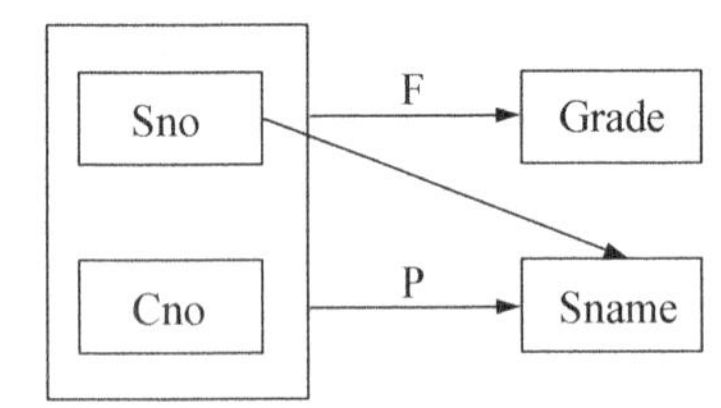

图 4-1 部分函数依赖和完全函数依赖示例

显然，只有当决定因素是属性组合时，才有可能出现部分函数依赖。

4.2.3 传递函数依赖

若属性之间存在着两两函数依赖，那么它们之间还可能存在着传递函数依赖。

定义：设 $R(U)$是属性集 U 上的关系，X、Y、Z 是 U 的子集，在 $R(U)$中，若 $X \rightarrow Y$，但 $Y \rightarrow X$ 不成立，同时 $Y \rightarrow Z$，则称 Z 传递函数依赖于 X，记作 $X \xrightarrow{T} Z$。

【例 4-4】 分析学生关系 Student 中 Sno 与 Mname 之间的数据依赖关系。

解 一个学生只属于一个系，所以每个 Sno 均有唯一的 Sdept 值，因此 Sno→Sdept；一个系有若干学生，即给定一个 Sdept，会有多个 Sno 与之对应，因此，Sdept→Sno 不成立；一个系只有一名系主任，即给定一个 Sdept，只有唯一的系主任姓名 Mname 与之对应，因此，Sdept→Mname。综上所述，Sno→Sdept，Sdept→Sno 不成立，同时 Sdept→Mname，所以，Mname 传递依赖于 Sno。

图 4-2 直观地表述了上述传递函数依赖关系。

特别需要注意的是，传递函数依赖的三个条件：$X \rightarrow Y$ 成立，$Y \rightarrow X$ 不成立，$Y \rightarrow Z$，缺一不可。如果 $X \rightarrow Y$ 成立，同时 $Y \rightarrow X$ 也成立，此时 X、Y 之间就是相互函数依赖，此时如果 $Y \rightarrow Z$，那么 Z 对于 X 就不是传递函数依赖，而是直接函数依赖了。

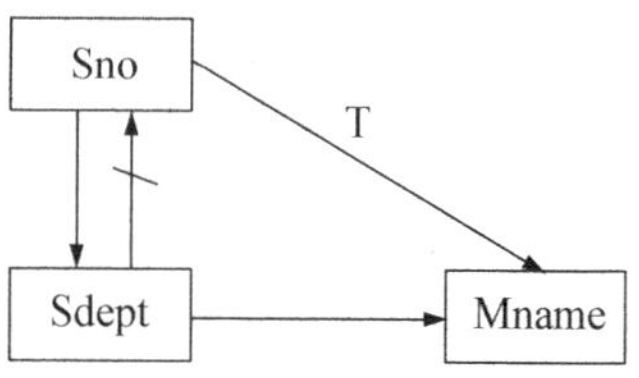

图 4-2　传递函数依赖示例

4.3　范式和规范化方法

通过前面的分析可知，学生关系 Student 中存在着非码属性 Sname、Cname 对码(Sno，Cno)的部分函数依赖，同时还存在着非码属性 Mname 对码(Sno，Cno)的传递函数依赖。事实上，正是由于存在上述数据依赖，才使学生关系 Student 会发生数据冗余和数据操作异常的问题。

如第 4.1.1 节所述，若把 Student 关系分解成以下 4 个关系：

学生关系 Stu(Sno,Sname,Sdept)；

选修关系 SC(Sno,Cno,Grade)；

课程关系 C(Cno,Cname,Credit)；

系关系 D(Sdept,Mname)。

此时就会发现：

- 如果新生还没有选课，照样可以实现插入新生基本信息到关系 Stu 中；
- 修改某门课程的学分，只需修改课程关系 C 中的一行即可；
- 毕业生离校，只需删除学生关系 Stu 中的一个元组和选修关系 SC 中的若干元组即可，不会造成课程信息的丢失；
- 分解后的关系模式，大幅度地降低了数据冗余。

为了消除数据操作异常问题并定性地衡量数据库被规范化的程度，学者们提出了“范式”的概念。所谓范式就是指符合某一级别的关系模式的集合。目前主要有 6 种范式：第 1 范式(1NF)、第 2 范式(2NF)、第 3 范式(3NF)、扩充的第 3 范式(BCNF，也称 BC 范式)、第 4 范式(4NF)和第 5 范式(5NF)。

各级范式之间有下述关系成立：1NF⊃2NF⊃3NF⊃BCNF⊃4NF⊃5NF。

将 Student 分解为 Stu、SC、C、D 就是依据关系模式规范化理论进行的分解过程，这种将低一级范式关系分解为高一级范式关系集合的过程称为“规范化”。

下面简要介绍各范式的定义，并通过例题详细介绍如何分析和判断一个关系模式的规范化程度。

4.3.1　第一范式(1NF)

定义：如果一个关系模式 R 的所有属性都是不可分的基本数据项，则这个关系模式属于第 1 范式，记作 $R \in 1NF$。

第 1 范式是关系模式必须满足的最低要求，不满足 1NF 的数据模式不能称为关系模式。所以说“关系是一张二维表，但二维表不一定是关系”，只有满足 1NF 的二维表才能称为关系。

【例 4-5】 表 4-4 给出的是某公司工程项目的数据集，问：

(1) 该表是否可以直接作为关系数据库中的关系？如果不可以，请说明原因；

(2) 请将它改造成基本关系。

表 4-4 某公司工程项目数据

项目编号	项目名称	项目经理编号	项目成员编号	项目成员姓名
100	E-Commerce	789487453	123423479 980808980 234809000 542298973	Heydary Jones Alexander Johnson
110	Distance_Ed	820972445	432329700 689231199 712093093	Mantle Richardson Howard
120	Cyber	980212343	834920043 380802233 553208932 123423479	Lopez Harrison Olivier Heydary
130	Network	550227043	340783453	Shaw

解 (1) 因为“项目成员编号、项目成员姓名”等数据项并不是原子数据项，即该表不满足关系的最低要求，所以它不可以直接作为关系数据库中的关系。

(2) 改造表 4-4 中的数据信息，使其中的每个数据项都是不可再分的原子数据项(如表 4-5 所示)，从而满足关系的最低要求。

表 4-5 项目关系

项目编号	项目名称	项目经理编号	项目成员编号	项目成员姓名
100	E-Commerce	789487453	123423479	Heydary
100	E-Commerce	789487453	980808980	Jones
100	E-Commerce	789487453	234809000	Alexander
100	E-Commerce	789487453	542298973	Johnson
110	Distance_Ed	820972445	432329700	Mantle
110	Distance_Ed	820972445	689231199	Richardson
110	Distance_Ed	820972445	712093093	Howard
120	Cyber	980212343	834920043	Lopez

续　表

项目编号	项目名称	项目经理编号	项目成员编号	项目成员姓名
120	Cyber	980212343	380802233	Harrison
120	Cyber	980212343	553208932	Olivier
120	Cyber	980212343	123423479	Heydary
130	Network	550227043	340783453	Shaw

上述项目关系尽管达到了 1NF。但它存在着大量的数据冗余，同时在数据操作时还会出现插入异常（某个项目刚刚立项，还没有项目成员时，该项目基本信息无法增加）、修改异常（修改某项目名称，需要修改若干行）和删除异常（成员“Shaw”离职了，删除该人信息，会使编号为“130”的项目信息也被删除了）。

可见达到 1NF 的关系并不一定就是好的关系模式，它在数据操作时会出现异常问题。因此，在进行数据库设计时，仅仅满足 1NF 是远远不够的。

4.3.2　第二范式(2NF)

定义：如果一个关系模式 R 属于第 1 范式，且每个非主属性都完全依赖于码，则这个关系属于第 2 范式，记作 $R\in 2NF$。

在学生关系 Student 中，存在非码属性 Sname、Cname 对码(Sno,Cno)的部分函数依赖，所以 Student 没有达到第 2 范式。

【例 4-6】　如果把学生关系 Student 分解成以下 3 个关系：

```
Stu(Sno,Sname,Sdept,Mname);
C(Cno,Cname,Credit);
SC(Sno,Cno,Grade)。
```

问分解后的新关系模式是否达到 2NF 要求，是否还会出现插入异常、修改异常和删除异常问题？

解　关系 Stu：Sno→Sname，Sno→Sdept，Sno→Mname，所以该关系的码为 Sno，由于码为单个属性，所以，一定不会出现非码属性对码的部分函数依赖，即关系 Stu∈2NF。

关系 C：Cno→Cname，Cno→Credit，所以该关系的码为 Cno，由于码为单个属性，所以，一定不会出现非码属性对码的部分函数依赖，即关系 C∈2NF。

关系 SC：(Sno,Cno)→Grade，所以该关系的码为(Sno,Cno)，非码属性为 Grade，Grade 对(Sno,Cno)存在完全函数依赖，因此，关系 SC 中不存在非码属性对码的部分依赖，即关系 SC∈2NF。

所以，分解后的新关系模式达到了 2NF 的要求。改造后的关系模式除了降低了数据冗余外，还部分解决了数据操作异常的问题。

进一步分析可知，Stu 关系仍存在如下问题：① 如果某个系是新成立的，还没有正式的学生，那么该系的系主任信息就不能录入——插入异常；② 如果某个系的系主任换人了，如计算机系系主任换成刘澜，这时不能简单地修改该关系的一行数据，而必须把该关

表 4-6 属性为多值的表

M(专业)	S(学生学号)	C(必修课课号)
M1	{S1,S2}	{C1,C2,C3}

表 4-6 中的属性为多值属性,因此它不是 1NF 关系。要表示成 1NF 的关系,就要用 2×3=6 个元组表示(见表 4-7)。

表 4-7 满足 1NF 的表

M(专业)	S(学生学号)	C(必修课课号)
M1	S1	C1
M1	S1	C2
M1	S1	C3
M1	S2	C1
M1	S2	C2
M1	S2	C3

此时,可以用关系模式 MSC(M,S,C)描述上述 1NF 的表。可以看出,关系的码是全部属性,因此 MSC 是全码关系,它已是 BCNF 模式,在函数依赖范畴内它已达到最高的规范化程度,应该彻底消除冗余和操作异常问题。但是,表 4-6 中存在很大的冗余,同时,当某一专业(如 M1)增加一名学生(如 S3)时,必须插入 3 个元组:(M1,S3,C1)、(M1,S3,C2)和(M1,S3,C3);同样,要删除一名学生,得删除多个元组。可见,对数据的增、删、改操作很不方便。其实,关系模式 MSC 中存在冗余和操作异常的原因在于关系中存在一种称为"多值依赖"的数据依赖。

定义:设 $R(U)$是属性集 U 上的一个关系模式。X、Y、Z 是 U 的子集,并且 $Z=U-X-Y$。关系模式 $R(U)$中多值依赖 $X\rightarrow\rightarrow Y$ 成立,当且仅当对 $R(U)$的任一关系 r,给定的一对(x,z)值有一组 Y 的值,这组值仅仅决定于 x 值而与 z 值无关。

如果 $X\rightarrow Y$,同时 Z 为空,则称 $X\rightarrow\rightarrow Y$ 为平凡的多值依赖。

在关系模式 MSC 中,对于一个(M1,S1)有一组 C 值{C1,C2,C3},这组值仅仅决定于专业 M 上的值(M1)。也就是说对于另一个(M1,S2)它对应的一组 C 值仍是{C1,C2,C3},因此 C 多值依赖 M,即 M→→C 成立。同时,S 也多值依赖于 M,即 M→→S 成立。

函数依赖可以看成是多值依赖的特殊情况。

定义:关系模式 $R<U,F>\in 1NF$,如果对于 R 的每个非平凡多值依赖 $X\rightarrow\rightarrow Y(Y\not\subseteq X)$,$X$ 都含有码,则称 $R<U,F>\in 4NF$。

4NF 就是限制关系模式的属性之间不允许有非平凡且非函数依赖的多值依赖。

显然,如果一个关系模式是 4NF,则它必为 BCNF。

关系模式 MSC(M,S,C),M→→C 和 M→→S 都是非平凡的多值依赖,而 M 不是码,所以,关系模式 MSC 不是 4NF。

若把 MSC(M,S,C)分解为 2 个关系模式:MS(M,S)和 MC(M,C)。此时,关系 MS

和关系 MC 中已不存在非平凡的非函数依赖的多值依赖，只有平凡的多值依赖，所以，MS 和 MC 达到 4NF。

4.3.6　模式设计方法的原则

对于一个给定的关系，由于函数依赖的存在，它可能存在操作异常问题。为在一定程度上解决异常问题，人们提出了关系的规范化问题。

依据前述关系模式规范化理论，其规范化步骤如图 4-3 所示。

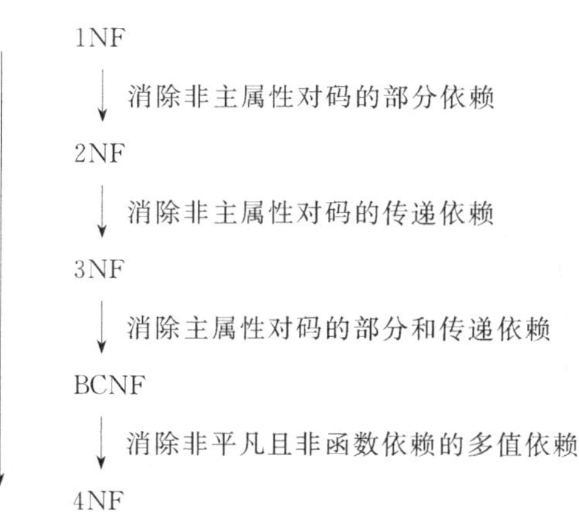

图 4-3　关系模式规范化步骤

1NF 是关系的最低要求，若不能满足 1NF 的条件，则不能称其为关系模式。

满足了 1NF 的关系并不就是一个理想的关系模式，如果关系中存在着非主属性对码的部分依赖，就会产生数据操作的异常问题，此时，我们可以对关系进行分解，去掉其中非主属性对码的部分依赖，从而使之达到 2NF 的要求。

满足了 2NF 的关系还不一定是理想的关系模式，如果关系中存在着非主属性对码的传递依赖，仍会产生数据操作的异常问题，此时，可继续对关系进行分解，去掉其中非主属性对码的传递依赖，从而使之达到 3NF 的要求。

满足了 3NF 的关系仍然不一定是理想的关系模式，如果关系中存在着主属性对码的部分和传递依赖，仍会存在不合适的地方，此时，可以继续对关系进行分解，去掉其中主属性对码的部分和传递依赖，使关系中没有任何属性部分和传递依赖于码，从而达到BCNF 的要求。

满足了 BCNF 的关系，在函数依赖的范畴内，该关系已实现了彻底的分离，消除了数据冗余和操作异常问题。

如果考虑多值依赖，还可以进一步规范化，消除关系中存在的非平凡且非函数依赖的多值依赖，从而达到 4NF。

在关系数据库设计过程中，为了获得一个良好的设计，需要对其中每个关系进行规范化设计，通过这一过程，使整个关系数据库达到较高的规范化程度，从而消除数据操作时发生的异常问题，以使应用系统的功能和性能得到保障。

需要特别指出的是，对于数据库的规范化程度，并不是越高越好，而是要恰当。因为，规范化程度越高，关系分解就会发生得越频繁，从而使该数据库中关系(表)的数量越多，因而关系(表)之间的关联也随之变得越复杂，容易使得一些经常使用的输出简单的查询必须通过连接很多张表才能实现，这无疑会使系统的效率和性能大幅下降。因而，对于数据库的规范化工作要适度，否则，不但不会改善系统的性能，反而会造成系统性能的下降。

模式分解是规范化过程中的重要方法。模式分解并不单指把数据库中某一关系模式分解成若干个关系模式，也可以是把一个数据库模式转换成另一个数据库模式，分解和转换的关键是“等价”的，即实现“等价”地分解。因此，一个好的模式设计方法应符合以下3个原则。

(1) 表达性。表达性涉及2个数据库模式的等价问题，即数据等价和语义等价。数据等价用分解的无损性来衡量，语义等价用保持函数依赖性来衡量。

(2) 分离性。分离性是指在关系中只存储有直接联系的属性，而不把有间接联系的属性也放在同一个关系(表)中。把有间接联系的属性放在不同的关系(表)中，实际上就是消除冗余和操作异常现象，分离的基准就是上述的一系列范式。需要注意的是在分解成BCNF模式过程中，有时分离和依赖等价是不兼容的。

(3) 最小冗余性。最小冗余性要求分解后的模式个数和模式中属性总数最少，目的是节省存储空间，提高操作效率，消除不必要的冗余。但实际使用时并不一定要达到最小冗余，有时允许部分冗余反而会提高查询效率。

总之，在数据库应用系统的开发实践中，适度进行关系数据库的规范化工作，很多情况下让数据库达到3NF就足够了。

4.3.7 数据依赖的公理系统*

数据依赖的公理系统就是模式分解算法的理论基础。下面介绍由数据库专家Armstrong等人提出函数依赖的一个有效而完备的公理系统，即Armstrong公理系统。

定义：对于满足一组函数依赖 F 的关系模式 $R\langle U,F\rangle$，其任何一个关系 r，若函数依赖 $X\rightarrow Y$ 都成立(即 r 中任意两元组 t，s，若 $t[X]=s[X]$，则 $t[Y]=s[Y]$)，则称 F 逻辑蕴含 $X\rightarrow Y$。

Armstrong公理系统：设 U 为属性集总体，F 是 U 上的一组函数依赖，于是有关系模式 $R\langle U,F\rangle$。对 $R\langle U,F\rangle$ 来说有以下的推理规则。

- A_1(自反律)：若 $Y\subseteq X\subseteq U$，则 $X\rightarrow Y$ 为 F 所蕴含。
- A_2(增广律)：若 $X\rightarrow Y$ 为 F 所蕴含，且 $Z\subseteq U$，则 $XZ\rightarrow YZ$ 为 F 所蕴含。
- A_3(传递律)：若 $X\rightarrow Y$ 及 $Y\rightarrow Z$ 为 F 所蕴含，则 $X\rightarrow Z$ 为 F 所蕴含。

定理：Armstrong推理规则是正确的。

根据 A_1、A_2、A_3 这3条推理规则可以得到下面3条很有用的推理规则。

- 合并规则：由 $X\rightarrow Y$，$X\rightarrow Z$，有 $X\rightarrow YZ$。
- 伪传递规则：由 $X\rightarrow Y$，$WY\rightarrow Z$，有 $XW\rightarrow Z$。
- 分解规则：由 $X\rightarrow Y$ 及 $Z\subseteq Y$，有 $X\rightarrow Z$。

根据合并规则和分解规则，得到这样一个重要事实：

引理：$X \to A_1 A_2 \cdots A_k$ 成立的充分必要条件是 $X \to A_i$ 成立（$i=l,2,\cdots,k$）。

定义：在关系模式 $R\langle U,F\rangle$ 中为 F 所逻辑蕴含的函数依赖的全体叫做 F 的闭包，记为 F^+。

定理：Armstrong 公理系统是有效的、完备的。

由 F 出发根据 Armstrong 公理推导出来的每一个函数依赖一定在 F^+ 中；同时，F^+ 中的每一个函数依赖必定可以由 F 出发根据 Armstrong 公理推导出来。

该定理说明了“导出”和“蕴含”是两个完全等价的概念。于是 F^+ 也可以说成是由 F 出发借助 Armstrong 公理导出的函数依赖的集合。

定义：设 F 为属性集 U 上的一组函数依赖，$X \subseteq U$，$X_F{}^+ = \{A \mid X \to A$ 能由 F 根据 Armstrong 公理导出 $\}$，$X_F{}^+$ 称为属性集 X 关于函数依赖集 F 的闭包。

引理：设 F 为属性集 U 上的一组函数依赖，X、$Y \subseteq U$、$X \to Y$ 能由 F 根据 Armstrong 公理导出的充分必要条件是 $Y \subseteq X_F^+$。

通过上述引理，我们可以方便地判定 $X \to Y$ 是否能由 F 根据 Armstrong 公理导出。即：先求出 $X_F{}^+$，再判定 Y 是否为 $X_F{}^+$ 的子集，如果是，则 $X \to Y$ 能由 F 根据 Armstrong 公理导出，也就是说 $X \to Y$ 属于 F^+；否则，$X \to Y$ 不能由 F 根据 Armstrong 公理导出，也就是说 $X \to Y$ 不属于 F^+。

由此又可引出两个函数依赖集等价和最小依赖集的概念，从而指明每一个函数依赖集 F 均等价于一个极小函数依赖集 F_m，此 F_m 即为 F 的最小依赖集。这就为模式分解时，判断某一分解是否保持原有的函数依赖提供了方法。

4.4　小　结

本章主要讨论关系模式设计的基础理论以及对关系模式进行规范化的方法。针对关系模式设计中存在的数据冗余、插入异常、修改异常、删除异常等问题，分析了存在这些问题的基本原因，讨论了函数依赖、传递依赖等概念，详细阐述了通过模式分解来规范化关系数据模式的过程。

需要特别指出的是，对于数据库的规范化程度，并不是越高越好，而是要恰当，很多情况下对数据库进行规范化使它达到 3NF 就足够了。

习　题　4

1. 理解并给出下列术语的定义：函数依赖、部分函数依赖、完全函数依赖、传递函数依赖、候选码、主码、外码、全码、1NF、2NF、3NF、BCNF。

2. 假设有一任课情况表如表 4-8 所示，请问：

(1) 该表是否可以直接作为关系数据库中的关系？如果不可以，请说明原因；

(2) 请将它改造成基本关系。

表 4-8　任课情况表

学院	课程名称	任课教师
计算机科学与工程	数据库原理	黎明、刘强
机电工程	CAD	王芳、张立
理学	数学分析	刘娟红、林凯
人文	大学语文	李荣杰、金大可、王辉亮
建工	岩相分析	李克、吴大卫

3. 给定关系 $r(R)$ 如表 4-9 所示，请问该关系是否满足下列函数依赖，并简要说明理由。(1) $A\to B$；(2) $A\to C$；(3) $AB\to C$；(4) $C\to A$；(5) $BC\to A$；(6) $AC\to B$。

表 4-9　$r(R)$

A	B	C
1	4	2
3	5	6
3	4	6
7	3	8
9	1	0

4. 关系 SC 实例数据如表 4-10 所示，其中：Sno 为学号、Cno 为课程号、Ctitle 为课程名、Iname 为教师名、Iloca 为教师地址，Grade 为成绩。

表 4-10　关系 SC 实例数据

Sno	Cno	Ctitle	Iname	Iloca	Grade
80152	C1	操作系统	王平	D1	70
80153	C2	数据库	高升	D2	85
80154	C1	操作系统	王平	D1	86
80154	C3	人工智能	杨阳	D3	72
80155	C4	程序设计语言	高升	D2	92

(1) 该关系达到第几范式？

(2) 该关系是否存在插入、删除异常？若存在，请说明是在什么情况下发生？发生的原因是什么？

(3) 试将它分解为高一级范式。

第 5 章 基于 E-R 的数据库设计

数据库技术是从事信息资源开发、管理和服务的有效手段。一个国家数据库建设规模、信息量的大小和使用频度已经成为衡量其信息化程度的重要标志。对于一个给定的应用环境，如何构造和设计出一个优化的数据库逻辑模式和物理结构，并建立相应的数据库及其应用系统，使之能够有效地存储和管理数据，以满足各种用户的实际应用需求是数据库设计阶段的中心工作。因此，数据库设计的目标是为用户和各种应用系统创建一个信息基础设施和高效率的运行环境，即提供一个良好的开发和运行平台。

本章主要介绍目前最常用和比较成熟的 E-R 模型方法。详细介绍了数据库应用系统设计需经历的 7 个阶段，即规划、需求分析、概念结构设计、逻辑结构设计、物理结构设计、数据库实施、数据库运行和维护。其中概念结构设计和逻辑结构设计是掌握本章的要点和难点所在。

5.1 数据库设计的基本步骤

5.1.1 数据库设计概述

基于数据库技术基础设计开发的信息系统通常称为数据库应用系统，它一般具有信息采集、组织、加工、抽取和传播等功能。目前，数据库技术在各类信息系统中的应用已十分普遍，许多行业数据库应用系统，如 MIS(管理信息系统)、DSS(决策支持系统)和 OAS(办公自动化系统)等也已逐步走向成熟。数据库技术已成为现代信息系统的基础与核心。为此，数据库设计的优劣将直接影响信息系统的质量和运行效果。

数据库设计通常包括数据库结构设计和数据库行为设计两个方面。早期的数据库应用系统开发过程，常常把数据库设计和应用系统的设计分离开来。事实上，尽管数据库设计有它专门的技术和理论支持，但这并不意味着数据库设计和在数据库之上开发应用系统是相互分离的。数据库设计与应用系统设计相结合，也就是要求在整个数据库设计过程中把数据库结构设计和对数据的处理设计密切结合起来。为此，人们常将在一定软硬件环境下，从事数据库及应用系统的设计过程称为数据库设计。

数据库设计是一项工程设计技术，需要相关理论科学和工程方法作为指导，否则，工程质量很难保证。为了使数据库设计更合理、更有效，人们通过努力探索，提出了各种各样的规范化的数据库设计方法。基于 E-R 模型的数据库设计方法就是目前广泛采用的一种行之有效的数据库概念模型设计方法，它由 Peter Chen 于 1976 年首先提出，此后，

Chen 和其他学者们又对它进行了扩展和修改。

基于 E-R 模型的数据库设计方法的基本思想是：在需求分析的基础上，用 E-R 图构造一个能反映现实世界实体与实体之间联系的企业模式，并将此企业模式转换成一个基于某一特定 DBMS 的概念模式。其基本步骤包括：① 确定各实体类型；② 确定各实体间的联系；③ 画出 E-R 图；④ 确定各实体及联系的属性；⑤ 将 E-R 图转换为某个 DBMS 能实现的逻辑数据模型(如关系模型)；⑥ 设计实现模型中的元组格式等。

按照规范化的设计方法，以及数据库应用系统的开发过程，数据库设计可分为 7 个基本阶段(图 5-1)：规划、需求分析、概念结构设计、逻辑结构设计、物理设计、数据库实施和数据库运行与维护。

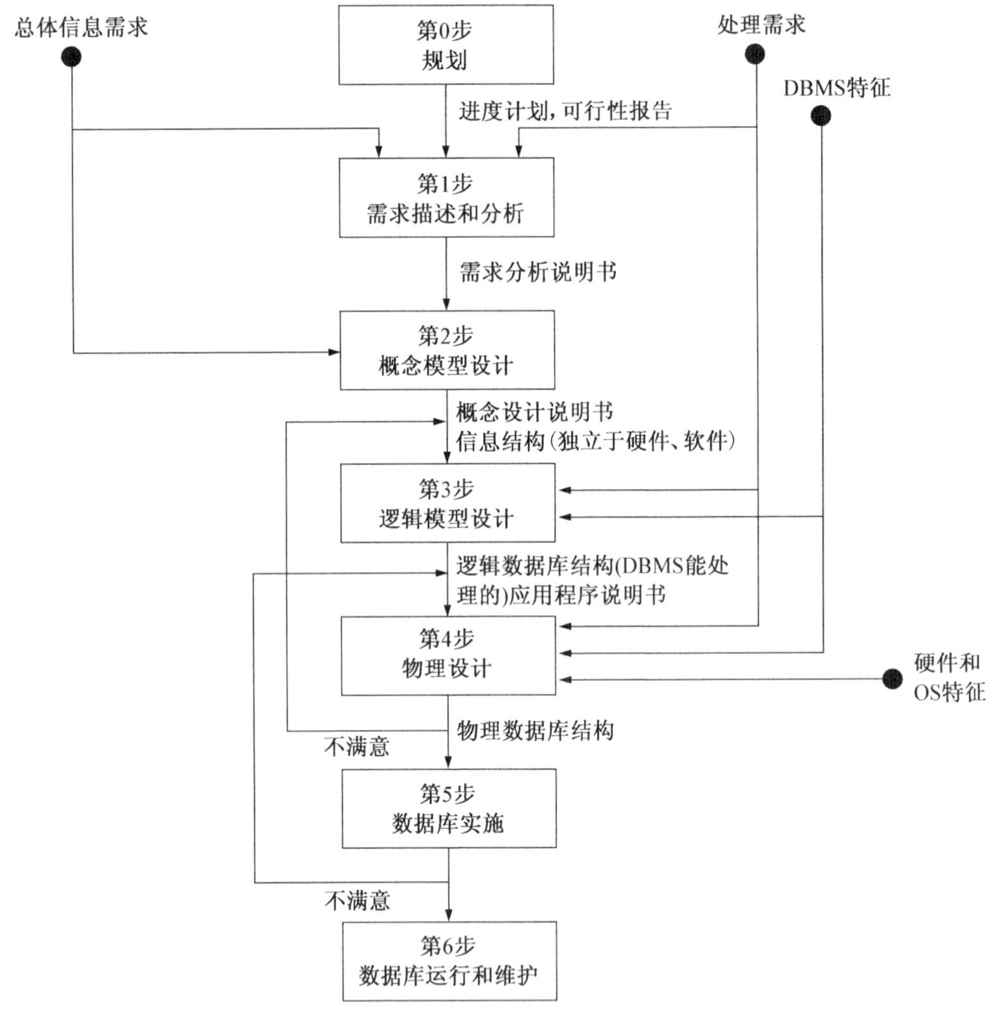

图 5-1　基本的数据库设计步骤

设计一个好的数据库应用系统并不是一蹴而就的，它往往需要多次重复如图 5-1 所示的部分或全部步骤。这个设计步骤既包括了数据库结构的设计过程，也包括了数据库行为(应用系统)的设计过程。设计过程中把数据库结构的设计和对数据库中数据处理的设计紧密结合起来，将这两个方面的需求分析、抽象、设计、实现在各个阶段同时进行，相互参照，相互补充，以完善两方面的设计。数据库设计的核心工作是需求分析、概念模型设计、逻辑模型设计、物理设计，并且以数据结构与模型设计为主线。数据库实施、运行和维护的主体工作是数据库建立与管理。按照上述原则，设计过程各个阶段的设计描述，可用图 5-2 概括地描述。

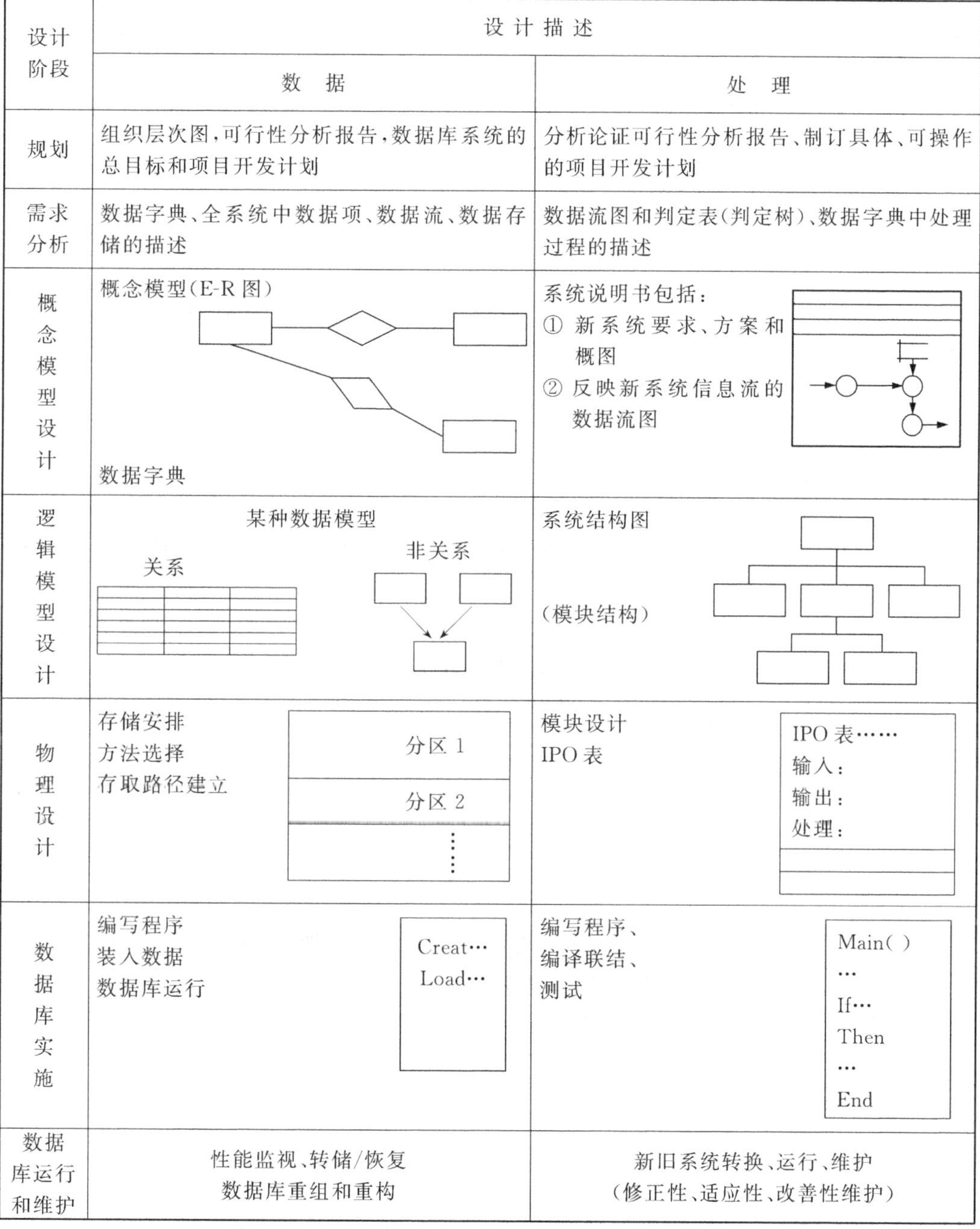

设计阶段	设计描述	
	数据	处理
规划	组织层次图，可行性分析报告，数据库系统的总目标和项目开发计划	分析论证可行性分析报告、制订具体、可操作的项目开发计划
需求分析	数据字典、全系统中数据项、数据流、数据存储的描述	数据流图和判定表(判定树)、数据字典中处理过程的描述
概念模型设计	概念模型(E-R 图) 数据字典	系统说明书包括： ① 新系统要求、方案和概图 ② 反映新系统信息流的数据流图
逻辑模型设计	某种数据模型 关系　非关系	系统结构图 (模块结构)
物理设计	存储安排 方法选择 存取路径建立 分区 1 分区 2	模块设计 IPO 表 IPO 表…… 输入： 输出： 处理：
数据库实施	编写程序 装入数据 数据库运行 Creat… Load…	编写程序、 编译联结、 测试 Main( ) … If… Then … End
数据库运行和维护	性能监视、转储/恢复 数据库重组和重构	新旧系统转换、运行、维护 (修正性、适应性、改善性维护)

图 5-2 数据库设计各个阶段的设计描述

5.1.2 规划阶段

从工程角度看，制订一个切实可行、符合用户发展实际需求的规划是十分重要的。对于数据库系统，特别是大型数据库或大型信息系统中的数据库群，规划又是十分必要的。规划的好坏将直接影响整个系统的成功与否。

规划阶段的主要任务是：进行建立数据库的必要性及可行性分析、论证，确定数据库系统目标、范围，估算开发成本，计划项目进度等。编制详尽的可行性分析报告及数据库(数据库群)规划纲要。内容包括开发应用系统所需的各种资源(如信息来源、人力资源、设备资源、软件及支持工具资源等)，开发成本估算，进度计划，现行系统向新系统过渡的计划等。

规划阶段具体可分为以下3个步骤：

(1) 系统调查：对用户组织机构作全面的调查，画出组织层次图，从而了解用户的组织机构现状。

(2) 可行性分析：从技术、经济、效益、政策法规等诸方面对建立数据库的可行性进行分析；写出可行性分析报告；组织专家论证其可行性。

(3) 进度计划：确定数据库系统的总目标和制订项目开发计划，并在得到决策部门批准后，正式进行数据库系统的开发工作。

5.1.3 需求分析阶段

需求分析的任务是通过详细调查现实世界要处理的对象(组织、部门、企业等)，充分了解原系统的工作概况，准确了解与分析新系统的用户需求(包括数据和处理)，并在此基础上确定新系统的功能，以需求说明书的形式确定下来，作为以后系统开发的指南和系统验证的依据。需求分析是设计数据库的起点，其结果的合理与否将直接影响后续各个设计阶段的设计速度和质量。需求分析工作由系统分析员和用户共同完成。

调查的重点是“数据”和“处理”，通过调查、收集与分析，获得用户对数据库的如下要求。

(1) 信息要求：指用户需要获取信息的内容与性质。

(2) 处理要求：指用户需要实现的处理功能。

(3) 安全性与完整性要求：指用户存取数据信息的安全性、完整性及约束等。

需求分析的工作内容主要包括以下4个方面。

(1) 分析业务活动，产生业务流程图。调查用户组织机构情况，分析了解用户业务活动和职能，掌握其处理流程(即业务流程)。当某个处理比较复杂时，可以采用分治策略把该处理分解成若干个相对独立的子处理，并最终产生完整的用户业务流程图。

(2) 明确系统边界，生成系统关联图。明确计算机能做什么，不能做什么。即在和用户充分讨论的基础上，确定计算机所能进行的数据处理的范围，明确系统的边界。

(3) 分析业务活动涉及的数据信息，产生数据流图。数据流图(Data Flow Diagram,

DFD)是从“数据”和“对数据的加工”两方面表达数据处理系统工作过程的一种图形表示法，具有直观、易于被用户和软件人员双方都能理解的一种表达系统功能的描述方式。数据流图表达了数据和处理过程的关系，为此，可以在深入调查分析用户业务处理流程的同时，以数据流图形式表示出数据的流向和对数据所进行的加工，形成若干层次的数据流图。

(4) 分析系统数据，产生数据字典。数据字典是系统中各类数据描述的集合，它的功能是存储和检索各种数据描述(称为元数据 Metadata)。对数据库设计来说，数据字典是进行详细的数据收集和数据分析所获得的主要成果。数据字典中通常包括数据项、数据结构、数据流、数据存储和处理过程五个部分。

为简要说明上述需求分析过程，下面以高校图书借阅管理过程为例，简要阐述需求分析的具体过程。

【例 5-1】 高校图书借阅系统的需求调查分析。

(1) 通过对用户需求的详细调查和分析，了解用户对系统性能、功能等方面的需求，从而可以获得如图 5-3 所示的用户组织结构、功能结构及业务流程图。

由图 5-3 可知，高校图书借阅主要业务由流通组承担，其中主要业务工作有办借书证、借书、还书和催还统计等。

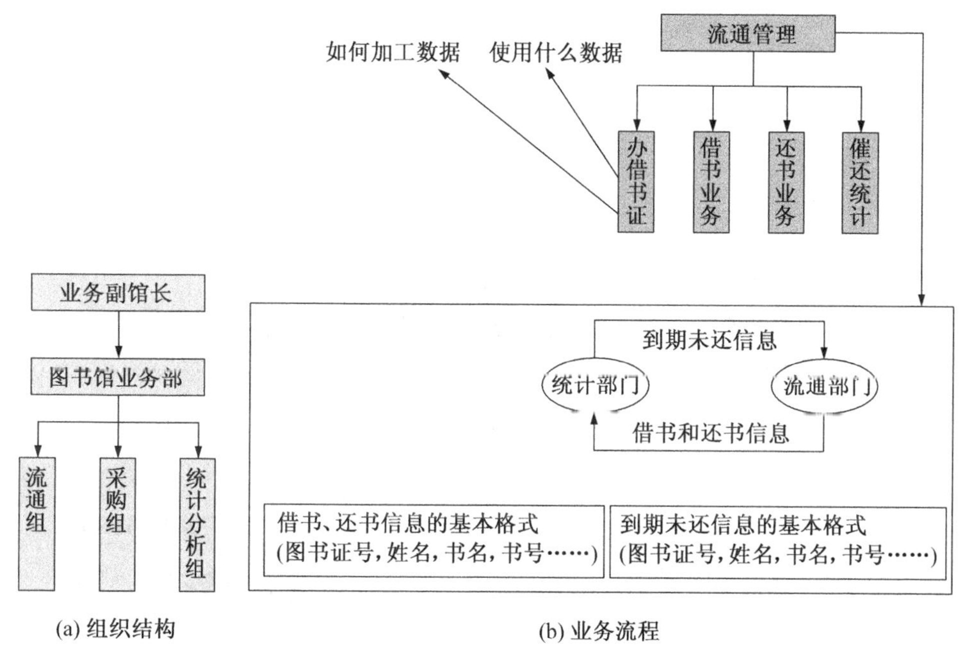

图 5-3　图书借阅系统组织结构及业务流程图

(2) 分析原系统的具体业务(办证、借出、归还、催还)流程，可得到如图 5-4 所示的原系统数据流图；在原系统数据流图的基础上进一步分析新系统对数据处理的要求，可得到如图 5-5 所示的新系统的数据流图。

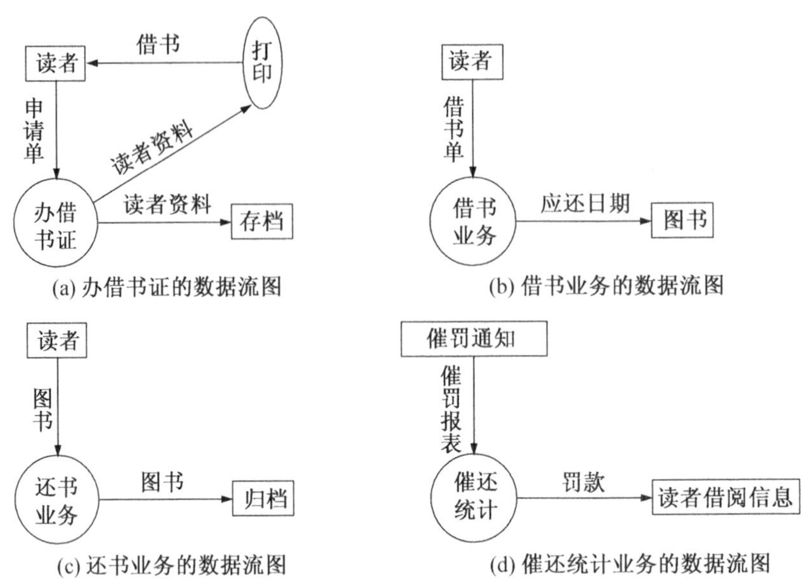

图 5-4　原系统业务数据流图

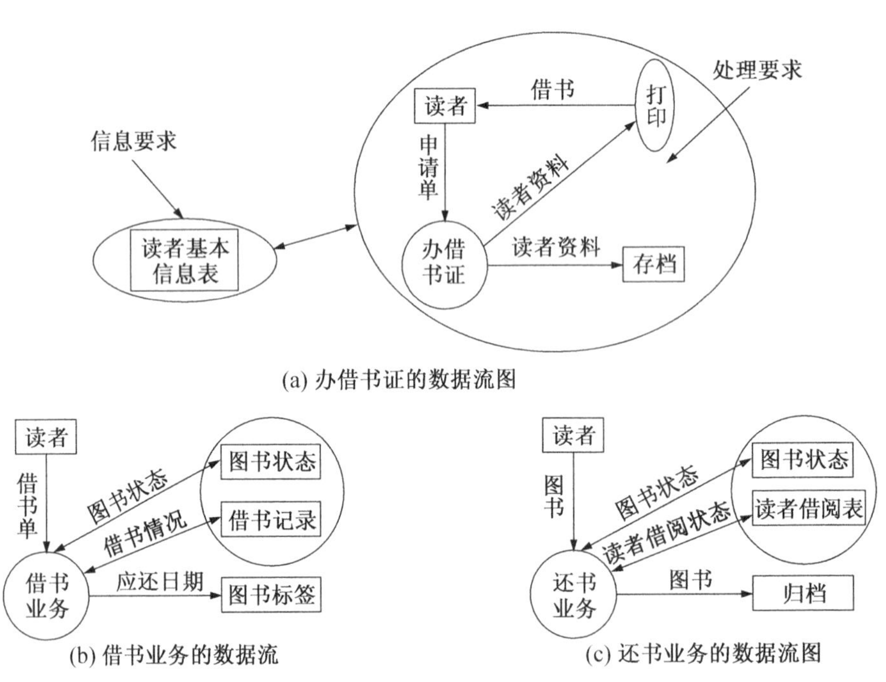

图 5-5　新系统业务数据流图

(3) 假设每个学生只能借阅 5 本书，依据前述对新系统数据流图的分析，可得新系统业务处理流程图(图 5-6)。

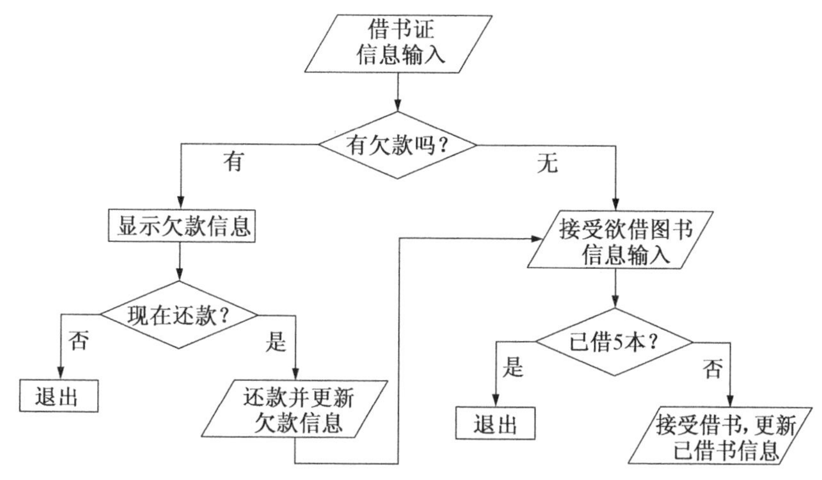

图 5-6　新系统业务处理流程

(4) 生成数据字典、系统需求分析说明书等。

考察原有系统的数据流图，确定哪些应用和信息应收进系统开发范围，定义应用定义表和信息定义表。

图书借阅系统生成的数据字典可以按如下方式定义。该系统涉及多个数据项，其中"证件号"数据项可以描述如下：

数据项：证件号
含义说明：唯一标识一名读者
别称：借阅证号
类型：字符型
长度：8
取值范围：00000000～99999999
取值含义：前四位表示该学生入学年份，后四位是按顺序标号

"读者"是该系统中的一个核心数据结构，它可以描述如下：

数据结构：读者
含义说明：是图书借阅系统的主体数据结构，定义了一个读者的相关信息
组成：证件号，学号，姓名，性别，年龄，所在学院，年级

数据流"读者信息审核"可描述如下：

数据流：读者信息审核
说明：对读者信息进行审核后的结果
数据流来源：办证业务
数据流去向：审核通过
组成：……
平均流量：……
高峰期流量：……

数据存储“借阅记录表”可描述如下：

数据存储：借阅记录表

说明：记录读者的书籍借阅情况

流入数据：借还业务

流出数据：借还统计

数据量：每年 8000 张

存取方式：顺序存取，联机处理，更新

处理过程“催还”可描述如下：

处理过程：催还

说明：对逾期未还的读者进行催还

输入：读者档案

输出：催罚报表

处理：书籍借阅到期后，通知读者还书，超过归还日期一周未还者，按每日 1 元对其进行罚款

用同样的方法可以描述系统数据字典中其他数据项、数据结构、数据流、数据存储、处理过程的描述等，在此不再细述。

通过上述需求分析，最终生成的需求文档中至少应包含最重要的数据流图、处理过程图和数据字典等三部分内容。

5.1.4 概念结构设计阶段

需求分析阶段描述的用户应用需求是现实世界的具体需求，将需求分析得到的用户需求抽象为信息结构即概念模型的过程就是概念结构设计。概念结构设计是整个数据库设计的关键。它通过对用户需求进行综合、归纳和抽象，产生反映用户组织信息需求的数据库概念结构，即概念模式。概念模式独立于计算机硬件结构，独立于支持数据库的 DBMS。

1. 概念结构设计的重要性

在早期的数据库设计中，概念设计并不是一个独立的设计阶段。当时的设计方式是直接把用户信息中的数据存储格式转换成 DBMS 能处理的数据库模式。这样，注意力往集中于细节，而不能集中在最重要的信息组织结构和处理模式上。因此，当外界环境发生变化时，设计结果就必须依赖于具体 DBMS 的模式。

概念结构独立于数据库逻辑结构、独立于支持数据库的 DBMS 有以下优点。

(1) 任务相对单一化，设计复杂程度大大降低，便于修改、管理。

(2) 概念模式是各种数据模型的共同基础，不受具体的 DBMS 限制，它比数据模型更独立于机器、更抽象，因此更稳定。

(3) 概念模型是现实世界的一个真实模型，更易被用户理解，更能准确地反映用户的信息需求。

概念模式在数据库的各级模式中的地位如图 5-7 所示。

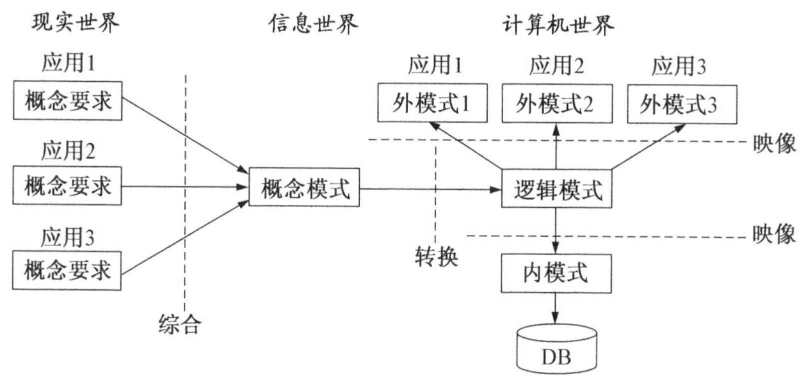

图 5-7　数据库的各级模式

2. 概念结构设计的特点

概念结构设计的特点如下。

(1) 能真实、充分地反映现实世界，包括事物和事物之间的联系，能满足用户对数据的处理要求。

(2) 易于理解，这使得即使与不熟悉计算机的用户交换意见也十分容易，用户的积极参与乃是数据库设计成功的关键。

(3) 易于更改，当应用环境和应用要求改变时，容易对概念模型进行修改和扩充。

(4) 易于向关系、网状、层次等各种数据模型转换。

3. 概念结构设计的主要步骤

常用的概念结构设计方法通常有 4 种，具体如下。

- 自底向上：从包含基本概念结构的模式出发，逐步组合这些基本概念结构，形成最终能反映全局的概念数据库模式。
- 自顶向下：从一个包含高级抽象概念结构的模式出发，并对其逐步细化求精，形成最终能反映全局的概念数据库模式。
- 逐步扩张：首先定义最重要的核心概念结构，然后向外扩充，以滚雪球的方式逐步生成其他概念结构，形成最终能反映全局的概念数据库模式。
- 混合策略：首先采用自顶向下策略把应用需求划分为多个需求子集合；然后对每个需求子集合使用自底向上的策略设计局部模式；最后，组合局部模式，形成最终能反映全局的概念数据库模式。

采用自底向上策略进行概念结构设计，可以分成三步来完成：抽象数据并设计局部概念模式；将局部概念模式合成为全局概念模式；评审。

(1) 抽象数据并设计局部概念模式。

局部概念模式是构造全局概念模式的基础。因此，需要先从局部用户的需求出发，并为其建立一个相应的局部概念结构。必要时，还需要对需求分析的结果进行细化、补充和修改，以便更准确地反映局部用户的信息需求。基于 E-R 的局部概念模式设计就是要形成反映局部用户信息需求的 E-R 图。

设计概念结构时，常用的数据抽象方法有“分类”、“聚集”和“概括”。分类是将现实世界中一组具有某些共同的特性和行为的对象划分或定义为一个实体类或新的对象。聚集是将若干对象和它们之间的联系组合成一个新的对象。概括是将一组具有某些共同特性的对象合并成更高一层意义上的对象。

(2) 将局部概念模式合成为全局概念模式。

全局概念模式合成是概念结构设计中最复杂的任务。合成各局部概念结构就可得到反映所有用户需求的全局概念结构。在合成过程中，主要处理各局部模式对各种对象定义的不一致性问题、冲突问题等，包括同名异义、异名同义和同一事物在不同模式中被抽象为不同类型的对象(例如，有的作为实体，有的又作为属性)等问题。合并各个局部结构，还会产生冗余问题，或导致对信息需求的再调整与分析等。

全局概念模式还必须进行进一步验证，确保它能够满足下列条件：

- 全局概念模式内部必须具有一致性，不存在互相矛盾的表达；
- 全局概念模式能准确地反映原来的每个视图结构，包括属性、实体及实体间的联系及其结构约束；
- 全局概念模式能满足需求分析阶段所确定的所有要求。

(3) 评审。

消除了所有冲突和不一致性问题后，就可把全局结构提交评审。评审分为用户评审与 DBA 及应用开发人员评审两部分。用户评审的重点放在确认全局概念模式是否准确、完整地反映了用户的信息需求和现实世界事物的属性间的固有联系；DBA 和应用开发人员评审则侧重于确认全局结构是否完整，各种成分划分是否合理，是否存在不一致性，以及各种文档是否齐全等。文档应包括局部概念结构描述、全局概念结构描述、修改后的数据清单和业务活动清单等。

图 5-8 为一个采用自底向上方法的设计步骤。

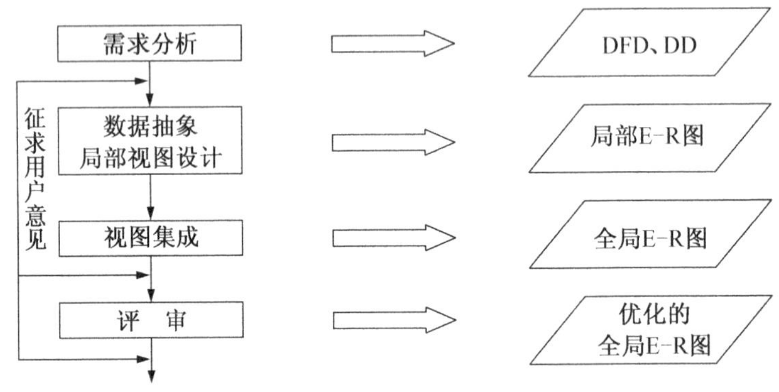

图 5-8　自底向上方法的设计步骤

由图 5-8 可知，全局概念模式最终提交给用户，征求用户和有关人员的意见，进行评审、修改和优化，然后把它确定下来，作为数据库的概念结构，并作为进一步设计数据库的依据。

5.1.5　逻辑结构设计阶段

概念结构是各种数据模型的共同基础，概念设计的结果是一个与 DBMS 无关的概念模式。逻辑结构设计的目的是把概念结构设计阶段设计好的全局概念模式转换成与选用的具体机器上的 DBMS 所支持的数据模型相符合的逻辑结构（包括数据库模式和外模式）。

从理论上讲，逻辑设计应选择最合适的 DBMS，但往往数据库设计人员没有挑选的余地，都是在指定的 DBMS 上进行逻辑结构的设计。目前的 DBMS 产品一般支持关系、网状、层次三种模型中的某一种。

逻辑结构设计主要是把概念模式转换成 DBMS 能处理的模式。转换过程中要对模式进行评价和性能测试，以获得较好的模式设计。逻辑结构设计主要步骤如图 5-9 所示。

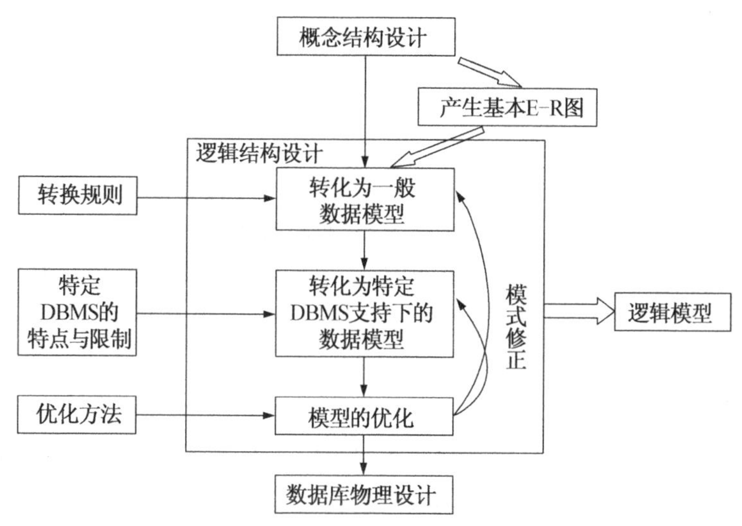

图 5-9　逻辑结构设计三步骤

由上述基本步骤可知，基于 E-R 的逻辑结构设计过程，主要包括以下几个方面的内容：① 将概念结构转化为一般的关系、网状、层次模型；② 将转化来的关系、网状、层次模型向特定 DBMS 支持下的数据模型转换；③ 对数据模型进行优化。

1. E-R 图向关系模型的转换

将概念结构设计过程中得到的 E-R 图转换成关系模型，即将 E-R 图中的实体类型和联系类型转换成相应的关系模式。E-R 图向关系模型的转换原则如下。

（1）一个实体型转换为一个关系模式：实体的属性就是关系的属性；实体的码就是关系的码。

（2）一个 $m:n$ 联系转换为一个关系模式。与该联系相连的各实体的码以及联系本身的属性均转换为关系的属性；而关系的码为各实体码的组合。

（3）一个 $1:n$ 联系可以转换为一个独立的关系模式，也可以与 n 端对应的关系模式合并。如果转换为一个独立的关系模式，则与该联系相连的各实体的码以及联系本身的属性均转换为关系的属性，而关系的码为 n 端实体的码。

(4) 一个 1:1 联系可以转换为一个独立的关系模式，也可以与任意一端对应的关系模式合并。如果转换为一个独立的关系模式，则与该联系相连的各实体的码以及联系本身的属性均转换为关系的属性，每个实体的码均是该关系的候选码。如果与某一端对应的关系模式合并，则需要在该关系模式的属性中加入另一个关系模式的码和联系本身的属性。

(5) 三个或三个以上实体间的一个多元联系转换为一个关系模式。与该多元联系相连的各实体的码以及联系本身的属性均转换为关系的属性；而关系的码为各实体码的组合。

(6) 同一实体集的实体间的联系，即自联系，也可按上述 1:1、1:n 和 m:n 三种情况分别处理。

(7) 具有相同码的关系模式可合并。

2. 用户外模式设计

概念结构设计阶段的数据库模式设计主要是模式和外模式的设计。用户外模式是模式的逻辑子集，是应用程序和数据库系统的接口，它能允许应用程序有效地访问数据库中的数据，而不破坏数据库的安全性。

定义数据库模式主要是从系统的时间效率、空间效率、易维护等角度出发。而定义用户外模式时应该更注重考虑用户的习惯与方便，包括以下 3 个方面：① 使用更符合用户习惯的别名；② 针对不同级别的用户定义不同的外模式，以满足系统对安全性的要求；③ 简化用户对系统的使用。

3. 数据模型的优化

数据库逻辑设计的结果不是唯一的。为了进一步提高数据库应用系统的性能，得到初步数据模型后，还应该适当地修改、调整数据模型的结构，以进一步提高数据库应用系统的性能，这就是数据模型的优化。关系数据模型的优化通常以规范化理论为指导。优化数据模型的基本方法如下。

(1) 确定数据依赖。确定每个关系模式内部各属性之间的数据依赖，确定不同关系模式属性之间的数据依赖。

(2) 对于各个关系模式之间的数据依赖进行极小化处理，消除冗余的联系。

(3) 按照数据依赖的理论对关系模式逐一进行分析，考查是否存在部分函数依赖、传递函数依赖、多值函数依赖等，确定各关系模式分别属于第几范式。

(4) 根据需求分析阶段获得的对数据处理的要求，分析对于应用环境这些模式是否合适，确定是否要对它们进行合并或分解。值得注意的是：关系模式的级别并非越高越好，一般以适用为原则，通常情况下，3NF 就够用了。

(5) 根据需求分析阶段获得的对数据处理的要求，对关系模式进行必要的分解或合并，以提高数据操作的效率和存储空间的利用率。常用的分解方法有水平分解和垂直分解。水平分解把(基本)关系的元组分解为若干子集合，定义每个子集合为一个子关系，以提高系统的效率。水平分解一般适用于满足“80/20 原则”及并发事务经常存取不相交的数据的应用。垂直分解把关系模式 R 的属性分解为若干子集合，形成若干子关系模式。分解的基本原则是将经常在一起使用的属性从 R 中分解出来形成一个子模式，从而提高某些事物的效率，但也可能会降低另一些事务的效率，为此，是否进行垂直分解要视分解后事务的总效率能否得到提高而定，垂直分解必须保证不损失关系模式的语义（保持无损连接性和保持函数依赖性）。

E-R 方法是概念设计阶段采用的主要方法。设计 E-R 模型，由 E-R 模型转换成关系模型的方法和步骤将在第 5.4 节中详细介绍。

5.1.6　数据库物理设计阶段

数据库在物理设备上的存储结构与存取方法称为数据库的物理结构，它依赖于给定的计算机硬件环境和 DBMS。为给定的基本数据模型选取一个最适合应用环境的物理结构的过程，称为物理设计。

数据库物理设计的任务是为数据库的逻辑结构选择一个最合适的应用环境下的物理结构和存取方法，然后对该存储模式进行性能评价、修改设计。其设计目标是对数据库内部结构做调整并选择合理的存取路径，以提高数据库访问的速度及有效地利用存储空间。

关系数据库中大量内部物理结构已被屏蔽，留给用户参与物理设计的余地不多，RDBMS留给用户参与的物理设计内容主要包括两个方面：存取方法设计和存储结构设计。为此物理设计可通过以下 4 个基本步骤来完成。

(1) 记录存储结构设计：包括记录的组成、数据项的类型、长度，以及逻辑记录到存储记录的映射。

(2) 确定数据存放位置：把经常同时被访问的数据组合在一起，以减少访盘冲突，提高 I/O 并行性；分散热点数据，均衡 I/O 负担；缓解系统瓶颈，保证数据快速访问。

(3) 存取方法的设计：存取路径分为主存取路径与辅存取路径，前者用于主键检索，后者用于辅助键检索。RDBMS 中提供的存取方法有：聚簇方法、B＋树索引方法和 HASH 方法等。

(4) 完整性和安全性考虑：设计者应在完整性、安全性、有效性和效率方面进行分析，完成相关的系统参数配置等。如并发数据库用户数、同时打开的数据库数等。

5.1.7　数据库实施阶段

在数据库设计完成后就可以开始建立数据库了。数据库的建立包括两个部分，即数据模式的建立与数据的加载。数据库是一种共享的复杂数据体，需要维护与管理，这就是数据库管理，实施这项管理的人叫数据库管理员。数据库实现主要包括以下工作。

1. 用 DDL 定义数据库结构

确定了数据库的逻辑结构与物理结构后，DBA 就可以用所选用的 RDBMS 提供的数据定义语言(DDL)来严格描述数据库结构，从而完成数据模式的建立工作。这个过程中要利用 DDL 及 DBMS 管理工具等来定义数据库名、表及相应的属性、主键、索引、完整性约束、授权用户的访问权限等一系列的工作。

2. 组织数据入库

数据库结构建立好后，就可以向数据库中装载数据以完成数据库的建立。组织数据入库是数据库实现阶段最主要的工作。

(1) 对于数据量不是很大的系统，可以用人工方法完成数据的入库。

(2) 对于数据量很大的系统，为保证数据的正确性，应该设计一个数据输入子系统，由计算机辅助数据的入库工作。

如果数据库是在老的文件系统或数据库系统的基础上设计的，则数据输入子系统只需要完成数据转换、数据综合两项工作，以满足新系统对数据格式的要求。

为保证进度计划的执行，使数据能够及时入库，应在数据库物理设计的同时编制数据输入子系统。

3. 编制与调试应用程序

数据库应用程序与数据库设计可以并行。当数据库结构建立好后，就可以开始数据库应用程序的编制与调试。调试应用程序可先使用模拟数据。

4. 数据库试运行

数据库应用程序调试完成且有部分数据入库后，就可以开始数据库的试运行。数据库试运行也称为联合调试，其主要工作包括以下两项。

(1) 功能测试：实际运行应用程序，执行对数据库的各种操作，测试应用程序的各种功能是否符合设计要求。

(2) 性能测试：测量系统的各项性能指标，分析是否符合设计目标。

由于新系统初期还不稳定，硬件故障随时都有可能发生，设计疏忽及错误、误操作等不可避免，因此，数据库试运行可采用分阶段进行的方式，即先以小批量数据入库测试，基本合格后再以大批量或全部数据入库测试。此外，考虑到数据入库工作量大，为尽量减少对数据库的破坏，必须做好对数据库的转储和恢复工作。

5.1.8 数据库的运行与维护

数据库试运行合格后数据库就可以正式投入运行了。数据库的运行标志着数据库开发任务的基本完成和维护工作的开始。但这并不意味着设计过程的终结，数据库运行过程中，物理存储会随着环境的变化而不断变化，所以对数据库设计进行评价、调整、修改等维护工作将是一个长期的任务，也是设计工作的继续和提高。

在数据库运行阶段，对数据库经常性的维护工作主要是由 DBA 完成，主要有以下 4 个方面。

1. 数据库的转储和恢复

数据库的转储和恢复是系统正式运行后最重要的维护工作之一。DBA 要针对不同的应用要求制订不同的转储计划，并定期备份数据库和日志文件，以确保一旦发生故障，能尽快将数据库恢复到某种一致性状态，并尽可能减少对数据库的破坏。

2. 数据库安全性、完整性控制

DBA 必须根据用户的实际需要授予不同的操作权限。由于在数据库运行过程中，应用环境的不断变化，对安全性的要求也会不断改变，DBA 需要根据实际情况修改原有的安全性控制。同样，应用环境的变化，也会带来数据库的完整性约束条件的变化，所以也需要 DBA 不断修正来满足用户需求。

3. 数据库性能的监督、分析和改进

在数据库运行过程中，DBA 的又一重要任务是监督系统运行，对监测数据进行分析，找出改进系统性能的方法。目前许多 DBMS 产品都提供了监测系统性能参数的工具，DBA 可以利用这些工具方便地得到系统运行过程中一系列性能参数的值，并可以通过分析做出适当改进。

4. 数据库的重组织和重构造

数据库运行一段时间后，随着对记录增、删操作的不断增加，会使集簇性能下降，造成存储空间分配的零散化，从而降低了数据库存储空间的利用率和数据的存取效率，导致数据库整体性能下降。这时 DBA 可利用 DBMS 提供的供重组织数据库使用的实用程序对数据库进行重组织或部分重组织（只对频繁增、删的表进行重组织），即重新安排数据的存储位置，回收垃圾，减少指针链，提高系统性能。

数据库的重组织，并不改变原设计的数据逻辑结构和物理结构，而数据库的重构造则不同，它是指部分修改数据库的模式和内模式。

当数据库应用环境发生变化时，如增加新的应用或新的实体、取消或改变某些已有应用等，都会导致实体及实体间的联系也发生相应的变化，使原有的数据库设计不能很好地满足新的需求，从而不得不适当调整数据库的模式和内模式。例如，增加新的数据项、改变数据项的类型、改变数据库的容量、增加或删除索引、修改完整性约束条件等，这就是数据库的重构造。DBMS 一般都提供了修改数据库结构的功能。

重构造数据库的程度是有限的。若应用变化太大，已无法通过重构数据库来满足新的需求，或重构数据库的代价太大，则应该重新设计新的数据库系统以满足不断变化的应用需求。

5.2　E-R 模型

实体联系模型（Entity-Relation Model）是由 Peter Chen 于 1976 年在题为“实体联系模型：将来的数据视图”论文中提出的。绝大多数 E-R 模型的基本构件相同，只是表示的方法有所差别。本书采用的是一些典型的和流行的符号，所介绍的内容也是一些较普遍和实用的方法。

本节先介绍 E-R 模型基本元素、属性的设计和联系的设计，然后介绍扩充 E-R 模型的一些表示方法，以及采用 E-R 方法的概念设计步骤。

5.2.1　E-R 模型的基本元素

E-R 模型的基本元素有三种：实体、联系和属性。

1. 实体

实体(Entity)是指客观存在并相互区别的事物。实体可以是具体的人、事、物,也可以是抽象的概念或联系,例如,职工、学生、教师、部门等就是具体的实体,而学生选课、教师授课、产品订货、职工的领导与被领导工作关系是抽象的概念和联系,因此也可以看成是抽象的实体。同一类实体构成实体集(Entity Set)。实体的特征用实体类型(Entity Type)来表示。实体类型是指具有相同属性的实体必然具有的共同的特征和性质。一般,E-R 模型中提到的实体往往是指实体集。

在 E-R 模型中,实体用方框表示,方框内注明实体的命名。实体名常用大写字母开头的有具体意义的中文或英文名词表示。

2. 联系

现实世界中,事务内部及事务之间是有联系的,这些联系在信息世界中反映为实体内部的联系和实体之间的联系。实体内部的联系通常反映组成实体的各属性域之间的内在联系。

两个实体型之间的联系可以分为 3 类:一对一联系(1:1);一对多联系(1:n);多对多联系(m:n)。

在 E-R 图中,联系用菱形框表示,并用线段将其与相关的实体连接起来。由于一个实体可能涉及多个联系,在每个联系中所扮演的角色也会不同,如实体“职工”,在管理联系中可能扮演经理的角色,在保健联系中扮演病人的角色,在储蓄联系中扮演客户的角色。实体的角色表现为该实体在某个联系中所起的作用。

我们可以用 3 个实例来形象地描述一元联系的 3 种方式。

(1) 学生根据其参加的某次考试的总分及姓氏笔画来排定名次。在名次排列中,排名在他前面或者后面的只有一个人。也就是说学生之间是 1:1 联系,其 E-R 图如图 5-10 所示。

(2) 职工与领导之间的上下级联系是 1:n 联系,其 E-R 图如图 5-11 所示。

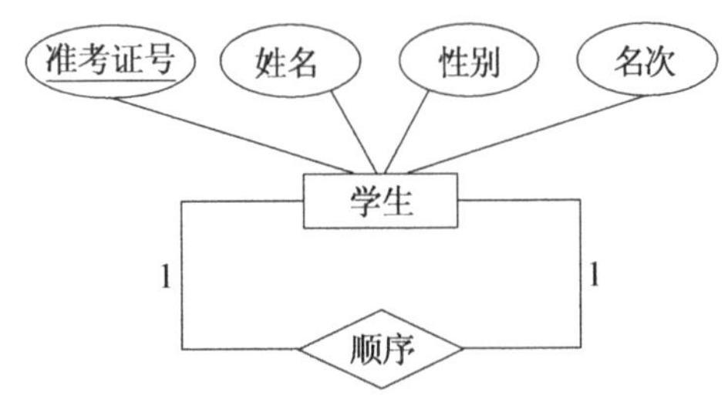

图 5-10　一元联系中的 1:1 联系

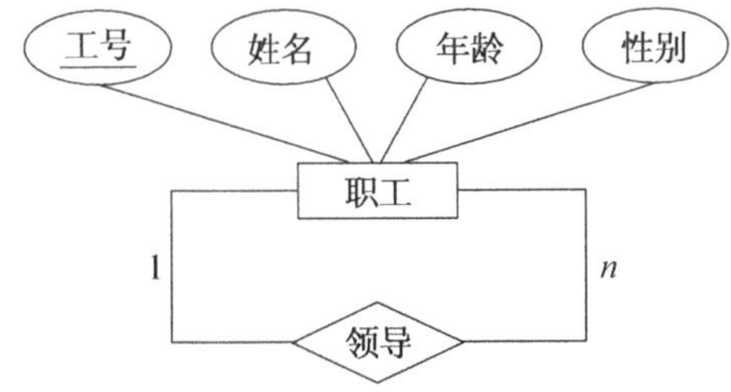

图 5-11　一元联系中的 1:n 联系

(3) 工厂的零件之间存在着组合关系,一种零件由许多种子零件组成,而一种零件也可以是其他零件的子零件,因此,这种组合关系是 m:n 联系,其 E-R 图如图 5-12 所示。

类似地,多元联系中也同样存在着以上三种联系方式,下面对二元联系的 1:1、1:n、m:n 三种情况,分别举例说明。

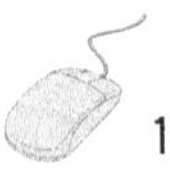

(1) 设教育系统中学校与校长有 1:1 联系，其 E-R 图如图 5-13 所示。

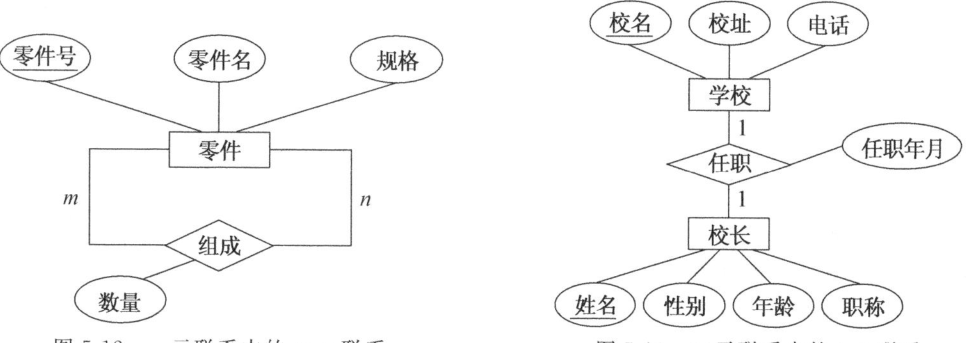

图 5-12　一元联系中的 m:n 联系　　图 5-13　二元联系中的 1:1 联系

(2) 设学校中各个系与教师间的联系是 1:n 联系，其 E-R 图如图 5-14 所示。

(3) 设学生与课程间的联系是 m:n，其 E-R 图如图 5-15 所示。

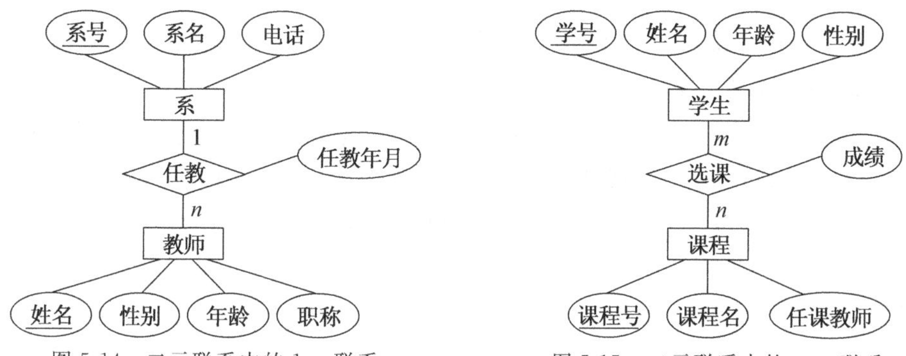

图 5-14　二元联系中的 1:n 联系　　图 5-15　二元联系中的 m:n 联系

为了更详细地描述实体间的联系，可用基数表述。基数的定义如下：两个实体集 E_1 和 E_2，E_1 中每个实体与 E_2 中有联系实体的数目的最小值 min 和最大值 max 称为 E_1 的基数，用(min,max)形式表示。基数在现实世界中常表现为某些属性的取值范围，而在信息世界中即数据库技术中常表现为某属性列的完整性约束。

【例 5-2】 某高校教务管理系统的选课子系统规定如下。

(1) 选课关系：学生至少选修 2 门通识课程才能毕业，最多选修 6 门通识课程；每门通识课程至多有 50 人选修，最少可以没人选修。也就是，学生的基数是(2,6)，课程的基数是(0,50)，如图 5-16 所示。

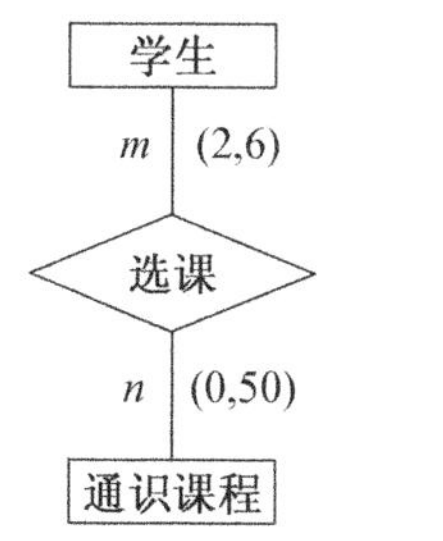

图 5-16　选课关系和基数

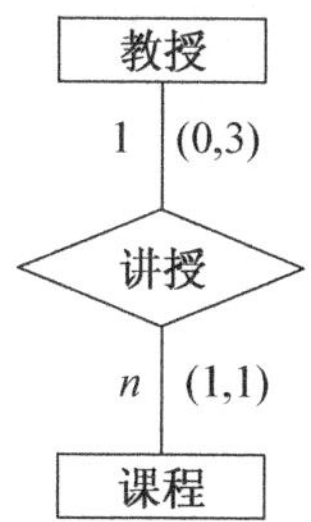

图 5-17　授课关系和基数

(2) 授课关系：教师和课程之间有 1:n 联系。如果进一步规定，每位教师可讲授 3 门课，也可只搞研究而不授课；每门课程必须有一位教师上课，即教师的基数是(0,3)，课程的基数是(1,1)，如图 5-17 所示。

3. 属性

实体的某一特性称为属性，如学生有姓名、性别、年龄、班级，学号等属性。在一个实体中，能够唯一标识实体的属性(或属性集)称为"实体标识符"。但一个实体只有一个标识符，没有候选标识符的概念。实体标识符有时也称为实体的主键。在 E-R 图中，属性用椭圆形框表示，加下划线的属性为实体标识符。

属性域是属性的可能取值范围，也称为属性的值域。

联系也会有属性，用于描述联系的特征，如参加工作时间、选课成绩、入库数量等，但联系本身没有标识符。

5.2.2 属性的分类

为在 E-R 图中准确设计实体或联系的属性，需要先了解属性的种类、取值特点等。

1. 简单属性和复合属性

E-R 模型中的属性，依据其属性类别可分为简单属性(Simple Attribute)和复合属性(Composite Attribute)。简单属性是不可再分割的属性，例如，姓名、性别和年龄都是简单属性。复合属性是可再分解为其他属性的属性，例如，地址属性由邮政编码、省(市)名、区名、街道 4 个子属性构成；而街道又包括街道名、门牌号码 2 个子属性。复合属性形成了一个属性的层次结构。图 5-18 为地址这个复合属性的层次结构图。

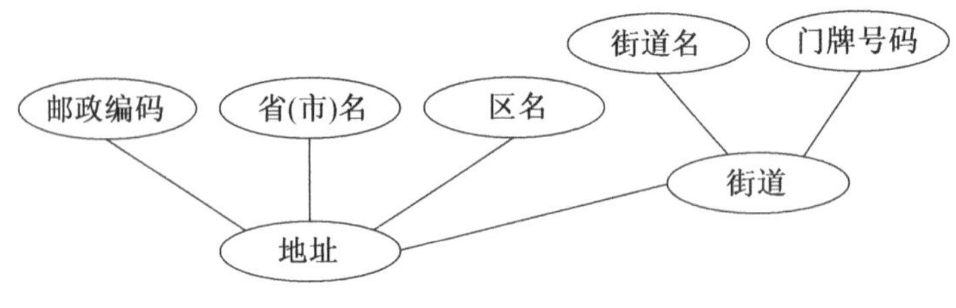

图 5-18 地址属性的层次结构

2. 单值属性和多值属性

在 E-R 模型中，属性根据属性的取值特点又可分为单值属性(Single-valued Attribute)和多值属性(Multi-valued Attribute)。单值属性指的是同一实体的属性只能取一个值。例如，一个职工一般只有一个职工号，所以职工号属性是一个单值属性。多值属性指同一实体的某些属性可能取多个值。例如，一个员工的联系方式(可以是手机号码、办公室电话、家庭电话、电子邮件等)；一种零件可能有多种销售价格(经销价、代销价、批发价和零售价等)。图 5-19 是实体员工的多值属性表示，其中多值属性用双线椭圆形表示。

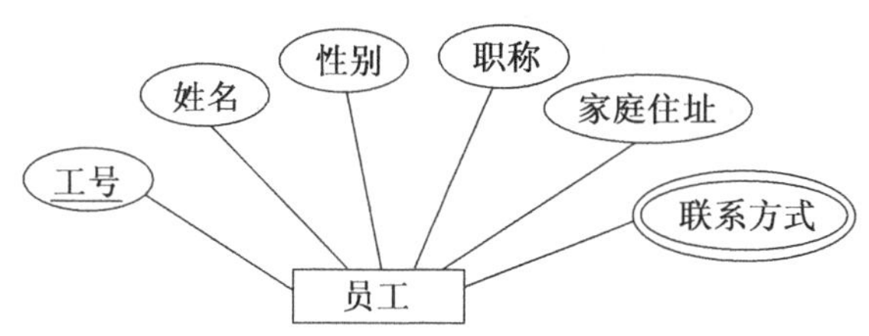

图 5-19　多值属性的表示

在数据库的实施过程中，如果用上述方法简单地表示多值属性，将会产生大量的数据冗余，所以，应修改原来的 E-R 模型，对多值属性进行变换，变换的方法通常有下列两种。

(1) 将原来的多值属性用几个新的单值属性来表示。在员工数据库中，对联系方式(手机、办公室电话、家庭电话、E-mail)进行分解，变换结果如图 5-20 所示。

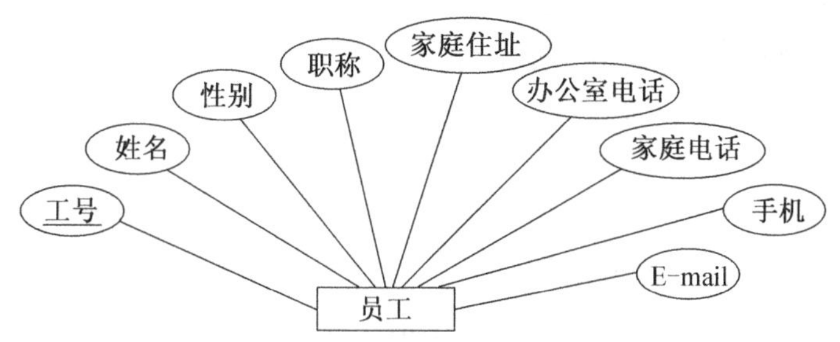

图 5-20　多值属性变换(一)

(2) 将原来的多值属性用一个新的实体类型表示。新实体类型和原来的实体类型之间是 1:n 联系，且新实体依赖于原实体而存在。为区分起见，将该新实体称为弱实体。在 E-R 模型中，弱实体用双线矩形表示；与弱实体相关的联系，用双菱形表示，上述员工关系的变换结果如图 5-21 所示。

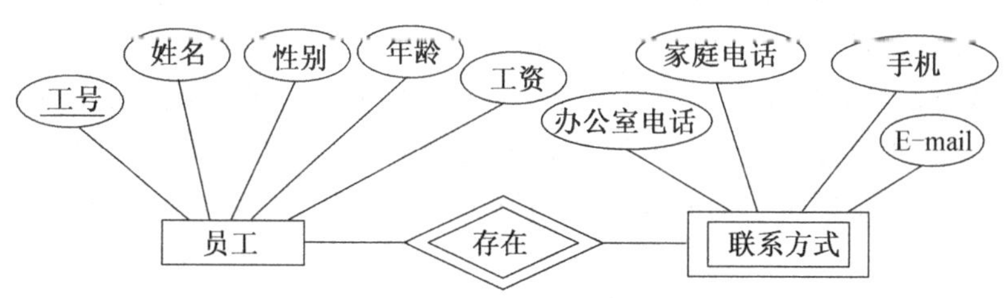

图 5-21　多值属性变换(二)

3. 导出属性

可通过具有相互依赖的属性推导而产生的属性称为导出属性(Derived Attribute)。例如，在学生成绩实体中，平均成绩可从其他各课程成绩推导而得。导出属性的值不仅可以从其他属性导出，也可以从有关的实体导出。导出属性用虚线椭圆形与实体相连，如图 5-22 所示。

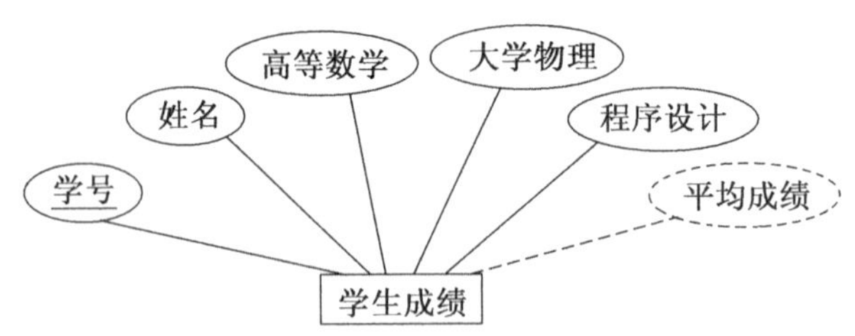

图 5-22　导出属性的表示

4. 空值属性

当一个实体在某个属性上没有值时应使用空值(Null Value)。例如,员工实体中一般会有个表示婚姻状态的属性,如“配偶”属性,当某员工尚未结婚,那么该员工的配偶属性值是 Null,表示“无意义”。Null 也可用于值未知的情况,未知的值可能是缺失的(已婚但暂不知其配偶的姓名等)或不知道的(不能确定是否已婚)。为此,当某个员工配偶属性值为空值(Null)时,会有以下 3 种可能:

- 该员工尚未婚配,即配偶值无意义(占位空值);
- 该员工已婚配,但配偶名尚不知(未知空值);
- 该员工是否结婚,还不能得知。

在数据库应用中,空值是很有用但对初学者又是较难理解和处理的一种值。

5. 扩展 E-R 特性——特殊化

实体集中某些子集具有区别于该实体集内其他实体的特性,可以根据这些差异特性对实体集进行分组,这一分组的过程称作特殊化。例如,学生这个实体可以有本科生和研究生,而研究生又可以是硕士研究生和博士研究生等。特殊化用标记为 ISA 的三角形来表示。ISA=“is a”,表示高层实体和低层实体之间的“父类—子类”联系。

5.2.3　E-R 模型的操作

数据库设计过程中,常常需要对 E-R 图进行各种变化。这种变化称为 E-R 模型的操作(或模式操作),包括实体类型、联系类型和属性的分裂、合并、增删等。

分裂方式有水平分裂和垂直分裂两种。工厂的员工分裂成男员工与女员工两个实体类型是水平分裂,水平分裂不会改变原数据模式结构。也可把员工中经常变化的属性组成一个实体类型,而把固定不变的属性组成另一个实体类型,这是垂直分裂,垂直分裂会改变数据模式的结构。图 5-23(a)经垂直分裂后可得图 5-23(b)所示的两个实体,显然,此时的数据模式结构已发生变化。但应注意,在垂直分裂中,键必须在分裂后的诸实体类型中出现,且应保证分裂前后数据的一致性和完整性。

图 5-23 中垂直分裂后的两个实体可通过工号关联,且保持原数据的一致性和完整性。

联系类型也可分裂。图 5-24(a)是教师授课 E-R 图,一个教师可担任一门课程的授课任务,而“担任”这个联系类型可以分裂为“主讲”和“辅导”两个新的联系类型,如图 5-24(b)所示。

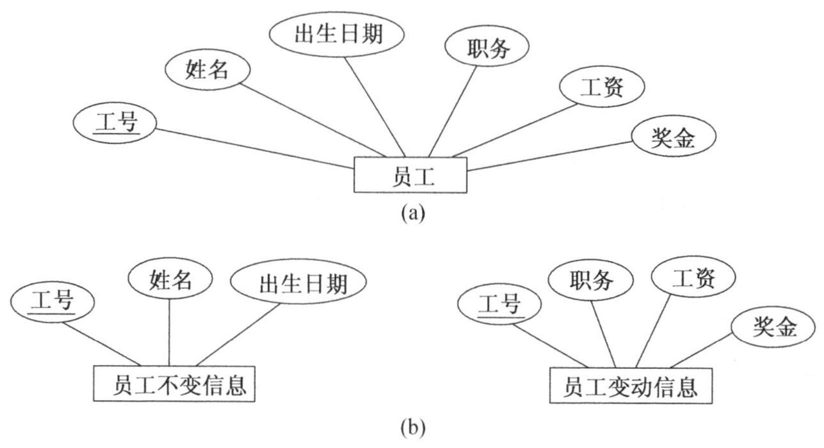

图 5-23　实体类型的垂直分裂

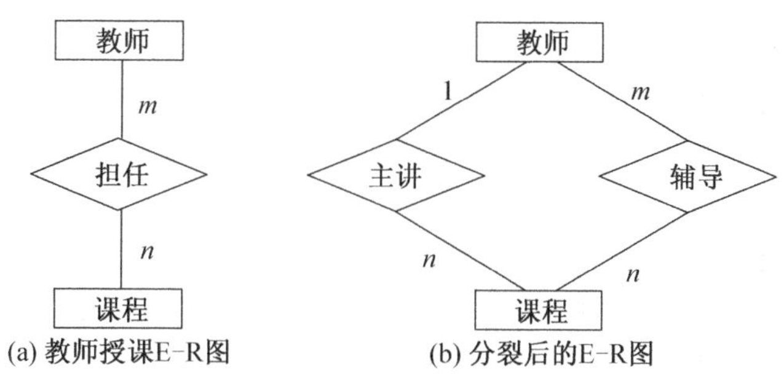

图 5-24　联系类型的分裂

合并是分裂操作的逆过程。但必须注意，合并的联系类型必须是定义在相同的实体类型组合中，否则是不合法的合并。

5.2.4　基于 E-R 模型的数据库概念设计步骤

利用 E-R 方法进行数据库概念设计，可以分三步进行：首先设计局部 E-R 模型，其次把各局部 E-R 模型综合成全局 E-R 模型，最后对全局 E-R 模型进行优化。

1. 设计局部 E-R 模式

自底向上的基于 E-R 的概念结构设计方法主要采用的是“分治策略”。考虑到不同用户信息处理需求的差异，在数据库概念结构设计时，采用“分而治之”的策略来模拟用户的实际需求，进而将各个用户的需求信息形成局部概念结构，再综合成全局概念结构。在 E-R 方法中，局部概念结构又称为局部 E-R 模式，局部 E-R 模式的设计过程如图 5-25 所示。各局部过程的工作内容如下。

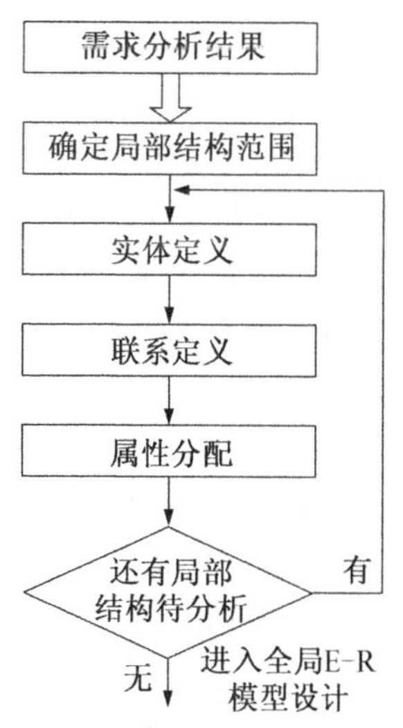

图 5-25　局部 E-R 模型设计

（1）确定局部结构范围。

根据需求分析的结果和系统的具体情况，在多层数据流图中选择一个适当层次的数据流图，并以这层的数据流图为出发点设计分 E-R 图，确定局部结构范围的划分。范围划分的方式一般有两种，一种是依据系统的当前用户进行自然划分。例如，一个企业的综合数据库，其生产、销售、技术研发、原材料供应及决策等部门都会成为该数据库的使用者，各部门对信息内容和处理的要求会有明显差异，因此，需为各部门分别设计各自的局部 E-R 模型。另一种是依据用户需求将数据库提供的服务划分成几类，并为每类应用服务设计一个局部 E-R 模式。例如，某高校的教师数据库可以按需提供的服务要求的不同分为以下几类：

- 基本信息（如姓名、年龄、性别和民族等）查询服务；
- 专业结构信息（如毕业专业、现在从事的专业及科研方向等）分析服务；
- 学术成果（如著作、发表论文、科研项目、获奖情况等）查询分析服务；
- 依据服务的划分方法可以更准确地模拟现实世界，降低数据库系统设计的复杂度。

局部结构范围确定的一般原则是：

- 范围划分要自然，易于管理；
- 范围之间的界面要清晰，相互影响要小；
- 范围划分粒度要适度。

（2）实体定义。

实体定义的任务就是从信息需求和局部范围定义出发，确定各实体类型的属性和键。事实上，实体、属性和联系之间的界限并不明显，划分的依据通常有以下 3 条：

- 充分考虑并采用人们习惯使用方法中有参考价值的合理划分；
- 避免冗余，在一个局部结构中，一个对象只取一种抽象形式，不重复；
- 依据用户的信息处理需求。

实体属性随着实体类型的确定而确定，同时需为该实体类型命名并确定其键。命名除了应反映实体的语义性质外，在一个局部结构中还应是唯一的。键可以是单个属性，也可以是多个属性的组合。

（3）联系定义。

E-R 模型中的“联系”用于刻画实体之间的关联。实体之间如存在关联，还需进一步确定其关联是 1:1、1:n，还是 m:n。同时，还要考虑一个实体类型内部、多个实体类型之间是否存在联系等。

确定联系类型时应防止出现冗余的联系，对冗余的联系要尽可能地识别并消除它，以免将这些问题带入综合全局 E-R 模式阶段。例如，图 5-26 所示的“教师与学生之间的授课联系”就是一个冗余联系的例子。某课程的授课教师可以由教师所任教的课程导出。

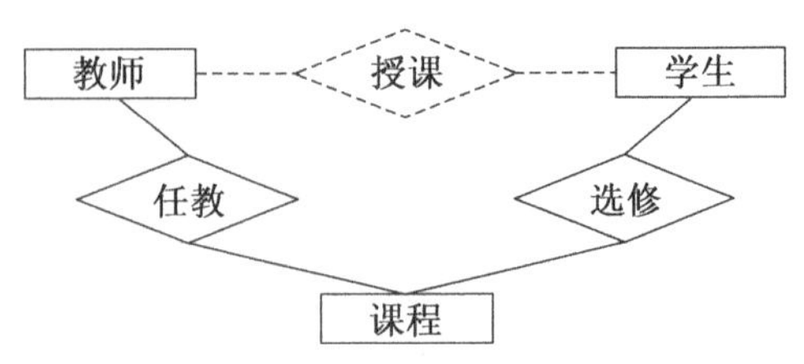

图 5-26　联系冗余的举例

与实体类型相似，联系类型确定后，也需要对其命名。通常采用某个动词命名，如“选

修”、“讲授”、“辅导”等，同时命名还应反映联系的语义性质。与实体类型不同的是联系类型没有标识符概念。

(4) 属性分配。

实体与联系确定后，局部结构中的其他语义信息大部分可用属性描述。属性分配工作主要有两类：一是确定属性，二是把属性分配到有关实体和联系中去。

属性应该是不可再分解的语义单位；不同实体类型的属性之间应无直接关联关系。属性不可分解的要求使得模型结构简单化，不会出现嵌套结构。如果多个实体类型用到同一属性，就会导致数据冗余，一般需把属性分配给那些使用频率最高的实体类型，或分配给实体值较少的实体类型。有些属性与多个实体有联系，但又不宜归属于其中任一实体类型，只是说明实体之间联系的某种特性。例如，学生选修关系中的课程成绩，既不是学生实体的属性，也不是课程实体的属性，而应作为“选修”联系的属性。

2. 设计全局 E-R 模式

各个局部 E-R 模式建立好后，还需要综合成一个整体的概念数据结构，即全局 E-R 模式。全局 E-R 模式不仅要支持和体现所有局部 E-R 模式，而且必须合理地表示成一个完整、一致的数据库概念结构(或称为视图集成)。

全局 E-R 模式的设计过程如图 5-27 所示。

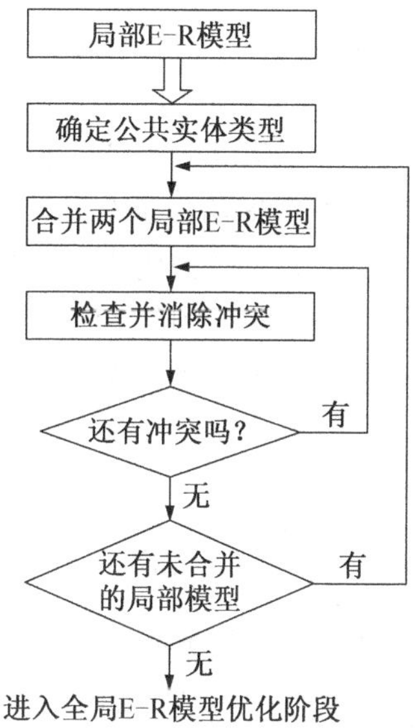

(1) 确定公共实体类型。

公共实体类型的确定并非一目了然。不同设计人员设计的局部 E-R 模式描述会存在较大的差异，为此，需把同名实体类型作为公共实体类型的一类候选，把具有相同键的实体类型作为公共实体的另一类候选。

(2) 局部 E-R 模式的合并。

合并的一般原则是：首先进行两两合并；先合并那些现实世界中有联系的局部结构；合并从公共实体类型开始，最后再加入独立的局部结构。两两合并的目的是为了减少合并的复杂性。

局部E-R模型
确定公共实体类型
合并两个局部E-R模型
检查并消除冲突
还有冲突吗？
有
无
还有未合并的局部模型
有
无
进入全局E-R模型优化阶段

图 5-27　全局 E-R 模型设计

(3) 消除冲突。

E-R 模式中的冲突主要有属性冲突、命名冲突、结构冲突 3 种。合并分 E-R 图的主要工作与关键是合理消除各分 E-R 图的冲突。

① 属性冲突。属性冲突包括属性域冲突和属性取值单位冲突两种情况。属性域冲突指属性值的类型、取值范围或取值集合不同。例如，在不同的局部应用中学号有可能被定义为整数形式和字符形式；学生年龄可被表示为日期形式和整数形式。属性取值单位冲突是指属性的量纲不一致。例如，学生的身高可以以米、厘米等为单位。

② 命名冲突。包括实体名、属性名、联系名之间的冲突。同名异义，即不同意义的对象具有相同的名字，如教室和宿舍可能会被不同局部应用同时定义为房间；异名同义，即同一意义的对象具有不同的名字，如教材、课本、教科书等。命名冲突可能发生在属性级、实体级、联系级上，其中属性的命名冲突更为常见。解决命名冲突、属性冲突的方法通常

用讨论、协商等行政手段加以解决。

③ 结构冲突。有如下 3 类结构冲突。

● 同一对象在不同应用中具有不同的抽象。例如,“课程”在某一局部应用中被当作实体,而在另一局部应用中则被当作属性。解决的方法通常是把属性变换为实体或把实体变换为属性,使同一对象具有相同的抽象。

● 同一实体在不同局部视图中所包含的属性不完全相同,或者属性的排列次序不完全相同。产生这种结构冲突的主要原因是不同的局部应用关心的是该实体的不同侧面。解决的方法是使该实体的属性取各分 E-R 图中属性的并集,再适当设计属性的次序。

● 实体之间的联系在不同局部视图中呈现不同的类型。例如,实体 E1 与 E2 在局部应用 A 中是多对多联系,而在局部应用 B 中是一对多联系;在局部应用 X 中 E1 与 E2 发生联系,而在局部应用 Y 中 E1、E2、E3 三者之间有联系等。

解决结构冲突的方法是根据应用语义对实体联系的类型进行综合或调整。

3. 全局 E-R 模式的优化

一个好的全局 E-R 模式,除能准确、全面地反映用户功能需求外,一般还应使实体类型的个数尽可能少;使实体类型所含属性个数尽可能少;且使实体类型间无冗余联系。图 5-28 给出了全局 E-R 模式优化的一般流程。

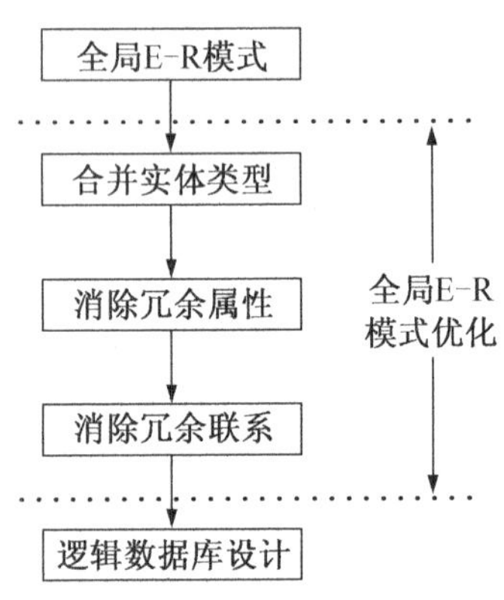

图 5-28 全局 E-R 模式优化过程

全局 E-R 模型优化的一般方法简单解释如下。

(1) 实体类型的合并。

减少实体类型个数可减少连接的开销,提高处理效率。在权衡利弊后,一般可以把 1:1 联系的两个实体类型合并。

键相同的不同实体类型往往是从不同侧面表征现实世界,若这些实体类型经常需要同时处理,那么也有必要合并成一个实体类型。合并可能会产生大量空值,因此,要对存储开销、访问效率、维护代价等进行权衡。

(2) 冗余属性的消除。

冗余数据是指重复数据或可由基本数据导出的数据,通常在各个局部 E-R 模型中不会存在冗余属性。但在综合成全局 E-R 模型后,可能产生全局范围内的冗余属性,应予消除。

同一非键属性出现在几个实体类型中,或者一个属性值可从其他属性值导出,此时,应把这些冗余属性从全局模型中去掉。

(3) 冗余联系的消除。

冗余的联系是指可由其他联系导出的联系。在全局模型中可能存在有冗余的联系,冗余联系可利用规范化理论中介绍的方法消除。

冗余数据和冗余联系容易破坏数据库的完整性,给数据库维护增加困难。但并不是所有的冗余数据与冗余联系都必须消除,有时为了提高某些应用的效率,不得不以冗余信息作为代价。为此,设计数据库概念结构时,哪些冗余信息必须消除、哪些冗余信息允许存在,需要根据用户的整体需求来确定。消除不必要的冗余后的初步 E-R 图称为基本 E-R 图。

下面以一个例子来看看如何消除冗余。

【例 5-3】 设有如下实体。

学生：学号、院系名称、姓名、性别、年龄、课程号。

课程：课程号、课程名、开课院系、教师号。

教师：教师号、姓名、性别、职称、课程号。

院系：院系名称、电话、教师号、教师姓名。

上述实体中存在如下联系，图 5-29 为该实体的初步 E-R 图。

(1) 一个学生可选修多门课程，一门课程可为多个学生选修；

(2) 一个教师可讲授多门课程，一门课程可为多个教师讲授；

(3) 一个系可有多个教师，一个教师只能属于一个系。

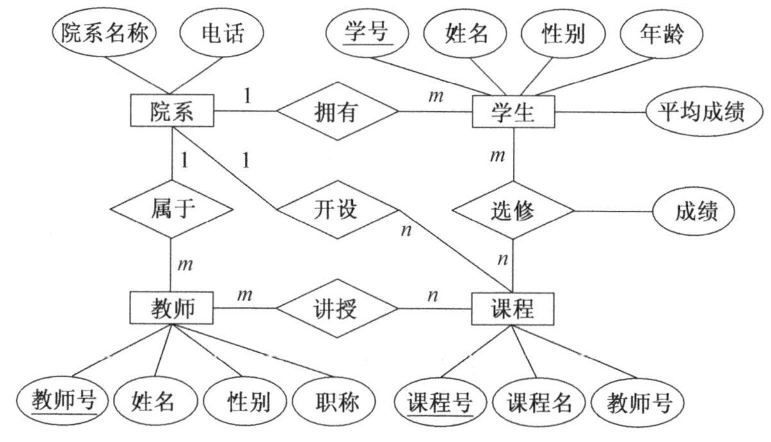

图 5-29　该实体的初步 E-R 图

"课程"实体中的属性"教师号"可由"讲授"这个联系导出；再消除冗余数据"平均成绩"，因为平均成绩可由"选修"联系中的"成绩"属性经过计算得到，所以"平均成绩"属于冗余数据；还需要消除冗余联系，其中"开设"属于冗余联系，因为该联系可以通过"系"和"教师"之间的"属于"联系与"教师"和"课程"之间的"讲授"联系推导出来，最后便可得到基本的 E-R 模型，如图 5-30 所示。

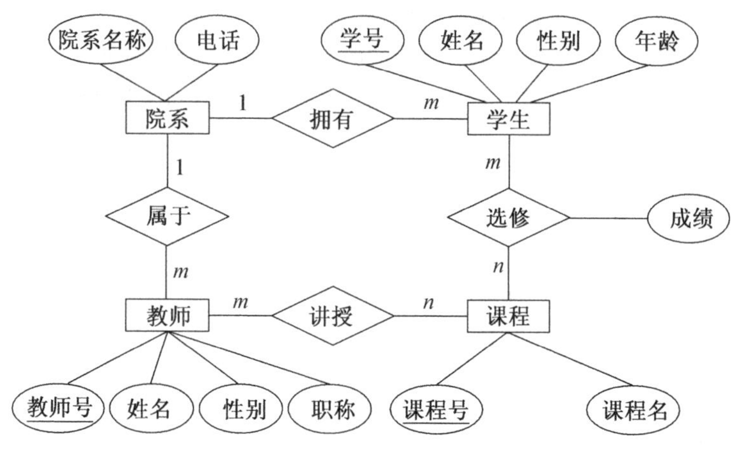

图 5-30　优化后的基本 E-R 图

5.3 E-R 模型到关系模型的转换

5.3.1 E-R 图转换成关系模式集的算法

1. 算法

概念结构设计中得到的 E-R 图是由实体、属性和联系组成的，而关系数据库逻辑设计的结果是一组关系模式的集合，所以将 E-R 图转换为关系模型实际上是将实体类型和联系类型转换成相应的关系模式集。其转换算法如下。

步骤 1(实体类型的转换)：将每个实体类型转换成一个关系模式，实体的属性即为关系模式的属性，实体标识符即为关系模式的键。

步骤 2(联系类型的转换)：根据不同的情况做不同的处理。

步骤 2.1(二元联系类型的转换)：

(1) 若实体间联系是 1:1，两个实体类型分别转换成对应的两个关系模式，并在其中任意一个关系模式的属性中加入另一个关系模式的键和联系类型的属性；

(2) 若实体间联系是 1:n，则在 n 端实体类型转换成的关系模式中加入 1 端实体类型的键和联系类型的属性；

(3) 若实体间联系是 m:n，则除了将两个实体分别转换成相应的关系模式外，还需将联系类型也转换成关系模式，其属性为两端实体类型的键加上联系类型的属性，且该关系模式的键为两端实体键的组合。

步骤 2.2(一元联系类型的转换)：同二元联系类型的转换(步骤 2.1)类似。

步骤 2.3(三元联系类型的转换)：一般总是将三元联系类型转换成一个独立的关系模式，其属性为三端实体类型的键加上联系类型的属性，而键为三端实体键的组合。值得注意的是，三元联系比较复杂，而这样设计实现的关系模式可能会有冗余现象，因此，有可能还需要通过规范化理论进行优化处理。

2. 算法应用举例

把图 5-30 的 E-R 图转换成相应的关系模式集。

(1) 把每个实体转换成为一个关系。先分析该实体的属性，从中确定主键，然后再将其转换为关系模式。图 5-30 中 4 个实体分别转换为对应的关系模式如下(带下划线的为主键)：

学生(学号，姓名，性别，年龄)

课程(课程号，课程名)

教师(教师号，姓名，性别，职称)

院系(院系名称，电话)

(2) 把每个联系转换成相应的关系模式。

属于(教师号，院系名称)

讲授(教师号，课程号)

选修(学号，课程号，成绩)

拥有(院系名称，学号)

若要将图 5-30 中的 1:n 关系归于 n 端的实体，则可去掉“属于”和“拥有”两个关系模式，同时修改“学生”和“教师”关系模式如下：

学生(学号，姓名，性别，年龄，院系名称)

教师(教师号，姓名，性别，职称，院系名称)

对 3 个或 3 个以上的实体间的一个多元联系在转换为一个关系模式时，与该多元联系相连的各实体的主键及联系本身的属性均转换成为关系的属性，转换后所有得到的关系的主键为各实体键的组合。

图 5-31 表示供应商、项目和零件 3 个实体之间的多对多联系，如果已知 3 个实体的主键分别为“供应商号”，“项目号”与“零件号”，则他们之间的联系“供应”可转换为关系模式：供应(供应商号，项目号，零件号，数量)。

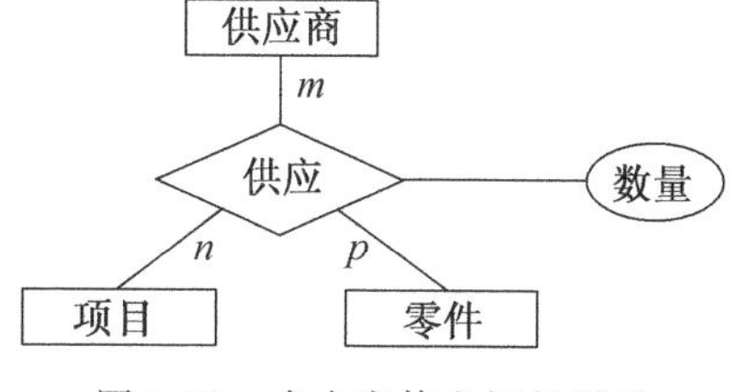

图 5-31　多个实体之间的联系

5.3.2　基于 E-R 模型的逻辑结构设计步骤

为了能够用某一 DBMS 实现用户需求，还必须将概念结构进一步转化为相应的数据模型，这正是数据库逻辑结构设计所要完成的任务。基于 E-R 模型的逻辑结构设计步骤如图 5-32 所示。

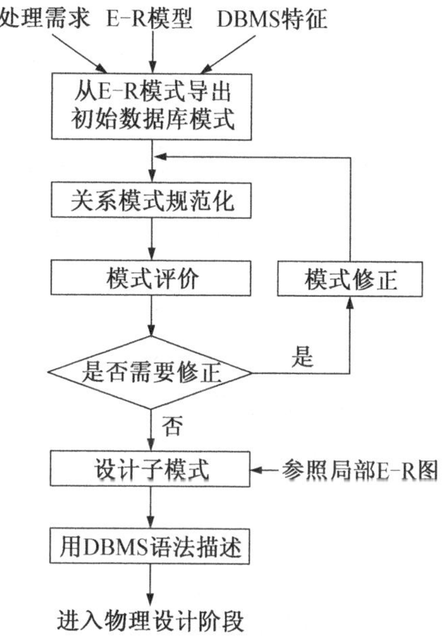

图 5-32　关系数据库的逻辑设计

1. 导出初始关系模式

把概念设计的结果(即全局 E-R 模型)转换成初始关系模式集。

2. 规范化处理

规范化的目的是减少乃至消除关系模式中存在的各种异常问题，改善完整性、一致性和存储效率。规范化的方法如下。

(1) 确定数据依赖。按需求分析阶段所得到的语义，分别写出每个关系模式内部各属性之间的数据依赖以及不同关系模式属性之间的数据依赖。

(2) 对于各个关系模式的数据依赖进行极小化处理，消除冗余的联系。

(3) 按照数据依赖的理论对关系模式逐一进行分析，考查是否存在部分函数依赖、传递函数依赖、多值依赖等，确定各关系模式分别属于第几范式。

(4) 按照需求分析阶段得到的各种应用对数据处理的要求，分析对于这样的应用环境这些模式是否适合，确定是否要对它们进行合并或分解。

(5) 按照需求分析阶段得到的各种应用对数据处理的要求，对关系模式进行必要的分解或合并，以提高数据操作的效率和存储空间的利用率。

3. 模式评价

模式评价是检查给出的数据库模式是否完全满足用户的功能要求，是否具有较高的效率，并对需要修正的部分明确具体的修正内容。模式评价主要包括功能和性能两个方面。

4. 模式修正

根据模式评价的结果，分析导致需要修正的原因，对已生成的模式集进行有针对性的修正。如果因为需求分析、概念设计的疏漏导致某些应用不能得到支持，则应相应增加新的关系模式或属性；如果因为性能考虑而要求修正，则可采用合并、分解或选用另外结构的方式进行。在经过反复多次模式评价及修正后，最终的数据库模式得以确定，全局逻辑结构设计也即将结束。

5. 设计子模式

在逻辑设计阶段，还要设计出全部子模式。子模式是面向各个最终用户的局部逻辑结构。子模式体现了各个用户对数据库的不同观点，提供一定的逻辑数据独立性，能更好地适应不同用户对数据的需求，同时也提供了某种程度的安全性控制。

5.4 E-R 模型设计举例

5.4.1 学籍管理 E-R 模型

某高校设计了一个学籍管理系统，对学生、教师、课程等进行管理，该系统主要有以下功能：

(1) 班级信息管理；

(2) 学生基本信息管理；

(3) 教师基本信息管理；

(4) 课程信息管理；

(5) 成绩信息管理；

(6) 用户信息管理；

(7) 数据查询与统计。

针对上述系统功能需求，并在通过仔细分析学生信息管理过程的基础上得到了如图 5-33 所示的数据流图。从数据传递和加工的角度，以图形方式表示了学生信息管理系统中数据流从输入到输出的移动变换过程。

在本系统中主要包括学生实体、教师实体、课程实体，其 E-R 图如图 5-34 所示。

该 E-R 图中有 3 个实体类型，其属性如下：

学生(<u>学号</u>，姓名，联系电话，性别，年龄，E-mail 地址)

课程(<u>课程编号</u>，课程名称，课程性质，学分，学时，上课时间，上课地点)

教师(<u>教师号</u>，姓名，性别，职称，从事专业)

实体间联系有 2 个，分别是 $m:n$ 联系和 $1:m$ 联系，其联系的属性如下：

选修(成绩)

讲授(教材信息)

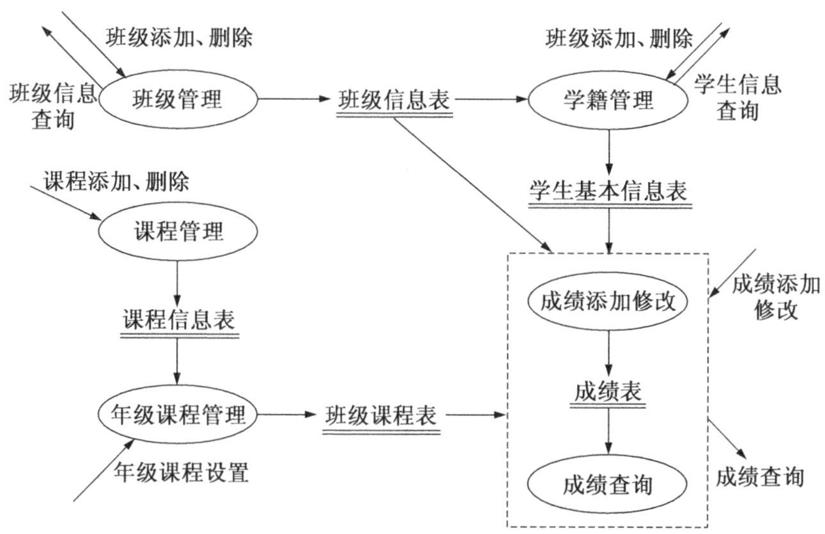

图 5-33　学生信息管理系统数据流图

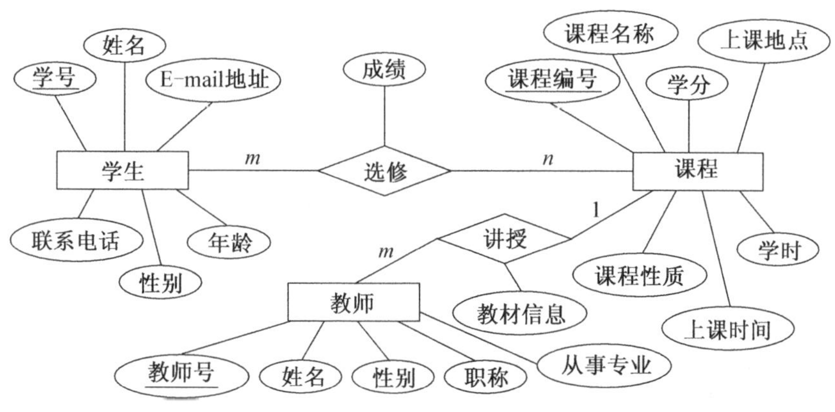

图 5-34　学籍管理 E-R 图

根据 E-R 图到关系模式集的转换算法，图 5-34 中有 3 个实体类型，可转换成 3 个关系模式，另外 E-R 图中有 1 个 $m:n$ 联系和 1 个 $1:m$ 联系，也将转换成 2 个关系模式。因此图 5-30 的 E-R 图可转换成 5 个关系模式，具体如下：

学生(学号，姓名，联系电话，性别，年龄，E-mail 地址)

课程(课程编号，课程名称，课程性质，学分，学时，上课时间，上课地点)

教师(教师号，姓名，性别，职称，从事专业)

选修(学生学号，课程编号，成绩)

讲授(课程编号，教师号，教材信息)

5.4.2　图书借阅系统的 E-R 模型

根据例 5-1 对一个高校图书借阅系统的初步分析，我们可以利用 E-R 图方法对其进行数据库的概念设计，图书借阅系统的全局 E-R 模式如图 5-35 所示。

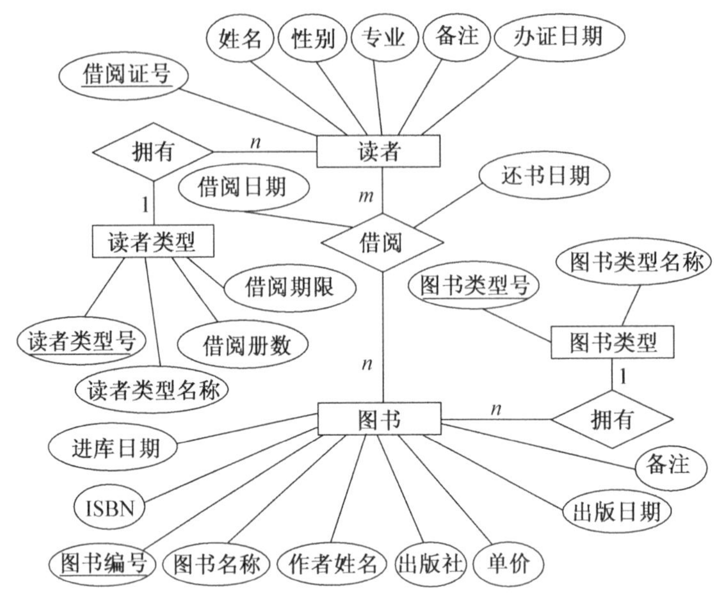

图 5-35 图书借阅系统的 E-R 图

根据概念设计阶段设计出的 E-R 图，我们可以经过数据库的逻辑设计过程把 E-R 图转化为关系模式。

图 5-35 中有 4 个实体分别生成相应的初始关系模式。

读者(借阅证号，姓名，性别，专业，办证日期，读者类型号，备注)

读者类型(读者类型号，读者类型名称，借阅册数，借阅期限)

图书(图书编号，图书名称，作者姓名，出版社，ISBN，图书类型号，出版日期，单价，进库日期，备注)

图书类型(图书类型号，图书类型名称)

图 5-35 中共有 3 个联系，其中两个是 1:n 联系，只有借阅关系是 m:n 联系，为此，可生成一个借阅子模式。

借书子模式(借阅证号，图书编号，借阅日期，归还日期，备注)

5.4.3 网上书店的 E-R 模型

本例是为网上书店设计的业务信息管理系统，对网上书店用户、书籍、订单等进行了管理，其 E-R 图如图 5-36 所示。

设计实现的关系模式有：

书籍(书籍编号，书名，ISBN，作者，出版社，分类号，单价，出版日期)

网上书店用户(用户编号，密码，真实姓名，E-mail 地址，联系电话，通信地址)

订单表(订单号，用户编号，下单时间，订单状态)

图书分类(分类号，分类名)

订购信息表(订单号，书籍编号，数量)

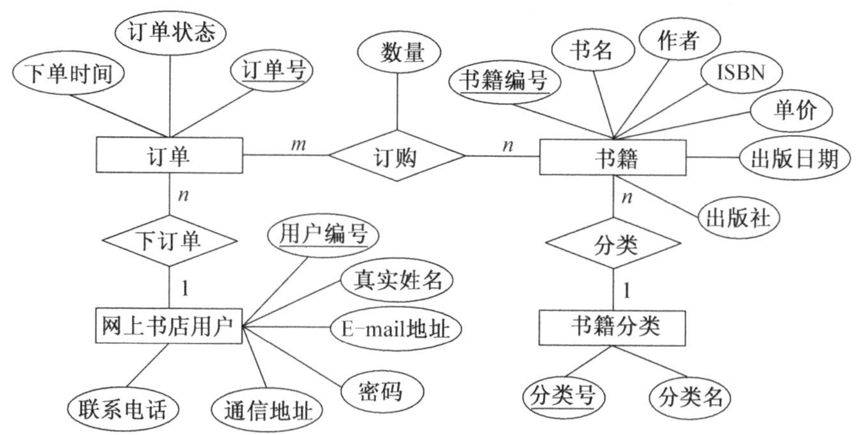

图 5-36　网上书店的 E-R 图

5.4.4　旅客登机 E-R 模型

在实际应用设计开发中，许多设计人员习惯于用英文或拼音的方式来给实体和属性命名。图 5-37 为一个旅客登机的 E-R 模型。乘客购买的机票拥有相关的航班信息，在办理登机的过程中会涉及乘客(Passengers)、航班(Flights)、座位(Seats)、登机(Gates)等实体的信息，同时会设计起飞日期、时间、登机口、座位号等一系列属性信息。

依据图 5-37，可得如下所示的关系模式集：

Gates(gateno)

Passengers(ticketno,seatno,flightno)

flights(flightno,ddate,dtime,gateno)

seats(seatno,flightno)

或者

Gates(gateno)

Passengers(ticketno,flightno)

flights(flightno,ddate,dtime,gateno)

seats(seatno,flightno ,ticketno)

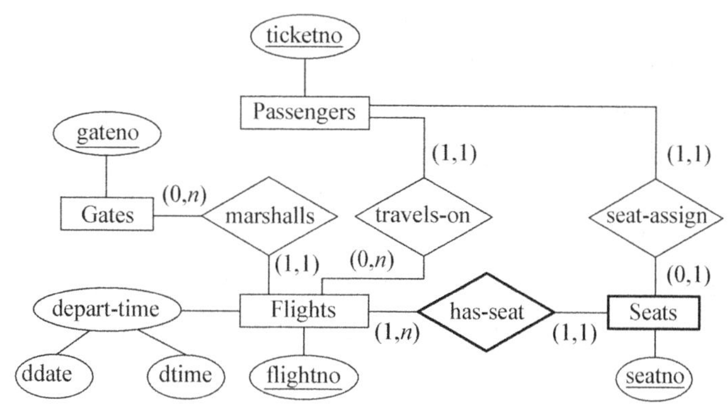

图 5-37　旅客登机 E-R 图

5.4.5 银行借贷系统 E-R 模型

下面给出一个稍微复杂一点的应用实例，图 5-38 是某银行借贷系统的 E-R 模型。从该 E-R 图中可以看出，它拥有若干实体、弱实体、属性、派生属性及联系，同时图 5-38 中还给出了一个实体特殊化的实例。

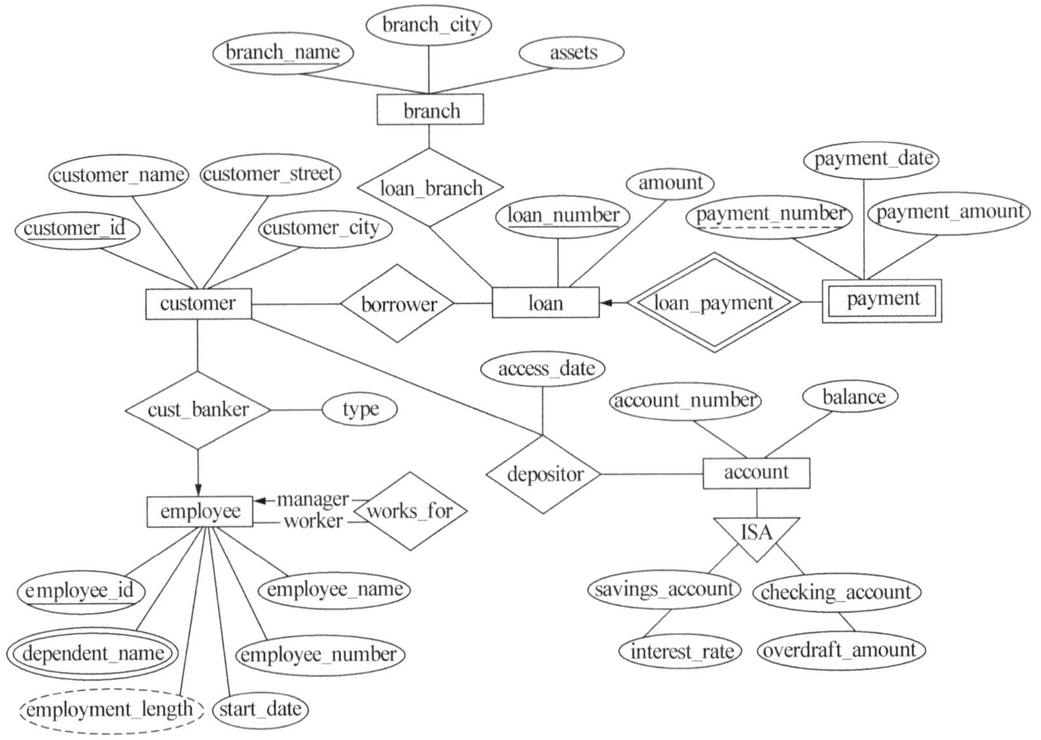

图 5-38 银行借贷系统 E-R 图

对于这样一个比较复杂的银行借贷系统的 E-R 模型设计，设计者必须对被建模的银行有深刻的理解，下面列出了该银行的主要特点。

(1) 银行有多个支行。每个支行位于某个城市，由唯一的名字标识。银行监控每个支行的资产。

(2) 银行的客户通过其 customer_id 值来标识。银行存储每个客户的姓名及其居住的街道和城市。客户可以有账户，并且可以贷款。客户可能同某个银行员工发生联系，该员工作为此客户的贷款负责人或私人助理。

(3) 银行员工通过其 employee_id 值来标识。银行的管理机构存储每个员工的姓名、电话号码、亲属姓名及其经历的 employee_id 号码。银行还需要知道员工开始工作的日期，由此日期可以推知员工的雇佣期。

(4) 银行提供两类账户——支票账户和储蓄存款账户。账户可以由两个或两个以上客户共有，一个客户也可以有多个账户。每个账户由账户号唯一标识，银行记录账户的相关业务信息。

(5) 每笔贷款由某个支行发放,能被多个客户所共有。贷款号可以唯一标识每笔贷款,银行需要知道贷、还款详细信息。

根据上述特点银行数据库中的实体集及其属性包括下面几个:

(1) 实体集 branch,具有属性 branch_name、branch_city 和 assets。

(2) 实体集 customer,具有属性 customer_id、customer_name、customer_street 和 customer_city,此外还可以考虑加上属性 banker_name。

(3) 实体集 employee,具有属性 employee_id、employee_name、telephone_number、salary 和 manager,此外还包括多值属性 dependent_name、基属性 start_date 及派生属性 employment_length。

(4) 两个账户实体集——savings_account 和 checking_account,它们共同的属性是 account_number 和 balance,此外 savings_account 还具有属性 inerest_rate、checking_account还具有属性 overdraft_amount。

(5) 实体集 loan,具有属性 loan_number、amount 和 originating_branch。

(6) 弱实体集 loan_payment,具有属性 payment_number、payment_date 和 payment_amount。

在此基础上,我们定义如下联系集合映射基数。并在这个过程中对前面关于实体集属性的决策进一步精化。

(1) borrower,是 customer 和 loan 间的一个 $m:n$ 的联系集。

(2) loan_branch,指明产生贷款的银行支行的 $n:1$ 联系集。注意这个联系代替了 loan 实体集的 originationg_branch 属性。

(3) loan_payment,从 loan 到 payment 的 $1:n$ 联系集,表明一笔款项是为某笔贷款而付的。

(4) depositor,具有联系属性 access_date,是 customer 和 account 间的 $m:n$ 联系集,表明某个客户拥有某个账户。

(5) cust_banker,具有联系属性 type 的一个 $n:1$ 联系集,表明一个客户可以从一个银行员工处获得建议,而 个银行员工可以为一个或多个客户提供建议。注意这个联系集代替了 customer 实体集的 banker_name 属性。

(6) work_for,具有 manager 角色和具有 worker 角色的 employee 实体之间的联系集;其映射基数表明了一个员工仅为一个经理工作,而一个经理监督一个或多个员工。请注意我们用这一联系集代替了 employee 实体集的 manager 属性。

图 5-38 给出上述银行企业示例的完整的 E-R 图,当然,实际的系统完全有可能比这个更复杂。

该模型相应关系模式集的设计在此留作练习。

5.5 其他数据库设计方法简介*

为适应信息管理技术的发展需求,各种数据库设计方法纷纷出现,许多设计思想运用了软件工程的思想和方法,提出了数据库设计的规范。目前,规范的数据库设计方法通常包括用户视图法，UML 方法，新奥尔良（New Orleans）法，ODL（Object Definition Language）方法，基于 3NF 的数据库设计方法等。其中比较著名的方法是新奥尔良法，它是比较完整和权威的一种规范设计法。它将数据库设计分为 4 个阶段，即需求分析（分析用户的需求）、概念设计（信息分析和定义）、逻辑设计（数据库逻辑模式设计）和物理设计（物理数据库设计），其后，S. B. Yao 等又将数据库设计分为 5 个步骤。目前大多数设计方法都起源于新奥尔良法，并在设计的每个阶段采用一些辅助方法来具体实现。ODL 方法是面向对象的数据库设计方法，该方法用面向对象的概念和术语来说明数据库结构。ODL 可以描述面向对象数据库结构设计，可以将其直接转换为面向对象的数据库。基于 3NF 的数据库设计方法以关系数据理论为指导来设计数据库的逻辑模型，是设计关系数据库时在逻辑设计阶段可以采用的一种有效方法。

5.6 小 结

本章重点介绍了用户需求分析、数据库结构的概念设计和逻辑设计这三部分，其设计流程如图 5-39 所示。

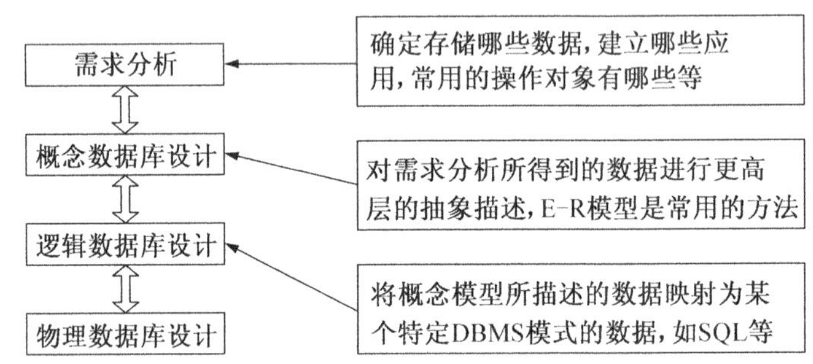

图 5-39 数据库设计的核心工作及流程

需求分析是设计数据库的起点，需求分析结果是否准确地反映用户实际需求，将直接影响后面各阶段的设计，并影响设计结果的合理性和实用性。概念设计的目标是设计能反映用户需求的数据库概念结构，即概念模式。概念设计使用的方法主要是 E-R 方法。逻辑设计的主要任务是把 E-R 模型转换成关系模式集，这个转换是有固定转换规则的。本章以 E-R 模型为基础，全面介绍数据库设计各个阶段的具体工作内容和方法。

习 题 5

1. 数据库设计的规划阶段应做哪些事情？
2. 数据库设计的需求分析阶段是如何实现的，目标是什么？
3. 试述概念设计的主要步骤。
4. 逻辑设计的目的是什么？试述逻辑设计阶段的主要步骤及内容。
5. 什么是数据库结构的物理设计？试述其具体步骤。
6. 数据库实施阶段主要做哪几件事情？

7. 数据库系统投入运行后，有哪些维护工作？

8. 试述 E-R 图转化为关系模型的算法。

9. 建立一个关于系、学生、班级、学会等诸信息的关系数据库。其中描述如下：

(1) 学生的属性有：学号、姓名、出生年月、系名、班号、宿舍号

(2) 班级的属性有：班号、专业名、系名、人数、入校年份

(3) 系的属性有：系名、系号、系办公地点、人数

(4) 学会的属性有：学会名、成立年份、地点、人数

有关语义如下：一个系有若干专业，每个专业每年只招一个班，每个班有若干学生。一个系的学生住在同一宿舍区。每个学生可参加若干学会，每个学会有若干学生。学生参加某学会有一个入会年份。

试画出 E-R 图，并在图上注明属性、联系的类型。再将 E-R 图转换为关系模型，并注明主键和外键。

10. 现有一局部应用，包括两个实体："出版社"和"作者"。这两个实体属多对多的联系，请设计适当的属性，画出 E-R 图，再将其转换为关系模型（包括关系名、属性名、码、完整性约束条件）。

11. 请设计一个图书馆数据库，此数据库对每个借阅者保持读者记录，包括：读者号、姓名、地址、性别、年龄、单位。对每本书有：书号、书名、作者、出版社。对每本被借出的书有：读者号、借出日期、应还日期。要求画出 E-R 图，再将其转换为关系模型。

12. 设某商业集团数据库中有三个实体集。

(1) "商店"实体集，属性有商店编号、商店名、地址等；

(2) "商品"实体集，属性有商品号、商品名、规格、单价等；

(3) "职工"实体集，属性有职工编号、姓名、性别、业绩等。

商店与商品间有"销售"联系，每个商店可销售多种商品，每种商品也可放在多个商店销售，每个商店销售一种商品，有月销售量；商店与职工间存在着"聘用"联系，每个商店有许多职工，每个职工只能在一个商店工作，商店聘用职工有聘期和月薪。

试画出 E-R 图，并在图上注明属性、联系的类型。再将 E-R 图转换成关系模型，并注明主键和外键。

第 6 章

SQL Server 基础

SQL Server 是一种面向高端的数据库管理系统，最新版的 SQL Server 是一个典型的关系数据库管理系统，能够满足构建网络数据库的各种需求，具有功能强大、性能可靠等特点。本章主要围绕 SQL Server 安装、运行环境及应用开发工具等展开介绍，着重分析和介绍数据库的定义与操作、数据查询等基本的数据库操作内容。本章以 SQL Server 2000版本为例，详细阐述相关操作的具体步骤和方法。通过本章的学习，读者可以对 SQL Server 2000强大的功能有一个深入的理解和掌握。

6.1 SQL Server 概述

Microsoft SQL Server 源于 Sybase SQL Server。1988 年，Sybase 公司、Microsoft 公司和 Ashton-Tate 公司联合开发了 OS/2 系统上的 SQL Server，之后 Ashton-Tate 公司推出了 SQL Server 产品的开发，Sybase 公司专注于 UNIX 平台的 SQL Server 开发，Microsoft公司则致力于 Windows NT 平台的 SQL Server 开发。到目前为止，Microsoft 公司已经推出了多个版本的 SQL Server。SQL Server 具有强大的数据管理功能，提供了丰富的管理工具，支持数据的完整性管理、安全性管理和并发控制。SQL Server 是一个功能完备的数据库管理系统。它包括支持开发的引擎、标准的 SQL 语言、扩展的特性(如复制、OLAP、分析)等功能。它还提供完全集成的、基于标准的 XML，对于 Web 开发人员和数据库程序员来说灵活、高效而且易于使用，同时也提供了只有大型数据库才拥有的像存储过程、触发器等特性。

6.2 安装与卸载

6.2.1 准备工作

只有符合规定硬件和软件要求，才可以正常安装 SQL Server 2000 数据库系统。

1. 硬件要求

安装 Microsoft SQL Server 2000 或 SQL Server 客户端管理工具和数据库管理系统的硬件要求如表 6-1 所示。

表 6-1　硬件要求

硬　件	最低要求
计算机	Pentium 166MHz 或更高
内存(RAM)	至少 64MB,建议 128MB 或更多
显示器	需要设置成 800×600 模式或以上,才能使用其图形分析工具
硬盘空间	数据库组件：95M～270MB,典型安装 250MB 分析服务：最小 50MB,典型安装 130MB 仅视窗运行：44MB

2. 软件要求

表 6-2 说明使用 Microsoft SQL Server 2000 的各种版本或组件而必须安装的操作系统。所有版本均需要安装 IE 5.0 以上版本浏览器。

表 6-2　软件要求

SQL Server 版本或组件	操作系统要求
企业版	Microsoft Windows NT Server 4.0、Microsoft Windows NT Server 4.0 企业版、Windows 2000 Server、Windows 2000 Advanced Server 和 Windows 2000 Data Center Server
标准版	Microsoft Windows NT Server 4.0、Windows 2000 Server、Microsoft Windows NT Server 企业版、Windows 2000 Advanced Server 和 Windows 2000 Data Center Server
个人版	Microsoft Windows Me、Windows 98、Windows NT Workstation 4.0、Windows 2000 Professional、Microsoft Windows NT Server 4.0、Windows 2000 Server 和所有更高级的 Windows 操作系统
客户工具	Windows NT 4.0,所有版本的 Windows 2000、Windows 98、Windows XP 等

6.2.2　安装过程与选项

为了满足不同性能、运行时间以及企业和个人的各种不同需求,SQL Server 2000 系列产品有以下几个版本：企业版(Enterprise Edition)、标准版(Standard Edition)、个人版(Personal Edition)和开发版(Developer Edition)。

本章将以 Windows 2000 Advanced Server 操作系统为例,详细介绍安装 SQL Server 2000 企业版的过程。

SQL Server 2000 的安装过程比较简单,其步骤如下。

(1) 将企业版安装光盘插入光驱后,出现图 6-1 所示的提示框。选择“安装 SQL Server 2000 组件”,出现图 6-2 所示的页面后,选择“安装数据库服务器”。

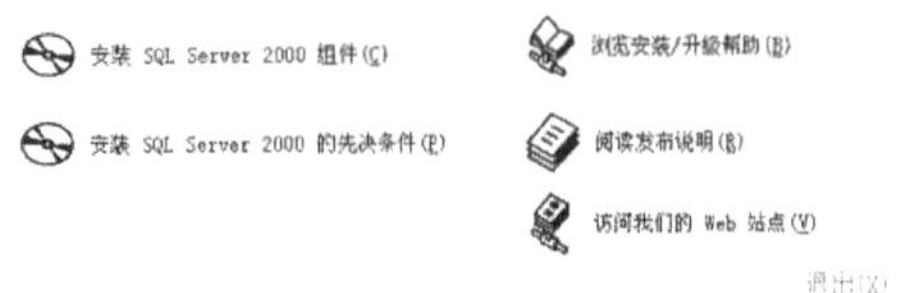

图 6-1 安装 SQL Server 2000 组件

图 6-2 安装数据库服务器

(2) 单击“下一步”，选择“本地计算机”进行安装。在“安装选择”窗口，选择“创建新的 SQL Server 实例，或安装‘客户端工具’”，如图 6-3 所示。初次安装的用户，建议用这一安装模式，不要使用“高级选项”进行安装。“高级选项”中的内容均可在安装完成后进行调整。

(3) 选择多次“下一步”后，会出现如图 6-4 所示的界面。在“安装定义”窗口，选择“服务器和客户端工具”选项进行安装。建议同时安装服务器和客户端，这样可以在同一台机器上完成相关的所有操作，对学习 SQL Server 很有用处。如果已经在其他机器上安装了 SQL Server，则可以只安装客户端工具，用于对其他机器上 SQL Server 数据库的存取。

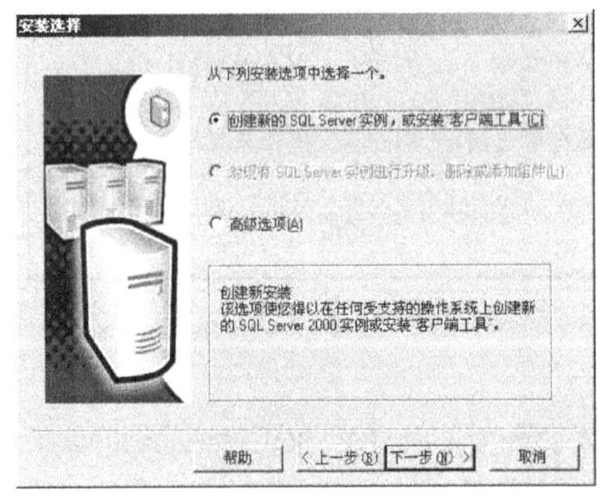

图 6-3 创建新的实例

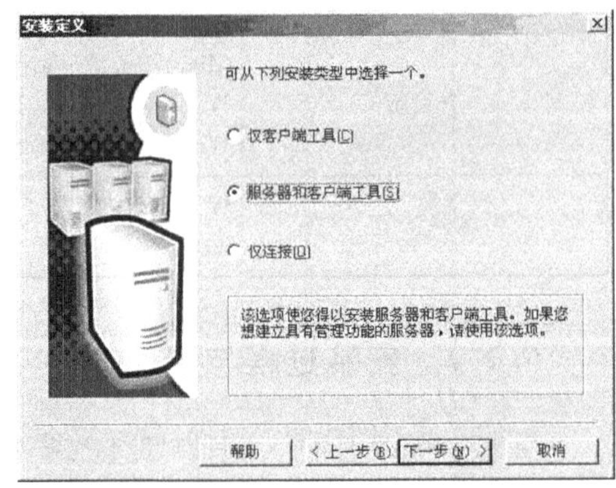

图 6-4 “安装定义”对话框

(4) 在“安装类型”窗口(如图 6-5 所示)，选择“典型”安装选项，并指定“目的文件夹”。程序和数据文件的默认安装位置都是“C:\Program Files\Microsoft SQL Server”。一般如果 C 盘是系统区、D 盘是应用区，则应该选择 D 盘。注意，如果应用系统数据库数据有 10 万条以上的话，请至少预留 1G 的存储空间，以应付需求庞大的日志空间和索引空间。

(5) 在“服务账户”窗口(如图 6-6 所示),请选择“对每个服务使用同一账户,自动启动 SQL Server 服务”选项。在“服务设置”处,选择“使用本地系统账户”。如果需要“使用域用户账户”的话,请将该用户添加至 Windows Server 的本机管理员组中。

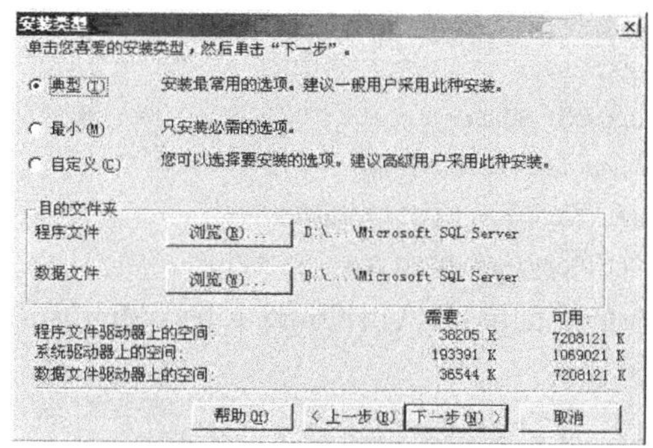

图 6-5 “安装类型”对话框

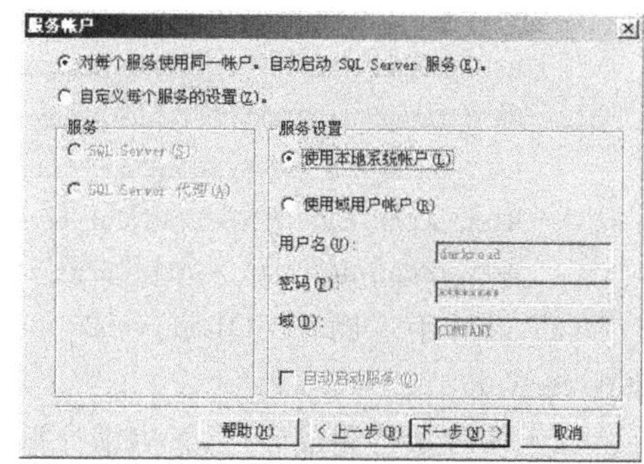

图 6-6 “服务账户”对话框

(6) 在“身份验证模式”窗口(如图 6-7 所示),请选择“混合模式(Windows 身份验证和 SQL Server 身份验证)”选项,并设置管理员“sa”账号的密码。如果安装数据库软件的目的只是为了学习的话,可以将密码设置为空,以方便登录。如果是真正的应用系统,则千万要设置和保管好密码!如果需要更高的安全性,则可以选择“Windows 身份验证模式”,这时就只有 Windows Server 的本地用户和域用户才能使用 SQL Server 了。

(7) 安装完毕后,出现如图 6-8 所示的界面,并新增了菜单,如图 6-9 所示。

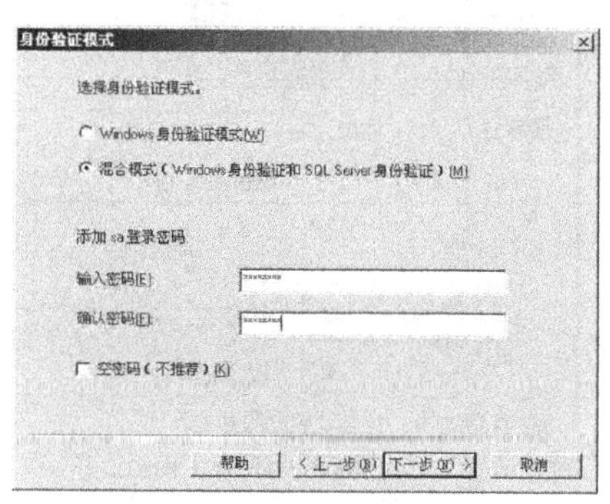

图 6-7 “身份验证模式”对话框

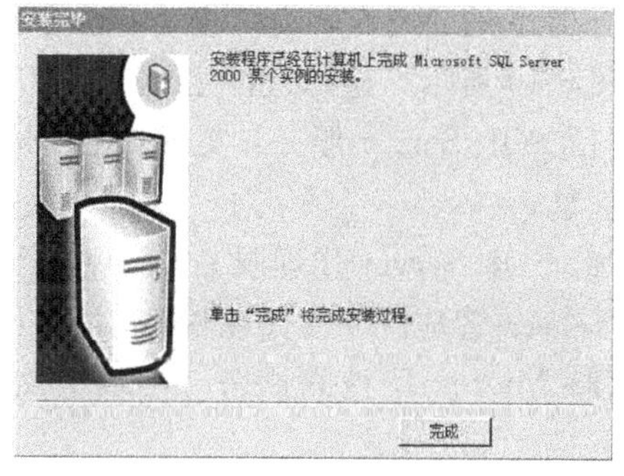

图 6-8 安装完毕

6.2.3 安装完成后的测试

安装完成后,就可以用图 6-9 中的菜单项(包括服务管理器、企业管理器等工具)使用 SQL Server 2000 系统了。

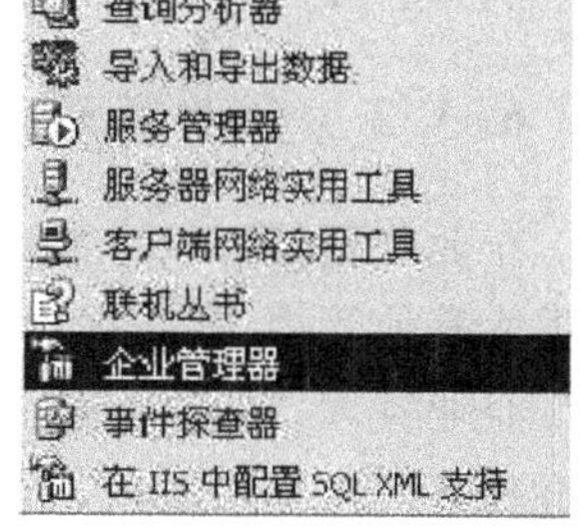

图 6-9 SQL Server 菜单

6.2.4 卸 载

删除 Microsoft SQL Server 2000 的正确方法是使用 Microsoft SQL Server 2000 安装程序中的“卸载”选项。若是由于安装失败等原因需要卸载 Microsoft SQL Server

2000 数据库，则可采用手工卸载的方法，具体步骤如下：

(1) 先在“控制面板”中的“添加/删除程序”中删除“Microsoft SQL Server 2000”；

(2) 单击开始菜单中的“运行…”，在添出的提示框中输入“regedit”，单击“确定”按钮。系统会弹出“注册表编辑器”，在出现的注册表编辑器中删除以下选项：

HKEY_LOCAL_MACHINE\SOFTWARE\Microsoft\MSSQLServer

HKEY_LOCAL_MACHINE\SOFTWARE\Microsoft\Microsoft SQLServer

HKEY_LOCAL_MACHINE\SYSTEM\CurrentControlSet\Services\MSSQLServer

HKEY_LOCAL_MACHINE\SYSTEM\CurrentControlSet\Services\SQLSERVERAGENT

HKEY_LOCAL_MACHINE\SYSTEM\CurrentControlSet\Services\MSSQLServerADhelper

(3) 最后手工删除 SQLServer2000 默认的安装目录：C:\Program Files\Microsoft SQL Server。

以上步骤执行完成后，重新启动计算机即可。

6.3 常用工具简介

企业管理器和查询分析器都是服务器端集成的工具，读者可以通过企业管理器查看数据库的结构和相关对象，而用查询分析器模拟客户端的功能。

6.3.1 服务管理器

SQL Server 服务管理器用于启动、停止和暂停服务器上的 Microsoft SQL Server 组件。界面如图 6-10 所示。这些组件主要包括以下服务。

图 6-10 服务管理器

(1) SQL Server 服务：实现 SQL Server 数据库引擎。

(2) SQL Server 代理服务：实现运行调度的 SQL Server 管理任务的代理程序。

(3) Microsoft 搜索服务：实现全文本检索引擎。

(4) MSDTC 服务：管理分布式事务。

(5) MSSQL Server OLAP Service 服务：实现 SQL Server 2000 Analysis Services。

6.3.2 企业管理器

企业管理器可以对数据库进行管理：包括数据库建立、删除；用户建立、删除、授权；数据库其他管理，如数据库备份，恢复、建立和管理资料表等功能。

企业管理器的界面是一个标准的 Windows 界面，由标题栏、菜单栏、工具条、树形窗口和任务对象窗口组成，如图 6-11 所示。它以树形结构的形式来管理 SQL Server 数据库服务器、数据和数据库中的对象，能在控制界面中实现对同一网络结构中多个 SQL

Server数据库服务器的统一管理。企业管理器提供的服务如下。

(1) 定义 SQL Server 实例中的组。

(2) 在一个服务器组内注册单独的服务器。

(3) 配置已经注册的服务器属性。

(4) 在已经注册的服务器中创建和管理所有 SQL Server 数据库和对象，并可定义和执行所有的 SQL Server 管理任务。

(5) 调用查询分析器来设计和测试 SQL 声明、批处理、脚本。

(6) 调用 SQL Server 中定义的不同向导。

在图 6-11 中可以看到，企业管理器所使用的树形结构的根节点是“控制台根目录”，它是所有服务器的总控制节点。

总之，管理数据库要用到的功能，企业管理器都可以做到，客户端程序也可以做些数据库管理方面的工作，但登录的用户需要有相应权限才能操作。

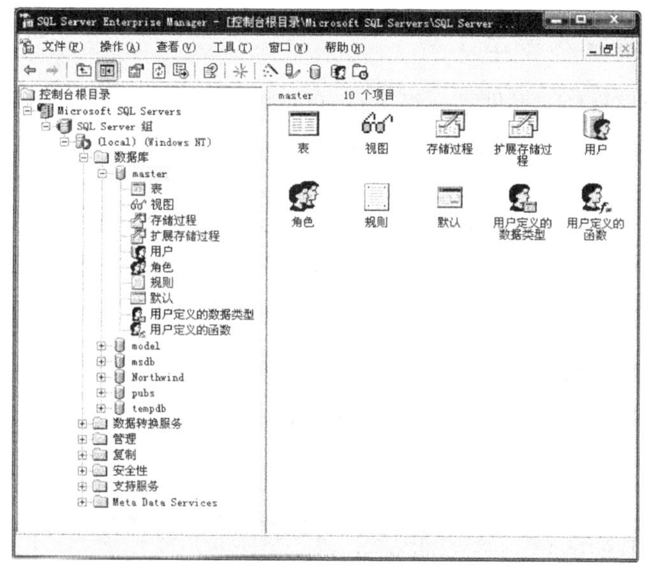

图 6-11　企业管理器

6.3.3 查询分析器

SQL 查询分析器是 SQL Server 的应用程序，是一种特别用于交互式执行 Transact-SQL 语句和脚本的极好工具。

应用查询分析器前，必须首先登录到服务器。因为所有的 Transact-SQL 语句都必须由 SQL Server 服务器提供的 SQL Server Service 来解释执行。登录服务器界面如图6-12所示。

启动 SQL 查询分析器，打开如图 6-13 所示的窗口。在左栏的“对象浏览器”树形列表中，最上面的下拉列表框中显示了当前打开的数据库及其使用者的名字。

在 SQL 查询分析器中，用户可在全文窗口中输入 Transact-SQL 语句，执行语句并在结果窗口中查看结果。用户也可以打开包含 Transact-SQL 语句的文本文件，执行语句并在结果窗口中查看结果。

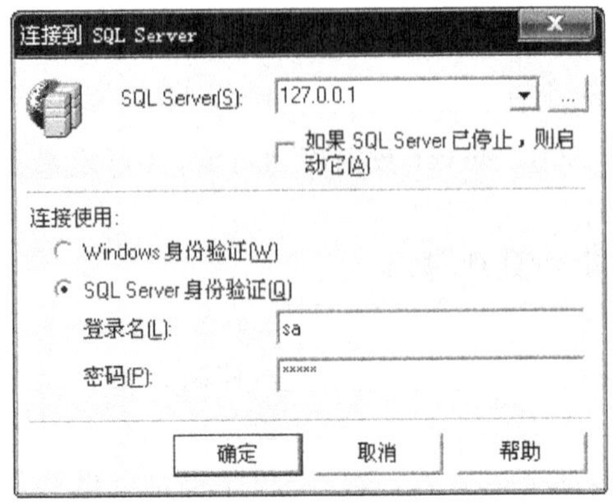

图 6-12 “连接到 SQL Server”对话框

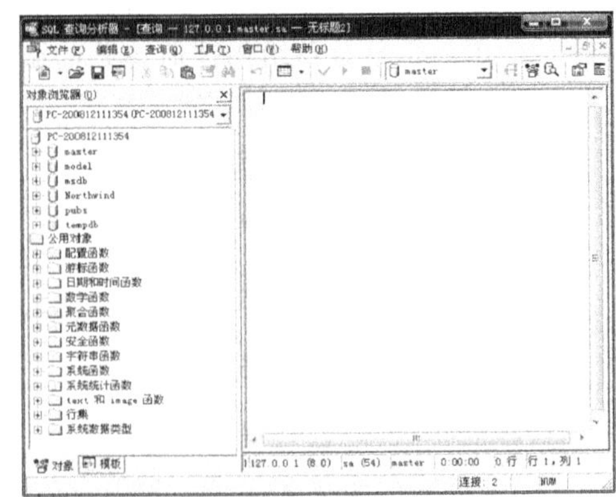

图 6-13 SQL 查询分析器

6.3.4 数据导入导出工具

数据转换服务（DTS）提供了一组工具，可以将数据从不同的源提取、转换和合并到一个或多个目标，其中数据源可以为：Microsoft SQL Server、Microsoft Excel 或 Microsoft Access 等。连接方式由 OLE DB(一种数据访问开放标准)提供。ODBC(开放式数据库连接)数据源通过用于 ODBC 的 OLE DB 提供程序支持。

DTS 启用方式为：在企业管理器菜单中选择“工具”菜单，在“数据转换服务”菜单中可以选择“导入数据”或者“导出数据”子菜单，打开如图 6-14 所示界面。

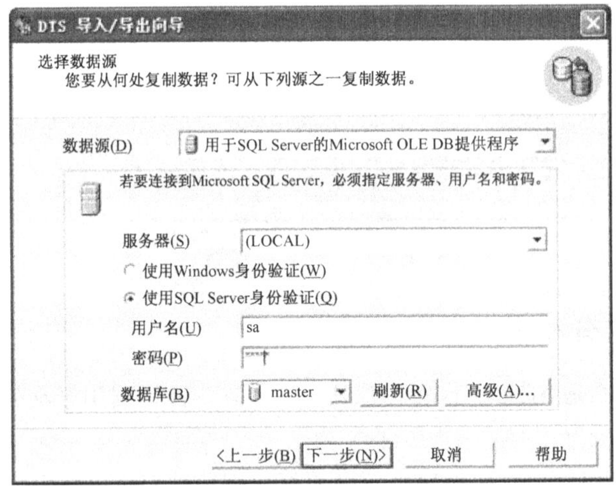

图 6-14 查询分析器

DTS 可以完成的功能如下。

(1) 导入和导出数据。DTS 能从文本文件或 OLE DB 数据源(例如，Microsoft Access 2000 数据库)将数据导入到 SQL Server 中。或者，也可以从 SQL Server 将数据导出到 OLE DB 数据目的(如一个 Microsoft Excel 2000 电子表格)。DTS 还允许将数据从

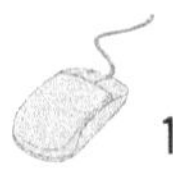

文本文件高速装载到 SQL Server 表。

(2) 转换数据。DTS 设计器包含一个转换数据任务,可以从数据源连接中选择数据,将数据列映射到一组转换,以及将转换的数据发送到目的连接。

(3) 复制数据库对象,使用 DTS,除了传输数据之外,还可以传输索引、视图、登录、存储过程、触发器、规则、默认值、约束,以及用户定义数据类型。另外,还可以生成脚本以复制数据库对象。

6.4 数据库的创建与管理

6.4.1 SQL Server 数据库的文件组成

SQL Server 2000 将数据库映射为一组操作系统文件。数据和日志信息分别存储在不同的文件中,而且每个数据库都有自己的数据和日志信息文件。因此,SQL Server 数据库的文件有两种类型:数据文件和日志文件。物理上,一个数据库由一个或多个磁盘上的一个或多个文件组成。这种物理实现只对数据库管理人员是可见的,而对于用户是透明的。这些数据和日志文件存放一个或多个磁盘上,这些文件不与其他文件共享。

(1) 数据文件。SOL Sever 将一个数据文件中的空间分配给表格和索引,每块有 64KB 空间,叫做"扩展盘区"。扩展盘区有两种类型:统一扩展盘区和混合扩展盘区。每个扩展盘区由页面组成。页面是 SQL Server 中数据存储的基本单元,每个页面的大小为 8KB。通常情况下,每个数据页面上以行的形式存储数据。一行的数据最多达 8060 字节。数据行上若有群集索引,则基于群集索引的关键字为顺序组织数据,否则没有特定的顺序。

(2) 事务处理日志文件。事务处理日志文件驻留在与数据文件不同的一个或多个物理文件中,包含一系列日志记录而不是扩展盘区分配的页面。

SQL Server 2000 服务器安装完毕后,默认会建立 6 个数据库。其中 pubs 和 northwind 数据库为用户数据库,存储的是实例数据,供 DBA 和开发人员练习使用。其余的 4 个数据库为系统数据库,用于 SQL Server 2000 服务器的系统管理。

master 数据库是 SQL Server 2000 中最重要的数据库,存储的是 SQL Server 2000 的系统信息,包括磁盘空间、文件分配和使用、系统级的配置参数、所有的登录账户信息、初始化信息和其他数据库的信息等。model 数据库存储了所有用户数据库和 tempdb 数据库的模板。msdb 数据库是 SQL Server 2000 代理服务使用的数据库。tempdb 数据库是一个临时数据库,为所有的临时表、临时存储过程以及其他的临时操作提供空间。

6.4.2 数据库的创建

SQL Server 中的每一步操作都是在数据库中进行的,例如,表、视图等都是基于数据库的操作,所以在进行这些操作前应先创建数据库。创建数据库有两种方法:① 使用企业管理器来可视化地创建;② 使用 Transact-SQL 语句来创建。

1. SQL Server 图形化方式

在企业管理器中,可用图形化方式创建数据库,根据需要还可以对数据库的数据文件和日志文件等内容作相应的设置。

【例 6-1】 使用企业管理器创建学生信息管理系统数据库 Student。

【解析】 使用企业管理器创建该数据库涉及以下参数：数据库 dataname=Student，排序规则选择“服务器默认设置”，主数据文件 NAME=Student_Data，日志文件 NAME=Student_Log。数据文件和日志文件的存储路径为 FILENAME=C：\Program Files\Microsoft SQL Server\MSSQL\data\，SIZE=1MB，FILEGROWTH=15%。

【解】 实现步骤如下所示。

(1) 打开 SQL Server 企业管理器并依次展开，如图 6-15 所示。

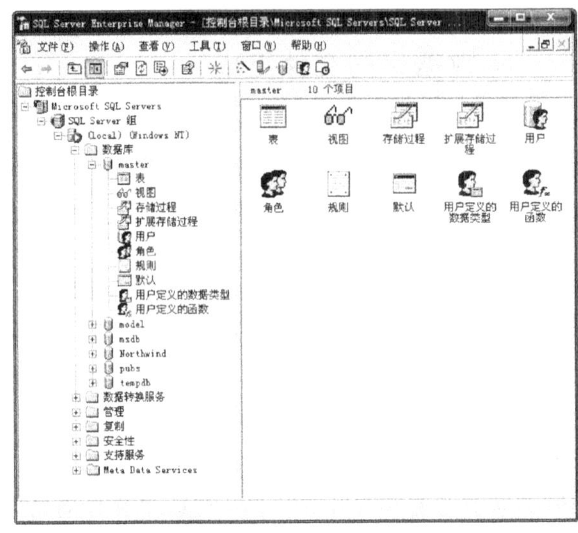

图 6-15 企业管理器

(2) 右击“数据库”文件夹，在弹出的快捷菜单中选择“新建数据库”命令，打开“数据库属性”对话框。在“名称”文本框中输入数据库的名称“Student”，在“排序规则名称”下拉列表框中选择“服务器默认设置”，如图 6-16 所示。

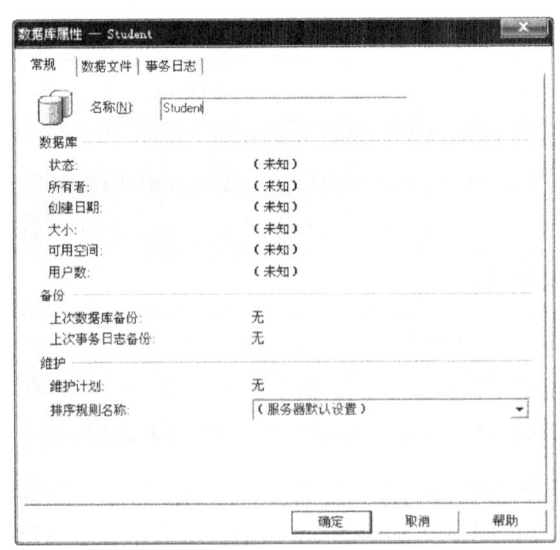

图 6-16 “数据库属性”对话框

(3) 对“数据文件”选项卡中的“文件名”不做任何修改，在“文件增长”选项组中选择“按百分比”单选按钮，并把相应的值改为 15，如图 6-17 所示。

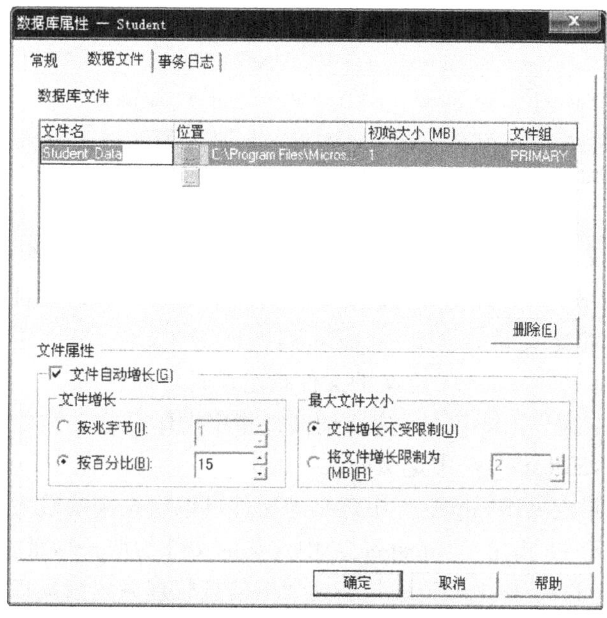

图 6-17　“数据文件”选项卡

(4) 对“事务日志”选项卡中的“文件名”也不做任何修改，在“文件增长”选项组中选择“按百分比”单选按钮，并把相应的值改成 15。

(5) 单击“确定”按钮，完成数据库的创建。

运行后将在企业管理器中显示已经创建的数据库 Student。如图 6-18 所示。

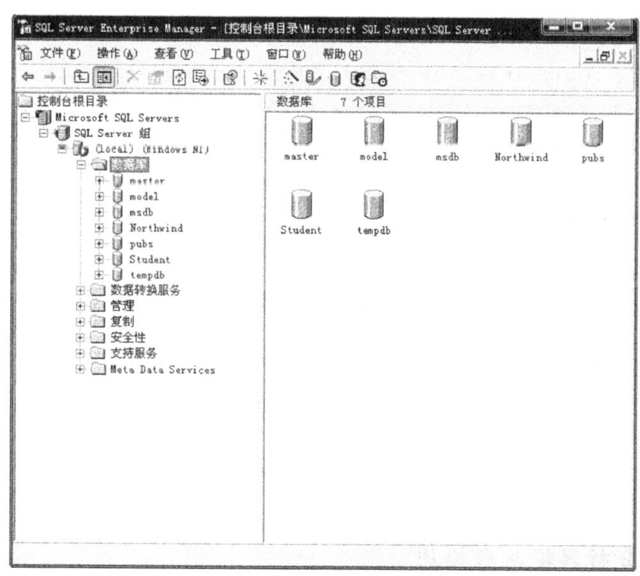

图 6-18　学生信息数据库

2. Transact-SQL 语句方式

在 Transact-SQL 中，用 CREATE DATABASE 语句即可创建数据库，其语法格式如下：

```
CREATE DATABASE database_name [ ON [ < filename >] ]
[LOG ON { < filespec > [ ,…n ] } ] [ PRIMARY ]
( [ NAME = logical_file_name , ] FILENAME = 'os_file_name'
[ , SIZE = size ] [ , MAXSIZE = { max_size | UNLIMITED } ]
[ , FILEGROWTH = growth_increment ] )
```

参数含义如下：

- ON：显式定义用来存储数据库数据部分的磁盘文件(数据文件)。
- LOG ON：显式定义用来存储数据库日志的磁盘文件(日志文件)。
- PRIMARY：指定关联的 <filespec> 列表定义主文件。
- NAME：为由 <filespec> 定义的文件指定逻辑名称。
- FILENAME：为 <filespec> 定义的文件指定操作系统文件名。
- SIZE：指定 <filespec> 中定义的文件的大小。
- MAXSIZE：指定 <filespec> 中定义的文件可以增长到的最大长度。
- FILEGROWTH：指定 <filespec> 中定义的文件的增长增量。

【例 6-2】 使用 Transact-SQL 语句创建学生信息管理系统数据库 Student。

【解析】 用 CREATE DATABASE dataname 可以用来创建数据库，各参数的值分别为：数据库 dataname＝Student，数据文件 Name＝Student_Data，日志文件 Name＝Student _Log。数据文件和日志文件的存储路径为 Filename＝C：\Program Files\Microsoft SQL Server\MSSQL\data\，size＝1MB，FileGrowth＝15％。

【解】 在查询分析器中运行如下命令：

```
CREATE DATABASE Student ON
(NAME = Student_Data,
FILENAME = 'C:\Program Files\Microsoft SQL Server\MSSQL\data\Student_Data.MDF',
SIZE = 1MB FILEGROWTH = 15 % )
LOG ON (NAME = Student_Log,
FILENAME = 'C:\Program Files\Microsoft SQL Server\MSSQL\data\Student_Log.LDF',
SIZE = 1MB FILEGROWTH = 15 % )
GO
```

运行后将在企业管理器中显示已经创建的数据库 Student。如图 6-18 所示。

6.4.3 数据库的修改

当用户创建的数据库中有些内容设置得不是很合理时，就需要对数据库进行修改操作，其修改的内容有数据库的名称、数据文件的空间、日志文件的空间等。修改数据库的方法有两种，一种是用 Transact-SQL 语句来修改，另一种是用企业管理器来修改。

1. 使用查询分析器修改数据库

下面简单介绍在查询分析器中用 ALTER DATABASE 语句修改数据库的名称和属性。

用 ALTER DATABASE 语句修改数据库的语法格式如下：

```
ALTER DATABASE database_name
{ ADD FILE < filespec > [ ,…n ] [ TO FILEGROUP filegroup_name ]
| ADD LOG FILE < filespec > [ ,…n ] | REMOVE FILE logical_file_name
| ADD FILEGROUP filegroup_name | REMOVE FILEGROUP filegroup_name
| MODIFY FILE < filespec > | MODIFY NAME = new_dbname
| MODIFY FILEGROUP filegroup_name {filegroup_property | NAME = new_filegroup_name }
| SET < optionspec > [ ,…n ] [ WITH < termination > ] | COLLATE < collation_name > }
< filespec > : : = ( NAME = logical_file_name [ , NEWNAME = new_logical_name ]
[ , FILENAME = 'os_file_name' ][ , SIZE = size ]
[ , MAXSIZE = { max_size | UNLIMITED } ][ , FILEGROWTH = growth_increment ] )
```

参数说明：

- ADD FILE：指定要添加的文件。
- TO FILEGROUP：指定要将指定文件添加到的文件组。
- ADD LOG FILE：指定要将日志文件添加到指定的数据库。
- REMOVE FILE：从数据库系统表中删除文件描述并删除物理文件。只有在文件为空时才能删除。
- ADD FILEGROUP：指定要添加的文件组。
- REMOVE FILEGROUP：从数据库中删除文件组并删除该文件组中的所有文件。只有在文件组为空时才能删除。
- MODIFY FILE：指定要更改给定的文件，更改选项包括 FILENAME、SIZE、FILEGROWTH和 MAXSIZE。一次只能更改这些属性中的一个。
- UNLIMITED：指定文件大小可一直增加直至磁盘满。

在更改数据库名称前要确保数据库被创建后还没有被使用过，数据库的访问选项设置是单用户模式，并且数据库处于关闭状态，只有同时满足这 3 个条件时才可以修改数据库。

注意：数据库的名称修改后，在 SQL Server 2000 中看到的还是原来的名字，只有刷新或重启 SQL Server 2000 后才能显示更改后的数据库名称。

【例 6-3】 将名称为 Student 的数据库重命名成 Student1。

【解析】 可用 ALTER DATABASE dataname 语句修改数据库的名字。

【解】 在查询分析器中运行如下命令：

```
ALTER DATABASE Student
MODIFY NAME = Student1
GO
```

在企业管理器中将显示修改后的数据库名称 Student1。

2. 使用企业管理器修改数据库

前面介绍了使用 Transact-SQL 修改数据库，数据库属性也可以直接在企业管理器中进行图形化修改，其基本步骤如下。

(1) 打开数据库的属性对话框。在“数据文件”选项卡的“文件名”列修改数据文件名，在“分配的空间”列修改数据文件的大小，在“文件增长”选项组中选择数据文件的增长方式及增长的大小。

(2) 在“事务日志”选项卡中的“文件名”列修改日志文件的相关内容。

(3) 输入完成后单击“确定”按钮，完成数据库的修改。

【例 6-4】 将名称为 Student 的数据库中的数据文件 Student_Data 和日志文件 Stu_Log 由原先的 1MB 扩充为 10MB。

【解析】 要扩充容量的数据库为 Student，扩充后的大小为 10MB。

【解】 实现步骤如下：

(1) 打开 Student 数据库的“Student 属性”对话框，选择“数据文件”选项卡，在此选项卡的“分配的空间”列输入 10，如图 6-19 所示。

(2) 选择“事务日志”选项卡，在此选项卡的“分配的空间”下输入 10，如图 6-20 所示。

(3) 单击“确定”按钮，完成数据库的修改。

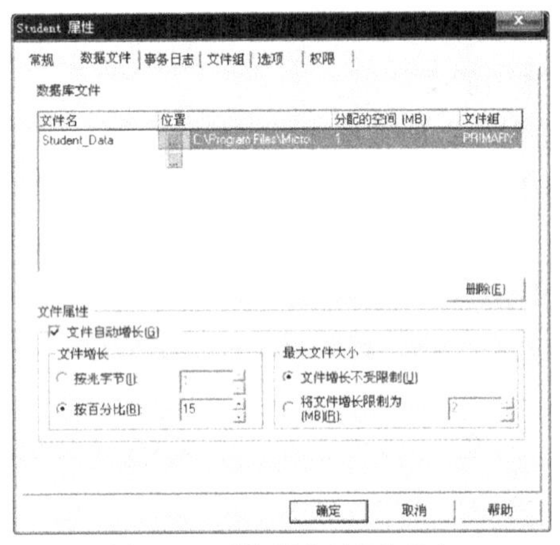

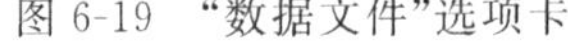
图 6-19 “数据文件”选项卡

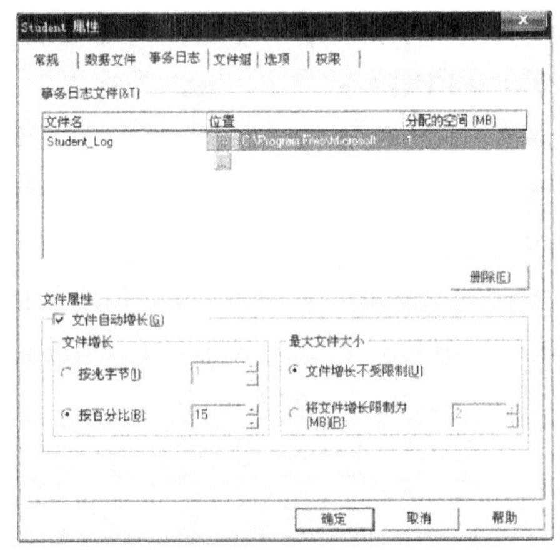

图 6-20 “事务日志”选项卡

注意： 在更改数据文件和日志文件的空间大小时，输入的值要大于修改前的值。

6.4.4 数据库的删除

为了节省 SQL Server 2000 中的空间，当一些数据库不再使用时，就将其删除。数据库的删除也可使用 Transact-SQL 和企业管理器两种方法。

(1) 使用 Transact-SQL 语句删除数据库，其语法格式如下：

```
DROP DATABASE database_name
```

在删除数据库时，不能删除当前正在使用的数据库，并且也不能删除系统数据库。

(2) 使用企业管理器删除数据库的基本步骤是：在企业管理器中右击要删除的数据库，在弹出的快捷菜单中选择“删除”命令，在弹出的消息对话框中单击“是”按钮，数据库即删除。

6.5 数据库对象基本操作

6.5.1 SQL Server 表操作

1. TABLE 的两种创建方法

在 SQL Server 中，当创建了数据库以后，就需要对数据库对象中的内容进行一些

操作。

若已经创建了数据库，则接下来要进行的工作就是在数据库中创建表，因为数据库的数据是以表的形式进行存储和管理的。表对于一个数据库系统来说是非常关键的，表的设计好坏直接关系到数据库的性能优劣。

表是关系数据库中的逻辑单元，用于存储实体数据。表由行和列组成，行描述实体的实例，列定义实体的属性。为表命名时必须小心，应确保表名在数据库中是唯一的，并且应遵循标识符命名规则。

SQL Server 对表的命名有一些约定，这些约定对所有其他数据库对象也是适用的。约定包含以下内容。

(1) 可以包含 1～128 个字符，包括字母、符号和数字。

(2) 第一个字符必须是字母、下划线、@符号、#符号。

(3) 首字符之后的字符可以包括字母、数字或#、$符号及_。

(4) 除非在引号内定义对象名，否则不允许有空格。

创建表的方式有两种：① 使用企业管理器来可视化创建，② 使用 CREATE TABLE 语句来创建(详见第 3 章)。

使用企业管理器可视化创建，步骤如下：

(1) 在企业管理器中展开 SQL Server 组，然后再展开 SQL Server；

(2) 在数据库文件夹内选取创建表格的数据库名称，如 pubs 数据库；

(3) 在企业管理器中选择 pubs 数据库下面的表对象，右击鼠标，在弹出的菜单中选择新建表。

在创建表的时候，必须指定其所有的列，为每一列指定详细信息。

下面通过两个例子来分别介绍创建数据表的方法：一种是用企业管理器来创建，一种在查询分析器中用 Transact-SQL 来创建的。

【例 6-5】 使用 Transact-SQL 创建学生信息管理系统 Student 数据库中的学生信息表，该表中的字段有：学号、Name、Address、Tell、Age、Sex、Login、Password、Class_id。

【解析】 暂将学生信息表命名为学生信息表。此表由学生的学号、姓名、家庭住址、电话、年龄、性别、登录账号、登录密码和所在班级的编号来描述，分别对应学号、Name、Address、Tell、Age、Sex、Login、Password、Class_id 共 9 个字段，其中学号字段存储学生的编号，此字段存储数据类型为 Char，Class_id 字段应为 Class 表中 Class_id 字段的外键。

【解】 在查询分析器中运行如下命令：

```
USE Student
GO
CREATE TABLE 学生信息表
(学号 varchar(20) NOT NULL primary key,Name varchar(50) NOT NULL,Address varchar(50),
Tell char(20), Age int, Sex char(2),Login varchar(20) NOT NULL,
Password char(10) NOT NULL, Class_id Char(10) NOT NULL, Foreign key Class_id
Reference Class (Class_id)
GO
```

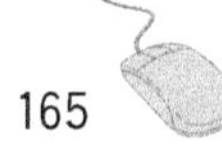

运行上述命令后，在企业管理器中看到创建好的数据表——学生信息表。

【例 6-6】 在企业管理器中重做例 6-5。

【解】 实施步骤如下：

在企业管理器中展开 Student 数据库，右击“表”，在弹出的快捷菜单中选择“新建表”命令，打开表设计器窗口。首先创建学号字段，在“列名”列中输入“学号”，在“数据类型”列中选择数据类型为 varchar，在“长度”列中输入长度 20，“允许空”列设置为不允许为空。其他字段设置如图 6-21 所示。

单击保存图标，在打开的“选择名称”对话框中输入表名为学生信息表，单击“确定”按钮完成学生信息表的创建。

运行上述命令后，在企业管理器中看到创建好的数据表——学生信息表。

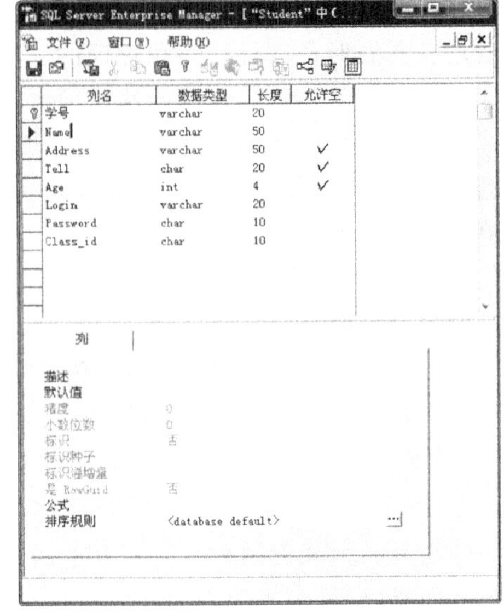

图 6-21 创建表对话框

2. TABLE 删除及修改

当表创建完后，输入数据时可能发现一些字段名、字段类型、字段长度等定义得并不是很合理，这时就要对表的结构进行修改了，其修改的方法也有两种，分别是在企业管理器和查询分析器中进行修改。

Ⅰ. 表的修改

在企业管理器中修改表结构的基本步骤如下：

① 在企业管理器中展开要修改表结构的数据库，在该数据库下单击“表”，在右侧的详细信息库中显示出该数据库中的所有表；

② 在右侧的详细信息框中右击要修改的表，在弹出的快捷菜单中选择“设计表”命令，在打开的表设计器窗口中对表的字段名、字段类型以及字段的大小进行设计。

在 Transact-SQL 中，使用 ALTER TABLE 语句修改表结构，其语法格式如下：

```
ALTER TABLE table_name {ADD 列名 列属性}|{DROP COLUMN 列名}
```

【例 6-7】 用 Transact-SQL 语句修改“学生信息表”数据表中 Password 字段，将该字段的原始类型 char(10)修改为 varchar(20)类型。

【解析】 本实例涉及 ALTER TABLE 语句的 3 个参数，修改的表为学生信息表，修改的列为 Password 字段，修改的类型为 varchar(20)。

【解】 在查询分析器中运行如下命令：

```
USE Student
GO
ALTER TABLE 学生信息表 ALTER COLUMN Password varchar(20)
GO
```

【例 6-8】 在企业管理器中重做例 6-7。

【解】 实施步骤如下：

在企业管理器中展开 Student 数据库，右击"学生信息表"，在弹出的快捷菜单中选择"设计表"命令，打开表设计器窗口。首先选择学号字段，在"数据类型"列中选择数据类型为 varchar，在"长度"列中输入长度 20，如图 6-22 所示。

单击保存图标，在打开的"选择名称"对话框中输入表名为学生信息表，单击"确定"按钮完成学生信息表中 Password 字段的修改。

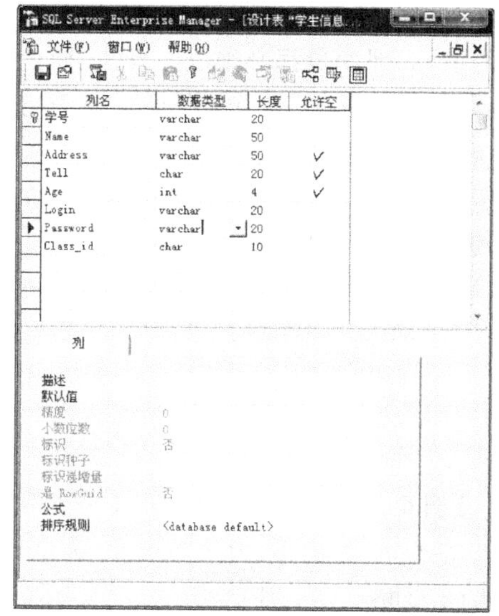

图 6-22　修改表信息

Ⅱ. 表的删除

为了节省 SQL Server 2000 数据库中的空间，当数据库中的表不再使用时，就可以将其删除。可以使用 Transact-SQL 和企业管理器删除表。

使用企业管理器删除表的方法如下：在企业管理器中展开要删除的表所在的数据库。在该数据库下单击"表"，在右侧的详细信息框中右击要删除的表，在弹出的快捷菜单中选择"删除"命令，打开"除去对象"对话框，单击"全部除去"按钮，即可删除此表。

在 Transact-SQL 中，使用 DROP TABLE 语句删除表，其语法格式如下：

```
DROP TABLE table_name [,…, n]
```

【例 6-9】 删除学生信息表。

【解析】 本实例涉及 DROP TABLE 语句，参数即为要删除的数据表名，在删除表前，先进行学生信息表的备份，然后再运行删除命令。

【解】 在查询分析器中运行如下命令：

```
USE Student
GO
DROP TABLE 学生信息表
GO
```

6.5.2　SQL Server 编程结构

在 SQL Server 中的编程主要包括对如下语句的使用。

(1) 注释语句：注释语句不是可执行语句，不参与程序的编译与运行，注释语句通常是一些说明性的文字。SQL Server 支持两种形式的注释语句，一种是行注释，一种是块注释。即一种是 ANSI 标准的注释符"--"，它用于单行注释；另一种是与 C 语言相同的程序注释符号，即"/*　*/"，它用于块注释。

(2) 批处理语句：批处理是从客户机传递到服务器上的一组完整的数据和 SQL 指令。

(3) 变量：SQL Server 支持两种形式的变量，局部变量和全局变量。局部变量与全局变量的区别在于：局部变量一般是用户为了编写程序的需要而定义的变量；全局变量用来存储服务器的一些参数。对用户来说,只能够引用全局变量的值,而不能修改全局变量的值,局部变量都必须以@开头,而全局变量必须以@@开头。

(4) IF/ELSE 语句:条件选择语句,其格式为:

```
IF <条件> < 语句体 1> ELSE <语句体 2>
```

(5) 复合语句 [BEGIN/END]:当条件满足时,如果要做几条语句,则可以把这几条语句用 BEGIN/END 括号起来。

(6) WHILE 循环结构:在满足条件的情况下,重复执行同样的语句序列,格式为:

```
WHILE<条件>
BEGIN
<语句序列>
END
```

【例 6-10】 查找学号为 001 的学生,根据他的成绩来确定他的等级,假定成绩标准:大于等于 90 为优秀;大于等于 80 为良好;大于等于 70 为一般;大于等于 60 为及格;小于 60 为不及格。

【解析】 需要用到变量定义,IF/ELSE 语句的使用。

【解】

```
DECLARE @cj varchar(10)
SELECT @cj = 成绩 FROM 学生成绩表 WHERE 学号 = '001'
IF @cj> = 90
UPDATE 学生成绩表 SET dj  =  '优秀'
ELSE
IF @cj> = 80
UPDATE 学生成绩表 SET dj  =  '良好'
ELSE
IF @cj> = 70
UPDATE 学生成绩表 SET dj  =  '一般'
ELSE
IF @cj> = 60
UPDATE 学生成绩表 SET dj  =  '及格'
ELSE
UPDATE 学生成绩表 SET dj  =  '不及格'
GO
```

6.6 小　结

本章主要介绍了安装 SQL Server 2000 的方法和注意事项,并着重就其常用工具企业管理器和查询分析器进行了详细的介绍。通过对本章的学习,读者应该掌握用 Transact-SQL 语句或者企业管理器进行数据库操作的基本技能和方法。

习　题　6

一、单项选择题

1. SQL Server 是　(　　)

A. 数据库系统　B. 数据库管理系统　C. 数据处理系统　D. 数据库

2. 下列操作中，________不是 SQL Server 服务器管理器功能　(　　)

A. 启动 SQL Server 服务　B. 停止 SQL Server 服务

C. 运行 SQL 查询命令　D. 暂停 SQL Server 服务

3. 关于数据库事务日志文件叙述错误的是　(　　)

A. 一个数据库至少有一个事务日志文件

B. 创建数据库时，如果未指定事务日志文件，SQL Server 则会自动创建一个

C. 事务日志文件的默认大小为 1MB

D. 如果未指定事务日志文件的增长量，则文件大小保持不变

4. 下列关于身份验证模式叙述正确的是　(　　)

A. SQL Server 安装在 Windows NT 或 2000 中才有 Windows 身份验证模式

B. 只有 Windows 的当前用户才可选择 Windows 身份验证模式

C. 以 SQL Server 身份验证模式用户登录 SQL Server 时，需要输入登录名和密码

D. 以上都正确

5. 关于 DROP DATABASE 语句叙述错误的是　(　　)

A. 一次可以删除一个或多个数据库

B. 在删除数据库时不会显示确认信息

C. 会删除数据库的磁盘文件

D. 如果数据库正在使用，删除数据库将导致应用程序出错

6. 下列关于执行查询叙述正确的是　(　　)

A. 如果没有选中的命令，则只执行最前面的第一条命令

B. 如果有多条命令选择，则只执行选中命令中的第一条命令

C. 如果查询中有多条命令有输出，则按顺序显示所有结果

D. 以上都正确

7. SQL 标准采用________来管理用户的权限　(　　)

A. 角色　B. 控制　C. 授权　D. 任务

8. 在系统数据库中________数据库是最重要的数据库，如果该数据库受到损坏，SQL Server 将不能启动　(　　)

A. msdb　B. master　C. tempdb　D. model

9. 删除数据库的关键字是　(　　)

A. UPDATE　B. CREATE　C. ALTER　D. DROP

10. 在下列基本表的定义中，数值 5 表示　(　　)

```
CREATE TABLE 学生信息表 (Snum CHAR(5) NOT NULL UNIQUE,Sname CHAR(2))
```

A. 表中有5条记录　　B. 表中有5列

C. 表中字符串Snum的长度　　D. 表格的大小

二、填空题

1. SQL是__________语言。

2. 数据库的完整性是指数据库中数据的________、________和________。

3. SQL Server数据库文件可分为________数据库、________数据库和________数据库3种。

4. 实例数据库有__________和__________两种。

5. 通过视图可以对基本表中的数据进行________、________、________和删除操作。

6. 使用Transact-SQL向表中添加记录时,使用__________关键字来指定表。

7. SELECT语句的子句有SELECT、________、________、GROUP BY、________和________。

8. SQL Server 2000的文件包括主数据文件、辅助数据文件和__________。

9. SELECT语句中,________子句用于选择满足给定条件的元组,使用________子句可按指定列的值分组,同时使用________子句可提取满足条件的组。

10. 如果外连接符出现在连接条件的右边称之为________,否则称之为________。

三、判断题

1. SQL Server不是关系型数据库。（　）

2. SQL Server 2000企业版可以安装在Windows XP操作系统上。（　）

3. 表和视图都不属于数据库对象。（　）

4. 物理数据库是一个存放数据的表和支持这些数据的存储、检索、安全性和完整性的逻辑成分所组成的。（　）

5. 索引可以加快数据库的检索速度,但降低了数据维护的速度。（　）

6. Master是记录SQL Server初始化信息的数据库。（　）

7. 一个文件只能用于一个数据库,不能被多个数据库使用。（　）

8. 设计表结构是属于数据维护的操作。（　）

9. 创建表的时候不可以定义主键。（　）

10. 视图同基本表一样可以修改。（　）

四、操作题

已知某数据库系统中含有3个基本表,如表6-3、表6-4、表6-5所示。

表6-3　商品基本表GOODS

商品号 (GNO)	商品名 (GNAME)	价格 (PRICE)	型号 (TYPE)	制造商 (FACTORY)
G01	电视机	3100	CH01	长虹
G02	电冰箱	2800	KJ02	康佳

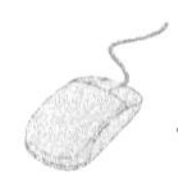

续　表

商品号 (GNO)	商品名 (GNAME)	价格 (PRICE)	型号 (TYPE)	制造商 (FACTORY)
G03	微波炉	1000	G80	格兰仕
G04	微波炉	1500	M73	美的
G05	微波炉	1200	G100	格兰仕

表 6-4　商场基本表 SHOPS

商场号(SNO)	商场名(GNAME)	经理(MANAGE)	地址(ADDR)
S01	杭百	张三	解放路 11 号
S02	银泰	李四	解放路 22 号
S03	苏宁	王五	延安路 55 号

表 6-5　销售基本表 SALES

商场号(SNO)	商品号(GNO)	销售量(QTY)
S01	G03	80
S02	G01	890
S03	G02	300
S01	G04	90

试用 SQL 语句完成下列各题：

1. 建立表 GOODS 和 SALES，并且写出主码和外码(列宽自己定义)。
2. 插入一个元组(“S01”,“G05”,“99”)到销售基本表 SALES 中。
3. 删除 GOODS 中商品名以“微”打头的商品。
4. 将商场号为“S03”的地址改为“解放路 33 号”。
5. 将长虹厂产品的商品号和销售量插入到一个已存在基本表 SS(GNO,QTY)中。
6. 查询单价低于 3000 元的电视机的生产商、型号、单价。
7. 查询不生产电视机的制造商。
8. 查询在 S01 商场销售但不在 S02 商场销售的商品号。
9. 查询各种商品的所有商场的总销售量，输出结果按总销售量升序排序。
10. 查询平均销售量最高的商品号。
11. 查询销售两种或两种以上商品的商场名和它的地址。
12. 查询价格低于微波炉的平均价格的微波炉型号和制造商。

第 7 章

数据库安全与保护技术

为了保证数据库中数据的安全可靠和正确有效，DBMS 必须提供统一的数据保护功能，包括数据库恢复、数据库完整性、数据库安全性和并发控制等内容。数据库恢复是指当计算机软硬件或网络通信线路发生故障而破坏了数据或对数据库的操作失败使数据出现错误或丢失时，DBMS 系统应能应急处理或提供手段，把数据库恢复到正常状态。数据的完整性是指数据的正确性、有效性与相容性。数据库安全性保护数据库以防止不合法的使用造成的数据更改、破坏和泄密，数据库的安全性可通过对用户进行标识和鉴定、存取控制、OS 级安全保护等措施得到一定的保障；并发控制是指当多个用户同时存取、修改数据库时，可能会发生互相干扰而得到错误的结果并使数据库的完整性遭到破坏，因此必须对多用户的并发操作加以控制和协调。

7.1 数据库备份和恢复

数据库系统在运行过程中可能会产生各种故障，使得数据库处于不一致的状态，DBMS 必须提供一种恢复机制以恢复数据库中数据的正确性，这种功能就是数据库的恢复，由 DBMS 的恢复子系统实现。数据库恢复的基本原理是“冗余”，为了能让恢复机制顺利地完成，需要在故障发生之前建立备份数据。

7.1.1 事　务

1. 概念

事务(Transaction)是数据库的逻辑工作单位，由用户定义的一组操作序列组成，序列中的这些操作要么全做要么全不做，是一个不可分割的工作单位，是数据库恢复和并发控制的基本单位。

一个事务可以是一组 SQL 语句，通常以 BEGIN TRANSACTION 开始，以 COMMIT TRANSACTION 或 ROLLBACK TRANSACTION 操作结束；COMMIT TRANSACTION 表示提交事务中所有的操作，事务对数据库的更新结果将被写入磁盘；而 ROLLBACK TRANSACTION表示撤销事务已做的所有操作，还原到事务开始做之前的状态，就好像事务没有被执行过一样。

2. 事务特性

一个逻辑工作单元要成为事务，必须满足 ACID 特性：原子性(Atomicity)、一致性

(Consistency)、隔离性(Isolation)和持续性(Durability)。

(1) 原子性。

事务是数据库业务的逻辑单位,事务中包含的对数据库修改的各个操作要么都做,要么都不做。通常与某个事务关联的操作具有共同的目标,并且是相互依赖的。如果系统只执行这些操作的一个子集,则可能会破坏事务的总体目标。例如 A 想要从自己的账户中转 1000 块钱到 B 的账户里,从 A 开始转账到转账结束的这一个过程,称之为一个事务,在这个事务里,需要做下面两个操作:① 从 A 的账户中减去 1000 块钱;② 在 B 的账户里加 1000 块钱。如果数据库应用程序在 A 的账户中已经减去了 1000 块钱的时候,忽然停电了,导致转账事务意外终止了,而此时 B 的账户里还没有增加 1000 块钱;那么我们称这个事务执行失败了,就需要进行回滚,回滚就是回到事务开始之前的状态,也就是回到 A 的账户还没减 1000 块的状态,B 的账户还是原来的状态。两个操作要么一起成功(A 账户成功减少 1000,同时 B 账户成功增加 1000),要么两个操作一起撤销(A 账户回到原来状态,B 账户也回到原来状态)的性质叫事务的原子性。

(2) 一致性。

一个被成功执行的事务,事务执行的结果必须使数据库从一个一致性状态变到另一个一致性状态。在事务执行的过程中,始终不应该破坏各种完整性约束,包括业务完整性约束。此特性可以通过系统的完整性约束检查自动完成,也可以通过程序员的事务控制来完成。拿银行转账来说,一致性要求事务的执行不应改变 A、B 两个账户的金额总和;如果没有这种一致性要求,转账过程中就会发生钱无中生有,或者不翼而飞的现象。

(3) 隔离性。

当多个事务并发执行时,任何一个事务的执行不会受到其他事务的干扰,并发事务的执行结果与每个事务单独执行的结果完全一样,这就是事务的隔离性。隔离性由 DBMS 的并发控制子系统保证完成,即要达到这样一种效果:对于任何两个事务 T1 和 T2,在事务 T1 看来,T2 要么在 T1 开始之前已经结束,要么在 T1 完成之后才开始执行,这样每个事务都感觉不到系统中有其他事务在并发地执行。

(4) 持续性。

一个事务一旦提交,它对数据库的改变必须是永久的,即便是在系统遇到故障的情况下也不会丢失。持续性由 DBMS 的事务管理子系统和恢复管理子系统实现。

7.1.2　数据库故障类型

数据库系统的故障种类有 4 种:事务故障、系统故障、介质故障和计算机病毒故障。

1. 事务故障

事务故障是指由于事务内部的逻辑错误(如数据输入错误、运算溢出、记录找不到等)或者系统错误(并发事务发生了死锁而该事务被选中撤销等)所引起的、在事务运行至正常终止点前就被迫中止的任何事件。由于事务故障是非预期的,不能由应用程序处理。

事务故障发生时事务没有达到预期的终点,因此数据库可能处于不正确的状态,DBMS 恢复子系统在不影响其他事务运行的前提下强行回滚该事务,即撤销该事务已经做出的任何对数据库的修改操作,使得该事务好像根本没有启动过一样。

2. 系统故障

系统故障是指由软硬件故障，比如操作系统故障、DBMS代码错误、特定类型的硬件错误（如CPU故障）、突然停电等，使系统停止运转而必须重新启动的任何事件，通常被称为“软故障”。

这类故障一般不会破坏数据库，但所有正在运行的事务都非正常终止。发生系统故障时，一些未完成的事务的部分结果已经更新到物理数据库中，也有一些已经提交的事务还来不及把数据库内存缓冲区的最新结果更新到物理数据库中，都有可能使得数据库处于不一致状态。对于以上两种情况，当系统重新启动时，DBMS的恢复子系统需要做不同的动作来恢复数据库，使之恢复到一个一致性的状态。对于第一种情况，需要强行撤销（UNDO）所有未提交事务；对于第二种情况，需要重做（REDO）所有已经提交的事务。

3. 介质故障

介质故障通常被称为“硬故障”，主要指外存故障，比如磁盘损坏、磁头碰撞、强磁场干扰等，使得外存中的数据部分丢失或全部丢失，并影响到正在存取这部分数据的所有事务。介质故障比前两类故障发生的可能性要小得多，但破坏性大得多。

介质故障的恢复与系统故障都需要利用日志文件来恢复，系统故障可以在系统重新启动时由系统自动完成，而介质故障必须需要DBA的帮助，由DBA和系统共同完成。介质故障恢复的方法是首先重装数据库，使数据库恢复到一致性状态，然后重做已完成的事务。

4. 病毒故障

病毒故障是指由于计算机病毒程序对数据库系统造成的破坏。计算机病毒已经成为计算机系统的一种主要威胁，同样也是数据库系统的潜在威胁。为此计算机安全工作者研制了许多防病毒软件，但也都达不到“万能”的效果。数据库一旦由于遭受病毒的破坏就需要利用恢复技术加以恢复。

7.1.3 SQL Server数据库备份

1. SQL Server备份机制和形式

SQL Server是一种高效的网络数据库管理系统，具有比较好的备份和恢复功能。它具有海量备份和增量备份、静态备份和动态备份等多种数据备份机制。具体地说，SQL Server具有3种备份形式。

（1）完全备份：即海量备份，将数据库完全复制到备份文件中。

（2）增量备份：备份最近一次完全备份以后数据库中发生变化的数据部分。

（3）事务日志备份：即备份发生在数据库上的事务。

2. 日志文件

日志文件是登记每个事务对数据库的更新操作的文件，在数据库应用系统运行过程中，DBMS负责把所有事务的更新操作登记到日志文件中，已备数据库恢复时使用。

（1）日志文件的格式和内容。

日志文件是用来记录事务对数据库的更新操作的文件，可以是以记录为单位的日志文件或者是以数据块为单位的日志文件。对于以记录为单位的日志文件需要登记各个事务的开始标记(BEGIN TRANSACTION)、各个事务的所有更新操作、各个事务的结束标记(COMMIT 或 ROLLBACK);以上各种标记或更新操作均作为日志文件的一个日志记录。

每个日志记录的内容主要包括:① 事务标识,标明属于哪个事务;② 更新操作类型,表示对数据库的操作是插入、删除还是修改;③ 更新前数据旧值,对于插入操作来说,此项为空;④ 更新后数据新值:对于删除操作来说,此项为空。

(2) 日志文件的作用。

日志文件在数据库的恢复中起着非常重要的作用,可用于进行事务故障恢复、系统故障恢复和协助后备副本进行介质故障恢复。

事务故障和系统故障的恢复必须要使用日志文件;在动态转储方式中一定要建立日志文件,后备副本和日志文件结合起来才能有效地恢复数据库;在静态转储中也可以建立日志文件。

(3) 登记日志文件的原则。

由于数据库的事务可能是并发执行的,为了保证数据库是可以恢复的,登记日志文件的时候必须遵循以下两条原则:① 登记的次序严格按并行事务执行的时间次序;② 必须先写日志文件,后写数据库。

把对数据的修改写到数据库中和把表示这个修改的日志记录写到日志文件中是两个不同的操作。在这两个操作之间有可能发生故障,使得这两个写操作只完成一个。若先写了数据库的修改,而在日志文件没有记录这个修改,则以后就无法恢复这个修改了;而先写日志文件而没有修改数据库,恢复时只是多执行了一次 UNDO 操作,不会影响数据库的正确性。所以一定要先写日志文件,即先把日志记录写到日志文件中,再修改数据库。

3. SQL Server 备份和恢复策略

SQL Server 支持以下 3 种数据库备份和恢复策略,数据库管理员可从中选择合适的方法来完成。

(1) 完全备份的策略。

使用完全备份的优点是对数据库的备份和恢复操作非常简单,每次转储整个数据库,故障发生时只要恢复最近一次的完全备份副本。但是完全备份所需的存储空间很大,备份花费的时间也较长,所以只能在一个比较长的时间间隔上进行完全备份。这种策略的缺点是当根据最近的完全备份进行数据恢复时,完全备份之后对数据库作的任何改动都无法恢复。所以这种策略比较适合于数据库较小、操作频率较低的情况。

(2) 在使用完全备份的基础上使用事务日志的备份。

事务日志的备份需要和完全备份一起使用,才能实现数据备份和恢复功能,这种策略的备份步骤如下:

① 定期进行完全备份,如一天一次或三天一次;

② 比完全备份进行更频繁的事务日志备份,如 3 小时一次或 8 小时一次。

当数据库系统出现故障需要恢复的时候,按照下面的步骤进行:

① 用最近一次完全备份恢复数据库;

② 用最近一次完全备份之后建立的所有事务日志备份，按照时间顺序恢复这一次完全备份之后发生在数据库上的所有操作。

(3) 同时使用三种备份策略。

在使用完全备份和事务日志备份的基础上，再使用增量备份作为补充，可以在发生故障时将损失减少到最小。这种策略的备份步骤要求按照以下顺序进行：

① 定期进行完全备份，如一天一次或三天一次；

② 进行更频繁的增量备份，如 4 小时一次或 8 小时一次；

③ 进行比以上两种备份更频繁的事务日志备份，如 1 小时一次或 2 小时一次。

当数据库系统发生数据丢失的时候，按照下面的步骤进行数据库恢复：

① 用最近一次完全备份恢复数据库；

② 用最近一次完全备份之后建立的最近一次增量备份副本恢复数据库；

③ 用最近一次完全备份之后建立的所有事务日志备份，按照时间顺序恢复这一次完全备份之后发生在数据库上的所有操作。

4. SQL Server 备份实现

SQL Server 可以使用三种方式来实现数据库的备份，分别是执行 T_SQL 语句、系统存储过程和使用企业管理器实现。这里只介绍 T_SQL 语句和使用企业管理器的实现方法。

(1) 执行 T_SQL 语句。

可以使用 Backup 来实现数据库的备份，Backup 语句的格式：

```
Backup Database 数据库名称 To Disk = 路径 INIT | NOINIT
```

说明：关键字 INIT 表示覆盖原来的内容，NOINIT 表示追加，也就是在原来的基础之上，把修改的内容添加到备份文件里面，如：

```
Backup Database Student To Disk = 'e:\stubf' With INIT
```

(2) 企业管理器实现。

在 SQL Server 中无论是数据库备份，还是事务日志备份、差异备份、文件或文件组备份都执行相同的步骤。使用 SQL Server 企业管理器进行备份的步骤如下。

① 启动 SQL Server 企业管理器，登录到指定的数据库服务器。

② 打开数据库文件夹，右击要进行备份的数据库图标，在弹出菜单上选择“所有任务”，再选择“备份数据库”，然后弹出备份对话框，如图 7-1 所示。

③ 在“SQL Server 备份”对话框的“常规”选项卡的“备份”选项栏内选择要进行的备份类型。

④ 通过单击“添加”按钮来选择备份设备。然后弹出“选择备份目的”对话框，如图7-2 所示，可选择“文件名”单选按钮并给出文件名和路径，也可以选择“备份设备”单选按钮，然后从组合框中选择备份设备。

⑤ 在“重写”选项栏中，若选择了“追加到媒体”单选按钮，则将备份内容添加到当前备份之后；若选择了“重写现有媒体”单选按钮，则覆盖原备份。

⑥ “调度”复选框，可对备份的时间表进行设置，单击右面的按钮来改变备份的时间安排，在弹出编辑调度对话框中设定备份操作何时进行。

⑦ 在“名称”中输入备份安排任务名字，默认为第 1 调度。在“调度类型”选项栏中单

击任意单选按钮。可以单击更改按钮来改变当前默认的备份时间设置；然后会弹出“编辑反复出现的作业调度”对话框。

⑧ 在“编辑反复出现的作业调度”对话框中按自己的要求设置备份的时间，然后单击“确定”，完成时间设置。

⑨ 在“SQL Server 备份”对话框中选择“选项”标签来进行附加设置选择选项标签后的对话框。单击“确定”按钮，创建备份。

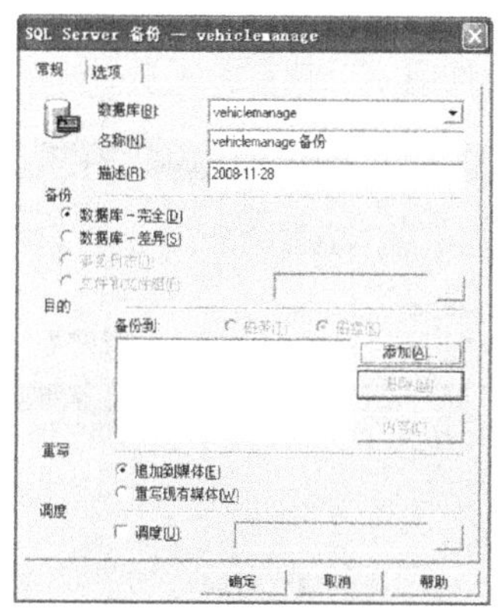

图 7-1　数据库备份

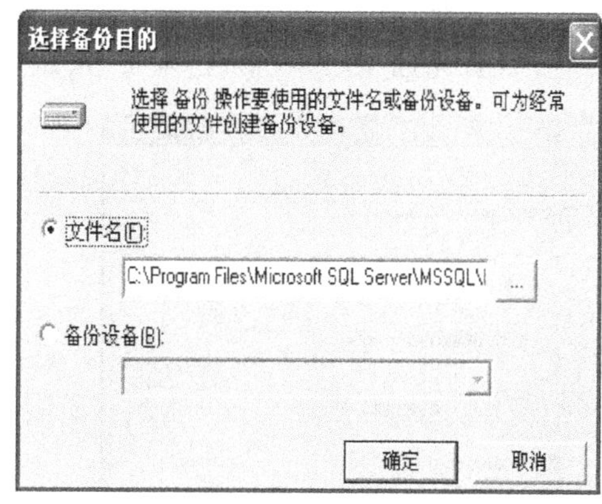

图 7-2　“选择备份目的”对话框

7.1.4　SQL Server 数据库恢复

当数据库系统发生故障时，需要自动或者运用 SQL Server 的恢复机制完成数据库的恢复功能，不同的故障需要使用不同的恢复机制和事先备份。在数据库恢复之前需要考虑恢复方案，从一个或多个备份中恢复数据的过程。SQL Server 恢复方法主要包括恢复完整备份、恢复日志备份等步骤。

SQL Server 恢复方法一般可以分为：Restore 语句和企业管理器实现。

1. Restore 语句

Restore 语句的语法格式如下：

```
Restore Database 数据库名称 From Disk = 路径
```

注意： 在用该语句的时候一定要保证数据库没有被使用，否则无法恢复数据库，如：

```
Restore Database student From Disk = 'e:\stubf '
```

2. 企业管理器实现方法

利用 SQL Server 企业管理器恢复数据库的操作步骤如下。

(1) 启动 SQL Server 企业管理器，单击要登录的数据库服务器，然后从主菜单中选择“所有任务”，在菜单中选择“还原数据库”，弹出“还原数据库”对话框，如图 7-3 所示。

(2) 在“还原为数据库”旁的下拉列表中选择要恢复的数据库。

(3) 在“还原”栏中选择相应的数据库备份类型。

(4) 在“参数”栏中，在显示数据库备份旁的下拉列表中选择数据库，如果该数据库已经执行了备份，那么在表格对话框中就会显示备份历史；从要还原的第一个备份旁的下拉列表中选择要使用哪个备份来恢复数据库，在缺省情况下使用最近的一次备份。

(5) 在"选项"选项卡中进行其他选项的设置，如图 7-4 所示，其中各选项含义如下。

● 在还原每个备份后均弹出磁带(如果有)：表示在备份完成恢复时磁带从磁带机中自动退出。

● 在还原每个备份前提示：表示在前一个备份成功装入之后，下一个备份装入之前提示恢复操作执行者。

● 在现有数据库上强制还原：表示自动覆盖当前已存在的数据库文件。

(6) 在设置完选项之后，单击"确定"按钮，数据库开始恢复。

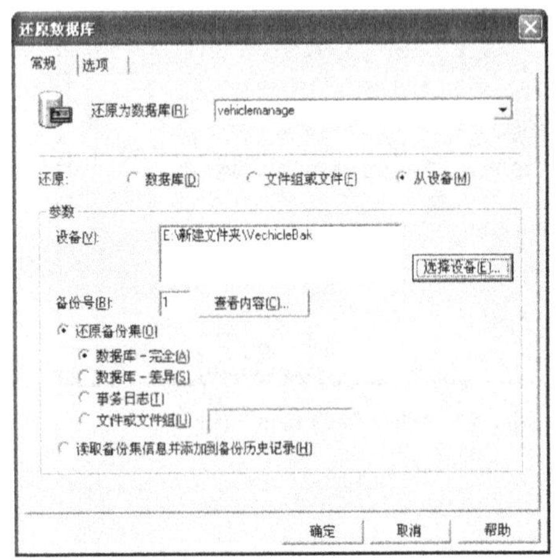

图 7-3　还原数据库(常规)

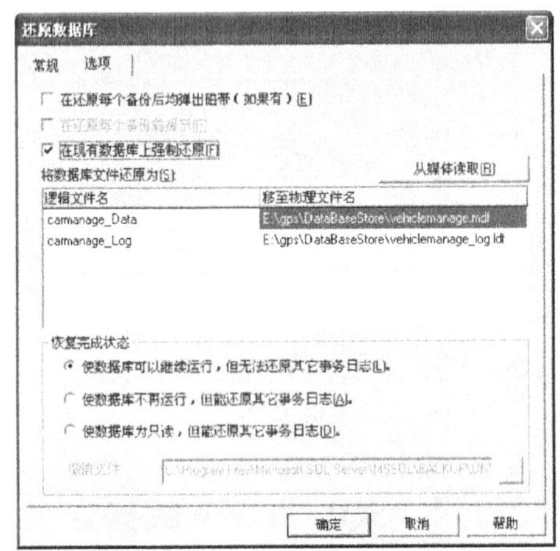

图 7-4　还原数据库(选项)

7.2　数据库完整性

7.2.1　数据库完整性概述

数据库完整性和数据库安全性是两个不同的概念。数据库的完整性是指数据库中数据的正确性和相容性，防止不合语义的数据进入数据库；而数据库安全性是为了保护数据库不被恶意破坏和非法存取。数据库的完整性通过 DBMS 的完整性子系统来实现，主要具有以下三部分功能。

(1) 提供完整性约束条件的定义功能。

完整性约束条件又称完整性规则，是根据现实语义数据库中数据需要满足的语义约束。关系模型的数据完整性包括实体完整性、参照完整性和用户定义的完整性，这些完整性约束通常可以由 SQL 的 DDL 语句来实现，有些也可以由 DBMS 提供的图形操作方式提供。

(2) 提供完整性检查的功能。

DBMS 提供了检查用户发出的操作请求是否符合完整性约束的条件。一般是在对数据库中数据更新语句执行后开始检查或者在事务提交时检查，检查这些更新语句或事务

包含的语句执行后，数据库中的数据有没有违背完整性约束。

(3) 提供完整性违约的处理功能。

在 DBMS 进行完整性约束检查时，如发现用户的操作使数据库中的数据违背了完整性约束条件，则采取一定的动作来保证数据的完整性。通常采用的动作有拒绝执行修改操作、级联执行其他操作等。

目前商用的 DBMS 都支持完整性约束的控制，这大大减轻了应用程序员的负担。

完整性约束条件作用的对象有列、元组和关系。列对象上的约束是指对属性的取值类型、范围、精度等的约束条件；元组对象上的约束是指对元组中各个属性列间联系的约束；关系对象上的约束是指对若干元组间、关系集合上以及关系之间联系的约束。

完整性约束条件涉及的这三类对象，其状态可以是静态的，也可以是动态的。所谓静态约束是指数据库每一确定状态时的数据对象所应满足的约束条件，它是反映数据库状态合理性的约束，这是最重要的一类完整性约束；动态约束是指数据库从一种状态转变为另一种状态时新、旧值之间所应满足的约束条件，它是反映数据库状态变迁时的约束。

综合上述两个方面，我们可以将完整性约束条件分为 6 类。

(1) 静态列级约束。

取值域的说明是最常见、最容易实现的一类完整性约束，包括数据类型约束、取值范围或集合约束、空值约束及其他约束。

(2) 静态元组约束。

规定元组的各个列之间的约束，静态元组约束只局限在元组上。

(3) 静态关系约束。

关系的各个元组之间或若干关系之间存在的各种联系或约束，常见静态关系约束有实体完整性、参照完整性约束、函数依赖约束、统计约束等。

(4) 动态列级约束。

动态列级约束是修改列定义或列值时应满足的约束条件，包括以下两种情况：

- 修改列定义时的约束，如将允许空值的列改为不允许空值时，如果该列目前已存在空值，则拒绝这种修改；
- 修改列值时的约束，修改列值有时需要参照其旧值，并且新旧值之间需要满足某种约束条件，如职工工资调整不得低于其原来工资，学生年龄只能增长等。

(5) 动态元组约束。

动态元组约束是指修改元组的值时元组中各个字段间需要满足某种约束条件。例如，职工工资调整时新工资不低于原工资＋工龄×2。

(6) 动态关系约束：动态关系约束是加在关系变化前后状态上的限制条件，如事务一致性、原子性等约束条件关系变化前后状态的限制条件。

7.2.2　SQL Server 基本数据完整性约束的实现

1. SQL Server 数据完整性的种类

SQL Server 具有比较健全的数据库完整性控制机制，其基本数据完整性分域完整性、实体完整性、参照完整性和用户定义完整性4种，而触发器实现业务完整性约束。

（1）域完整性。

域完整性是指数据库表中的列必须满足某种特定的数据类型或约束。其中约束又包括取值范围、精度等规定。表中的CHECK、FOREIGN KEY约束和DEFAULT、NOT NULL定义都属于域完整性的范畴。

（2）实体完整性。

实体完整性为表级完整性，要求表中所有元组都要有一个唯一的标识符；表中定义的UNIQUE PRIMARY KEY和IDENTITY约束就是实体完整性的体现。

（3）参照完整性。

参照完整性是表级完整性，要求参照表中的外码取值与被参照关系中主码取值具相容关系。它确保了表之间数据的一致性，防止了数据丢失或无意义的数据在数据库中扩散。参照完整性是建立在外关键字和主关键字之间或外关键字和唯一性关键字之间的关系之上的。在SQL Server中，参照完整性作用表现在如下几个方面：

- 禁止在从表中插入主表中不存在的关键字的数据行；
- 禁止会导致从表中的相应值孤立的主表中的关键字值改变；
- 禁止删除在从表中的有对应记录的主表记录。

（4）用户定义完整性。

用户定义完整性使用户得以定义不属于其他任何完整性分类的特定业务规则，所有的完整性类型都支持用户定义完整性。

2. SQL Server数据完整性约束的定义

SQL Server提供了一些工具来帮助用户实现数据完整性，其中最主要的有规则(Rule)、缺省值(Default)、约束(Constraint)和触发器(Trigger)。SQL Server通过在列、元组等对象的定义中来声明数据完整性，由系统本身自动实现，声明数据库完整性约束可以在创建表和修改表的语句中定义。

约束分为列级约束和表级约束，列级约束是对某一个特定列的约束，包含在列定义中，直接跟在该列的其他定义之后，用空格分隔，不必指定列名；表级约束与列定义相互独立，不包括在列定义中，通常用于对多个列一起进行约束，与列定义用“，”分隔，定义表级约束时必须指出要约束的那些列的名称。完整性约束的基本语法格式为：

```
[CONSTRAINT <约束名> ] <约束类型>
```

约束不指定名称时，系统会给定一个名称。

列级约束的定义直接跟在列的后面，包括主键(Primary key)、外键(Foreign key)、唯一(Unique)、检查(Check)、缺省值(Default)、非空/空值(Not Null/Null)；表级约束有四种，包括主键、外键、唯一、检查。

Primary key、Foreign key、Unique、Check这4种约束可用于列级约束，也可用于表级约束，一个约束需要定义为列级约束还是表级约束，则根据实际需要和设计者思路来确定。如Primary key，当只涉及一列时，可定义为列级约束；当涉及多列时，则需定义为表级约束。

Primary key定义为列级约束时，相应SQL语句为：

```
CREATE TABLE Student
(StudentNo int constraint pk_1 primary key,
Stu_name varchar(8),
…)
```

当定义为表级约束时，相应 SQL 语句如下：

```
CREATE TABLE SC
(StudentNo int NOT NULL,
  CourseNoint NOT NULL,
  Stu_name varchar(8),
  Constraint pk_1 primary key (StudentNo,CourseNo),
…)
```

3. 缺省值和规则

缺省值和规则都是数据库对象，被建立后可以绑定到一列或者几列上，并且可以反复使用。它们功能较低且开支大，所以当可以用约束来表示时，尽可能采用约束数据完整性方法。

4. SQL Server 业务完整性约束的实现

SQL Server 业务完整性约束又称过程完整性约束，通过使用脚本语言（主语言或者 T_SQL）来实现，包括触发器和储存过程等，这里介绍触发器的实现。触发器通常用于业务一级的完整性约束，触发器具有 INSERT、UPDATE 和 DELETE 三种类型，建立在数据库表上，一个表可以分别建立以上 3 种中的 1 个、2 个或 3 个触发器。触发器的作用主要是某业务发生时维护数据的完整性，可以用 CREATE TRIGGER 来建立触发器。CREATE TRIGGER 语句的格式为：

```
CREATE TRIGGER <触发器>
  {BEFORE | AFTER} <触发事件> ON <表名>
  FOR EACH {ROW | STATEMENT}
  [ WHEN <触发条件>]
    <触发动作体>
```

删除类触发器就是当表上发生删除操作时所触发执行的程序，我们用一个级联删除的例子来说明删除类触发器。

【例 7-1】 对仓库表的删除操作定义一个触发器，使得当删除仓库记录时，也同时删除该仓库的所有职工记录。定义删除触发器如下：

```
CREATE TRIGGER w_del_trigger
ON 仓库 FOR DELETE
AS
DELETE 职工
FROM 职工 e , deleted d
WHERE e.仓库号 = d.仓库号
```

当我们在仓库表上定义了如上的触发器之后，如果删除一个仓库元组，也自动删除这个仓库的所有职工元组。

【例 7-2】 对职工表的插入操作定义一个触发器，使得当插入职工记录时，检查相应的仓库元组是否存在，如果不存在则撤销所做的插入操作。定义插入触发器如下：

```
CREATE TRIGGER e_ins_trigger
ON 职工 FOR INSERT
AS
IF (SELECT COUNT( * ) FROM 仓库 w,inserted i
         WHERE w.仓库号 = i.仓库号) = 0
BEGIN
  RAISERROR "非法仓库号！"
  ROLLBACK TRANSACTION
END
```

【例 7-3】 对职工表的更新操作定义一个触发器，使得当职工变换所属仓库时，检查相应的仓库元组是否存在，如果不存在则撤销所做的更新操作，如果新的仓库号是 WH2 则将工资提高 10%。定义更新触发器如下：

```
CREATE TRIGGER e_upd_trigger
    ON 职工 FOR UPDATE
    AS
    DECLARE @wh_no CHAR(4)
    IF UPDATE(仓库号)
    BEGIN
    IF (SELECT COUNT( * )
            FROM 仓库 w,inserted i
            WHERE w.仓库号 = i.仓库号) = 0
    BEGIN
            RAISERROR "非法仓库号！"
            ROLLBACK TRANSACTION
    END
    ELSE
    BEGIN
            SELECT @ wh_no = 仓库号
            IF @ wh_no = "WH2"
                  UPDATE 职工 SET 工资 = 工资 * 1.10
                         FROM 职工 e,inserted i
                         WHERE e.职工号 = i.职工号
    END
    END
```

7.3 数据库安全性

数据库安全性是指保护数据库，以防止不合法的使用造成的数据更改、破坏和泄密。不合法的使用是指用户进行了越权的数据操作。在计算机系统中，安全措施是层层设置的，包括计算机系统的用户标识和鉴别，只有合法的用户才准许进入计算机系统；对已经进入计算机系统的用户，DBMS还要进行存取控制，只允许用户执行合法的操作。

数据库安全相关的安全技术有用户标识和鉴定、存取控制、视图机制、审计和数据加密等。存取控制是数据库比较重要的安全技术，DBMS通过存取控制，只允许用户执行合法的数据库操作。

7.3.1 数据库安全性控制

1. 用户标识和鉴别

用户标识和鉴别是计算机系统提供的最外层的安全保护措施，用户要求进入计算机系统时都要求输入用户标识，系统核对是合法的用户才提供机器使用权。对于获得机器使用权的用户不一定具有数据库的使用权，需要数据库管理系统进一步的进行用户标识和鉴定，只允许具有数据库使用权的用户以一定权限访问数据库，而不允许没有数据库使用权的用户对数据库进行操作。

2. 存取控制

数据库作为多用户共享的资源，根据具体语义的不同，不同的用户对数据库中不同的数据对象具有不同的操作权限。所以DBMS需要提供一种有效的机制，以确保数据库中的数据仅被那些有权访问的用户访问。存取控制机制包括用户权限定义和存取权限检查。

(1) 用户权限定义。用户权限是指用户对于数据对象能够执行的操作类型。在数据库系统中，为了保证用户只能访问其有权存取的数据，必须预先对每个用户定义存取权限，并且将授权定义保存在数据字典中。

(2) 存取权限检查。对于通过鉴定获得上机权的用户(即合法用户)，可发出存取数据库某对象的操作请求，系统根据存取权限定义审核操作请求的合法性，如果操作请求没有超过操作权限，则允许执行；否则将拒绝执行该操作。

DBMS存取控制分为自主存取控制和强制存取控制。自主存取控制方法中，不同的用户对同一数据对象具有不同的存取权限；同一用户对不同的数据对象也有不同的权限；自主存取控制比较灵活，可以参照SQL语言的GRANT和REVOKE语句。而在强制存取控制方法中，每一个数据对象被标以一定的密级，每一个用户被授予某一个级别的许可证；对于一个数据对象，只有具有合法许可证的用户才可以存取。

3. 视图

数据库系统可以为不同的用户定义不同的视图，把要保密的数据对无权存取这些数据的用户隐藏起来，从而自动地对数据提供一定程度的安全保护。视图机制间接地实现了支持用户的权限定义，但其安全保护功能不太精细，往往达不到应用系统的要求。

4. 审计

审计功能是把用户对数据库的所有操作自动记录下来放入审计日志中。DBA可以利用审计跟踪的信息，重现导致数据库现有状况的一系列事件，找出非法存取数据库的用户、时间和内容。审计功能很浪费时间、空间，在DBMS中一般作为可选项，允许DBA根据应用的安全性要求，灵活打开和关闭审计功能；审计功能常用于安全性要求较高的部门。

5. **数据加密**

对于高度敏感数据，如财务数据等，还可以采用数据加密技术。

数据加密是防止数据库中的数据在存储和传输中失密的有效手段。加密的基本思想是根据一定的算法将原始数据变换为不可直接识别的格式，使得不知道解密算法的人无法获得数据内容。

7.3.2 SQL Server的安全控制和认证模式

SQL Server提供的安全机制比较健全，从外到内设置了多层安全措施。用户或应用程序对数据库及其对象的访问，SQL Server设置了4层安全防线，为SQL服务器提供了两种安全认证模式，管理员可以选择合适的安全认证模式。

1. **SQL Server的安全防线**

(1) Windows NT操作系统安全防线。

Windows NT网络管理员负责建立用户组，设置账号和注册，决定不同的用户对不同的系统资源的访问级别。用户只有拥有了一个有效的Windows NT登录账号才能对网络系统资源进行访问。

(2) SQL Server服务安全防线。

SQL Server通过创建另一种账号来创建附加安全层，它具有集成登录和标准登录两种用户登录方式，用户只有登录成功，才能与SQL Server建立一次连接。使用SQL Server验证登录的最大好处是很容易通过企业管理器实现，最大的缺点在于SQL Server验证的登录只对特定的服务器有效，也就是说，在一个多服务器的环境中管理比较困难。使用SQL Server进行验证的第二个严重缺点是，必须为每一个数据库分别设定管理权限。如果某个用户对两个数据库有相同的权限要求，我们必须手工设置两个数据库的权限，或者编写脚本设置权限。如果用户数量较少，而且这些用户的权限变化不是很频繁，SQL Server验证的登录相对适用。否则，这种登录方式的管理负担将超过它的优点。

(3) SQL Server数据库安全防线。

SQL Server中的每个数据库都有自己的用户和角色，该数据库只能由它的用户和角色来访问，其他用户无权访问它的数据。

(4) SQL Server数据库对象安全防线。

数据库的用户和角色对该数据库的访问也是由每个用户或角色的权限设置来决定的，SQL Server提供了对权限管理的功能，T_SQL的DCL相关语句保证即使进入了数据库，也只能在授权范围之内对数据库访问，而不能进行超越权限的数据存取操作。

2. **SQL Server的安全认证模式**

安全认证模式是指数据库系统确认访问用户的方式，它对用户访问数据库系统时所输入的账号和口令进行确认。SQL Server提供了两种安全认证模式：① Windows NT安全认证模式，又称集成安全模式；② Windows NT和SQL Server混合安全认证模式。

(1) Windows NT安全认证模式。

SQL Server数据库系统通常运行在NT服务器平台或基于NT构架的Windows系

统上，而 NT 作为网络操作系统，本身就具备管理登录、验证用户合法性的能力，所以 Windows 认证模式正是利用这一用户安全性和账号管理的机制，允许 SQL Server 也可以使用 NT 的用户名和口令。在该模式下，用户只要通过 Windows 的认证就可连接到 SQL Server，而 SQL Server 本身也没有必要管理一套登录数据。这种安全认证模式又称为集成安全认证模式。

（2）混合安全认证模式。

混合安全认证模式允许使用 Windows NT 安全认证模式或者 SQL Server 安全认证模式来控制用户对 SQL Server 的访问。在 SQL Server 安全认证模式下，用户在连接 SQL Server 时必须提供登录名和登录密码，这些登录信息存储在系统表 syslogins 中，与 NT 的登录账号无关。SQL Server 自己执行认证处理，如果输入的登录信息与系统表 syslogins 中的某条记录相匹配，则表明登录成功。

3. SQL Server 认证模式的设置

在对登录进行增加、删除等操作前，必须首先设置 SQL Server 的认证模式。通过 SQL Server 企业管理器来进行认证模式的设置主要执行以下步骤。

（1）启动 SQL Server 企业管理器选择要进行认证模式设置的服务器。

（2）右击该服务器，在弹出菜单中选择“属性”，SQL Server 将弹出“SQL Server 属性”对话框，如图 7-5 所示。

（3）在“SQL Server 属性”对话框中选择“安全性”选项卡。

（4）在“安全性”选项卡的“身份验证”处选择要设置的认证模式，包含两个单选框：单击“SQL Server 和 Windows”即选择混合安全认证模式；单击“仅 Windows”则选择集成安全认证模式。

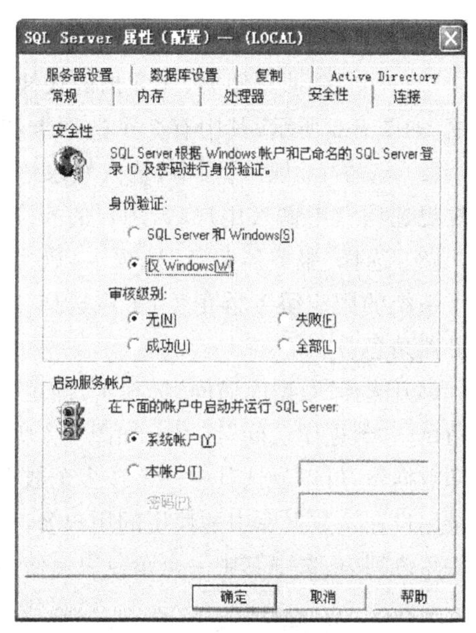

图 7-5　服务器属性

7.3.3　SQL Server 登录账户和角色管理

在 SQL Server 的安全防线中，除了 Windows NT 操作系统和 SQL Server 服务外，更细节的安全防线中突出了用户角色管理和权限管理。用户角色管理控制合法用户使用数据库；而权限管理则控制具有数据操作权的用户进行合法的数据存取操作。用户是数据库的合法使用者，角色是具有一定权限的用户组合。SQL Server 的用户和角色有两种：一种是登录用户或服务器角色，登录用户对应 Windows NT 操作系统安全防线和 SQL Server 服务安全防线；另一种是数据库用户和角色，对应 SQL Server 数据库安全防线和 SQL Server 数据库对象安全防线。

SQL 登录账户（又称 SQL 服务器用户）通过账户和口令访问 SQL Server 服务器。

SQL Server 有两个缺省的登录账户：SA 和 Administrators。SA 是系统管理员，Administrators是 Windows NT 管理员的简称。它们拥有 SQL Server 上所有数据库的全部操作权限。

可以使用企业管理器创建、查看和管理登录账户。

1. 登录账户的查看

SQL Server 的登录账号存放在 SQL 服务器的安全性文件夹中，当进入企业管理器打开指定的 SQL 服务器组和 SQL 服务器，选择安全性文件夹操作时，安全性文件夹中包含以下的子文件夹：登录文件夹用于存储和管理 SQL Server 的登录账号；服务器角色文件夹用于存储和管理服务器角色；连接服务器文件夹用于存储和管理连接的服务器；远程服务器文件夹用于存储和管理远程服务器信息。

2. 登录账户的创建

在 SQL 服务器的登录中可以通过以下步骤创建一个登录账号。

(1) 右击登录文件夹，在弹出的快捷菜单中选择"新建登录"选项后，出现登录用户对话框，如图 7-6 所示，其中有 3 个选项卡："常规"、"服务器角色"和"数据库访问"。

(2) 选择"常规"选项卡，输入登录用户的一般特性。常规选项卡界面如图 7-6 所示，在常规选项卡中输入用户名、用户的安全认证模式、选择默认数据库和默认语言。

(3) 选择"服务器角色"选项卡，确定登录用户的服务器角色。服务器角色列表中列出了系统的固定服务器角色，可以选择一个或者多个服务器角色，作为该登录用户所属的服务器角色。

(4) 选择"数据库访问"选项卡，确定登录用户能访问的数据库和登录用户所属的数据库角色。"数据库访问"选项卡如图 7-7 所示，其中有两个列表框：上面是该 SQL 服务器的全部数据库，可以复选其中一个或多个数据库作为该登录用户允许访问的数据库，右边是该登录用户在该数据库中的使用的用户名，可以修改；下面的列表框是当前选中的数据库的数据库角色列表，选中其中一个角色表示使该登录用户成为该数据库角色的一个成员。

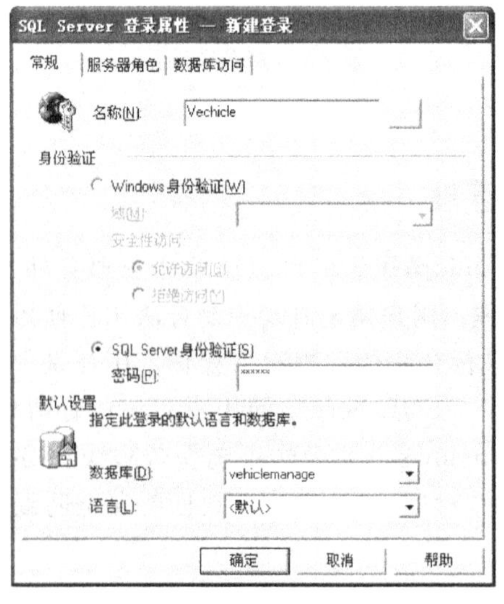

图 7-6　登录属性

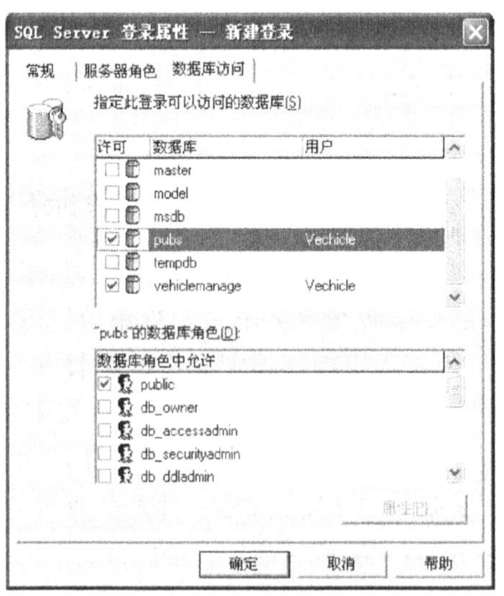

图 7-7　"数据库访问"选项卡

(5) 选择完成后，单击“确定”按钮，即完成了创建一个登录用户的所有工作。

3. 服务器角色的管理

角色是具有一定权限的用户组合，SQL Server 的角色和用户一样分为服务器级的角色和数据库级的角色。服务器级的角色建立在 SQL 服务器上，是系统预定义的，用户不能创建服务器角色，只能选择合适的服务器角色，服务器角色的信息存储在系统数据库 master 的 syslogins 表中，表 7-1 是服务器角色的种类和每种角色的权利。

表 7-1　SQL Server 服务器角色及权利

角色名称	角色简称	角色功能
System Administrators(系统管理员)	sysadmin	可以执行任何任务
Database Creators(数据创建者)	dbcreator	创建和更改个人的数据库
Process Administrators(进程管理员)	processadmin	管理运行在 SQL Server 中的不同进程
Disk Administrators(磁盘管理员)	diskadmin	对磁盘文件进行管理
Security Administrators(安全管理员)	securityadmin	对服务器注册进行管理
Server Administrators(服务器管理员)	serveradmin	配置服务器
Setup Administrators(设置管理员)	setupadmin	安装同步复制与扩展过程管理

登录用户可以通过两种方式与服务器角色绑定。一种是对已经登录的用户，指定它为某服务器角色成员；第二种是在创建 SQL 服务器用户时，通过新建登录用户窗口的“服务器角色”选项卡中的“服务器角色”选项，确定登录用户属于的服务器角色。

7.3.4　SQL Server 数据库用户和角色的管理

SQL 登录账户只有成为数据库用户(或者数据库角色)后才能够访问数据库。SQL Server 的每一个数据库都有两个默认用户 dbo(数据库拥有者)和 guest(客户用户)，它的所有用户信息都存放在系统表 sysusers 中，通过系统存储过程 sp_adduser 或者企业管理器可以创建新的数据库用户。

1. 数据库默认用户

dbo 用户即是数据库拥有者或者创建者，对其所拥有的数据库拥有所有的操作权限。dbo 的身份可以被重新分配给另一个用户，系统管理员可以作为任何数据库的 dbo。若一个数据库中 guest 用户存在，则允许任意一个登录账号以 guest 用户访问数据库；所以除了系统数据库 master 和临时数据库 tempdb 的 guest 用户不能被删除外，其他数据库中的 guest 用户都可以被删除，以防止不是本数据库用户的登录用户对数据库进行访问。

2. 数据库用户的创建

在 SQL Server 中创建新的数据库用户有两种方法：① 在创建登录用户时同时确定

它也作为数据库用户的身份，这种方法已经在登录用户的管理中介绍；② 单独创建数据库用户，可以通过以下步骤创建 GradeDB 数据库的一个数据库用户“李平”。

(1) 在企业管理器中扩展 SQL 服务器、Database 文件夹以及数据库文件夹。

(2) 右击用户文件夹，在弹出的快捷菜单中选择“新建数据库用户……”选项后，会出现一个新建数据库用户的对话框，如图 7-8 所示。

(3) 在对话框的登录名栏中选择一个 SQL 登录账号，在用户名栏中输入数据库的用户名，并在下面的数据库角色栏中选择它所属的数据库角色。

(4) 选择完成后，单击“确定”按钮，即完成了创建一个数据库用户的工作。

3. 数据库角色的管理

数据库角色是具有一定数据库权限的数据库用户组合。为了对数据库用户的管理更方便，在 SQL Server 中引入数据库角色的概念。具有一样操作权限的数据库用户同属于一个数据库角色，对这个角色授权、收权时，对它所包含的所有的数据库用户都有效；一个数据库用户可以同时属于多个角色，通过对这个用户添加或去掉角色来实现对这个用户相应权限的授权和收权。

(1) 数据库角色的创建。在企业管理器中创建数据库角色的步骤如下。

- 在企业管理器中扩展 SQL 服务器、Database 文件夹以及数据库文件夹。
- 右击角色文件夹，在弹出的快捷菜单中选择“新建数据库角色……”选项后，会出现一个新建数据库角色的对话框，如图 7-9 所示。
- 在对话框“名称”栏中输入新角色名，在“用户”栏增加或移去数据库用户，确定数据库角色的类型。
- 选择完成后，单击“确定”按钮，即完成了创建一个数据库角色的工作。

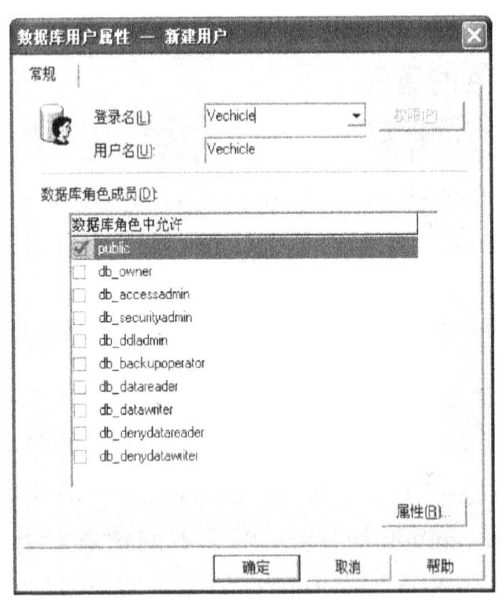

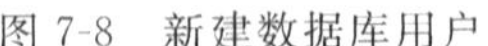
图 7-8 新建数据库用户

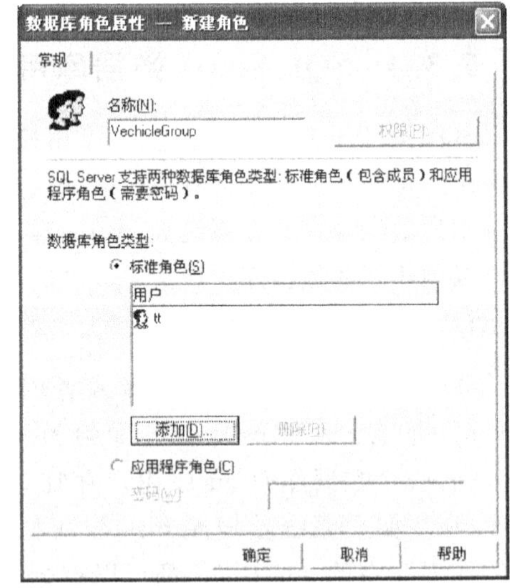

图 7-9 新建角色

(2) 数据库角色中添加或移去用户。

在企业管理器中向数据库角色添加或移去数据库用户的步骤如下。

- 在企业管理器中扩展 SQL 服务器、Database 文件夹以及数据库文件夹，选中角色文件夹就出现数据库已有的角色。
- 右击要管理的角色，在弹出的快捷菜单中选择“属性……”选项后，会出现数据库角色的属性对话框。
- 在数据库角色的属性对话框中，单击“添加”按钮出现数据库用户选择对话框，选择要加入此角色的数据库用户，单击“确定”则选中的用户出现在用户列表中，完成数据库用户的添加。
- 如果要把数据库用户从角色中移去，在用户列表框中选中，单击“删除”按钮。
- 选择完成后，单击“确定”按钮，即完成了对数据库角色的用户添加和移去的工作。

7.3.5　SQL Server 权限管理

SQL Server 的不同用户类型对应不同的权限层次：SA 对应 SQL 服务器层权限；dbo 对应数据库层权限；一般用户对应数据库对象层权限。SQL Server 有两类权限：对象权限和语句权限。对象权限针对数据库对象设置，是由数据库拥有者来管理，使用的数据库对象可能是表、视图、列、存储过程等，如图 7-10 所示；语句权限针对整个数据库设置，由 SA 或 dbo 管理，权限包括 CREATE DATABASE 、CREATE PROCEDURE、BACKUP DATABASE 等。以上两种权限都可以用 T_SQL 的 GRANT 和 REVOKE 来实现和管理，也可以使用企业管理器来管理，这里只介绍使用企业管理器管理的方法。

1. 通过数据库对象管理对象权限

如果要一次为多个用户(角色)授予、撤销对某一个数据库对象的权限，可以使用以下步骤实现。

(1) 在企业管理器中扩展 SQL 服务器、Database 文件夹以及数据库文件夹。

(2) 右击指定的对象(如某表)，在弹出的快捷菜单中选择“所有任务”中的“管理权限”选项后，会出现一个对象权限对话框，如图 7-11 所示。

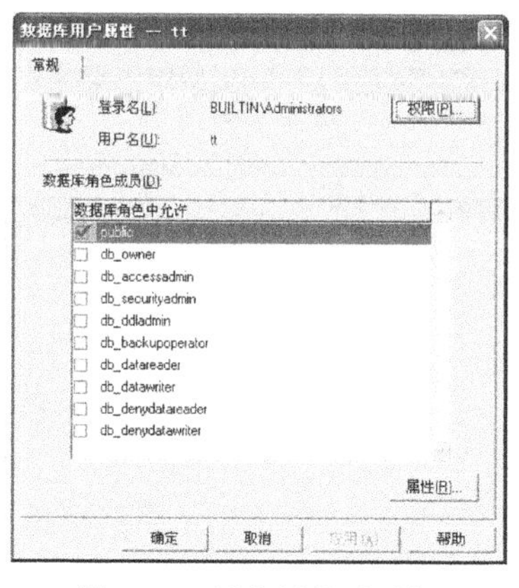

图 7-10　用户属性对话框

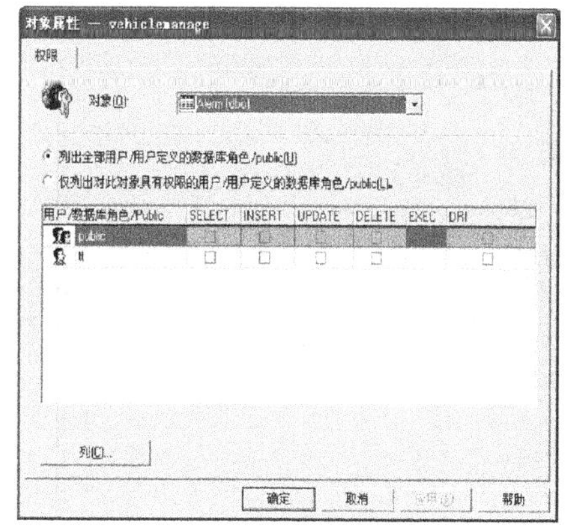

图 7-11　对象权限对话框

(3) 在对话框单选框有两个选项：“列出全部用户/用户定义的数据库角色/public”，则下面权限表列出所有的数据库用户和角色；“仅列出对此对象具有权限的用户/用户定义的数据库角色/public”,则在权限表中只列出对本对象具有操作权的用户和角色。

(4) 在对话框下部是数据库用户和角色对该对象拥有的权限表,可以对权限对应的复选框进行选择,实现各用户和角色对数据库对象授予或撤销权限。

(5) 选择完成后,单击“确定”按钮。

2. 通过用户或角色管理对象权限

如果要为一个用户或角色授予、撤销对多个数据库对象的权限,可以使用以下步骤实现。

(1) 在企业管理器中扩展 SQL 服务器、Database 文件夹以及数据库文件夹。

(2) 右击指定的用户(角色),在弹出的快捷菜单中选择“属性”选项后,会出现一个数据库用户对话框。

(3) 在对话框单击“权限”按钮,则出现如图 7-12 所示的数据库用户权限对话框。

(4) 在对话框单选框有两个选项:“列出全部对象”列出所有的数据库对象;“仅列出此用户具有权限的对象”在权限表中只列出该用户(角色)具有操作权的对象。

(5) 在对话框下部是该数据库用户(角色)对各个数据库对象拥有的权限表,可以对权限对应的复选框进行选择,实现该用户(角色)对各个数据库对象授予或撤销权限。

(6) 选择完成后,单击“确定”按钮。

3. 语句权限的管理

企业管理器提供了对语句权限的管理方法,操作的具体步骤如下。

(1) 在企业管理器中扩展 SQL 服务器、Database 文件夹。

(2) 右击某数据库文件夹,在弹出的快捷菜单中选择“属性”选项后,会出现一个数据库属性对话框,如图 7-13 所示。

(3) 在数据库属性对话框中,选择“权限”选项卡:出现数据库用户或角色的语句权限对话框,如图 7-13 所示。

(4) 在对话框下部是数据库用户和角色对该数据库拥有的语句操作权限,可以对权限对应的复选框进行选择,实现各用户和角色对该数据库授予或撤销语句权限。

(5) 选择完成后,单击“确定”按钮。

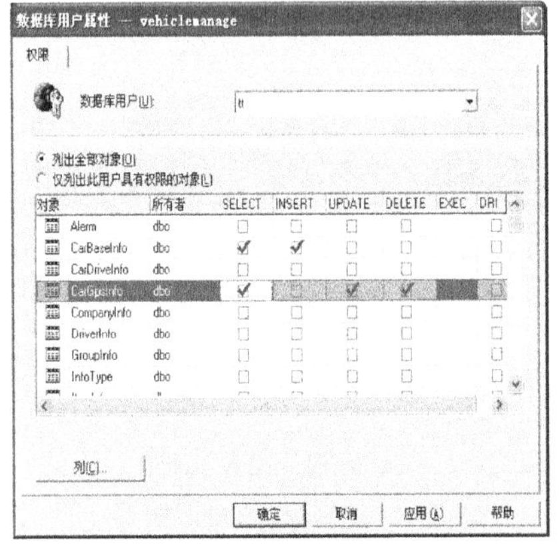

图 7-12　数据库用户权限

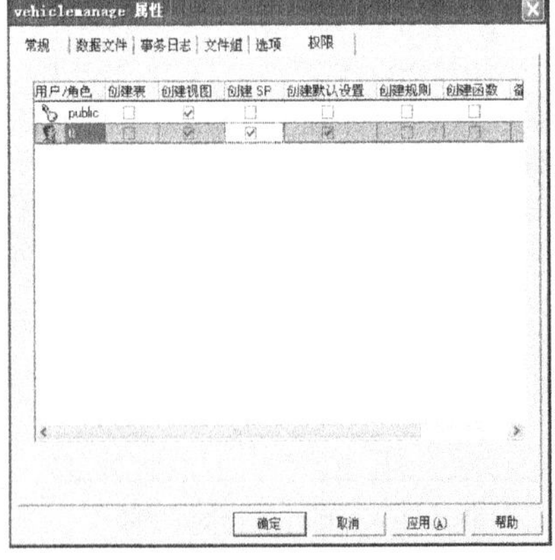

图 7-13　语句权限管理

7.4 数据库并发控制

数据库是一个共享资源，多个用户可以同时使用。用户对数据库的存取操作可以是串行的，即每一时刻只有一个用户程序对数据库进行存取操作，其他用户程序必须等到该用户程序结束以后才能对数据库进行存取操作。但是如果一个用户程序涉及大量数据的输入/输出交换，则数据库系统的许多资源将处于空闲状态。为了充分利用数据库资源，发挥数据库共享资源的特点，应允许多个用户同时对数据库进行存取操作，称为对数据库的并发操作。

多用户的数据库系统允许多个用户同时使用数据库，可以带来使用的方便性；但很多事务在系统中同时运行，如果对并发事务不加以控制，则事务的并发操作可能会带来数据的不一致，所以 DBMS 需要提供数据库的并发控制机制，以保证数据的完整性。SQL Server 提供了比较可靠而使用方便的并发控制机制。并发控制机制的好坏是衡量一个数据库管理系统性能的重要标志之一。

7.4.1　并发控制概述

一个最常见的并发操作的例子是火车订票系统中的订票操作，假设该系统原来数据库中有某个车次的余额为 26 张，现有两个售票窗口甲乙各售出一张车票，假设该系统按照以下活动序列来操作：

① 甲售票员读出车票张数余额 A，设 A=26；

② 乙售票员读出车票张数余额 A，也是 26；

③ 甲售票员卖出一张车票，修改车票张数余额 A=A－1=25，把 A 写回数据库；

④ 乙售票员也卖出一张车票，修改车票张数余额 A=A－1=25，把 A 写回数据库。

结果明明卖出两张车票，但数据库中车票余额只减少了 1 张。

这种情况称为数据库的不一致性。这种不一致性是由甲、乙两个售票员并发操作和错误的调度引起的。在并发操作的情况下，对甲、乙两个事务操作序列的调度是随机的；按上面的调度序列，甲事务的修改就会被丢失。这是由于第④步中乙事务修改 A 并写回 A 覆盖了甲事务对 A 的修改。

并发操作带来的数据库不一致性可以分为三类：丢失修改（Lost Update）、读“脏”数据（Dirty Read）和不可重复读（Non-repeatable Read），上例中出现的数据不一致性只是并发操作数据不一致性中的一种。下面分别讨论 3 种数据不一致性。

（1）丢失修改。

当两个或多个事务选择同一数据存取，并且基于最初选定的值更新该数据时，会发生丢失更新问题，每个事务都不知道其他事务的存在。最后的更新将重写由其他事务所做的更新，这将导致先前事务对该数据的修改，从而导致数据丢失，上面预定车票的例子就属于这种并发问题。事务 1 与事务 2 先后读入同一数据 A=26，事务 1 执行 A－1，并将结果 A=25 写回；事务 2 执行 A－1，并将结果 A=25 写回。事务 2 提交的结果覆盖了事务 1 对数据库的修改，从而使事务 1 对数据库的修改丢失了，如图 7-14 所示。

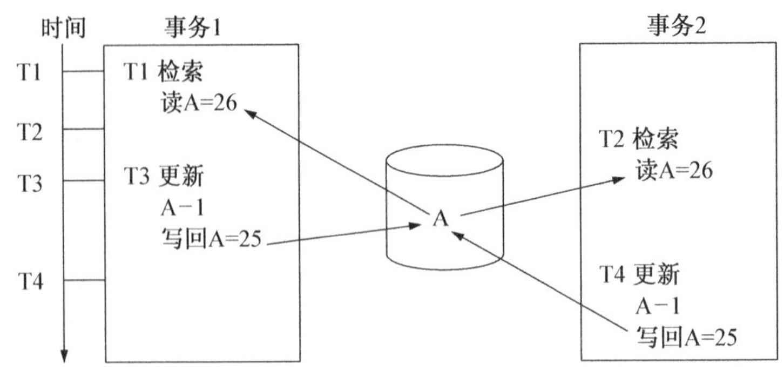

图 7-14 丢失修改

(2) 读"脏"数据。

一个事务读取了另一个未提交的并行事务写的数据，当第二个事务选择其他事务正在更新的行时，会发生未确认的相关性问题。当事务 1 修改某一数据，并将其写回磁盘，事务 2 读取同一数据后，事务 1 由于某种原因撤销了刚才的数据修改，这时事务 1 已修改过的数据恢复原值，事务 2 读到的数据就与数据库中的数据不一致，是不正确的数据，就是"脏"数据。

例如，在图 7-15 中，事务 1 将 C 值修改为 400，事务 2 读到 C 为 400，而事务 1 由于某种原因撤销了修改，C 恢复原值 200，这时事务 2 读到的就是"脏"数据。

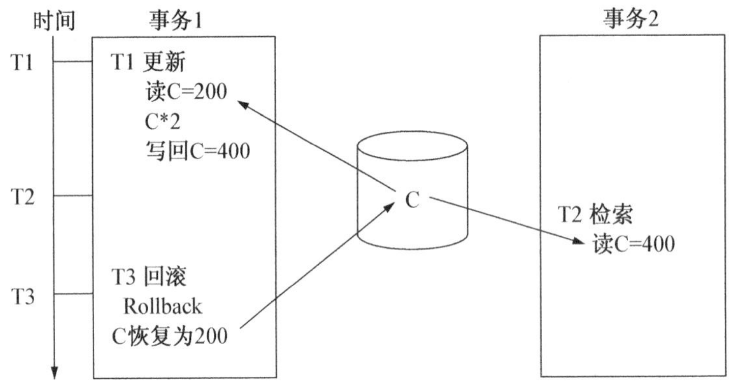

图 7-15 读"脏"数据

(3) 不可重复读。

一个事务重新读取前面读取过的数据，发现该数据已经被另一个已提交的事务修改过。即事务 1 读取某一数据后，事务 2 对其做了修改，当事务 1 再次读数据时，得到了与第一次不同的值。例如，在图 7-16 中，事务 1 读取 B=200 进行运算，事务 2 读取同一数据 B，对其进行修改后将 B=400 写回数据库。事务 1 为了校对读取值而重读 B，B 已为 400，与第一次读取值不一致。

产生上述 3 类数据不一致性的主要原因是并发操作破坏了事务的隔离性。并发控制需要系统自动地、正确地调度并发操作，使得各个并发事务的执行不会相互干扰，从而避免数据的不一致性。封锁是并发控制的重要措施。

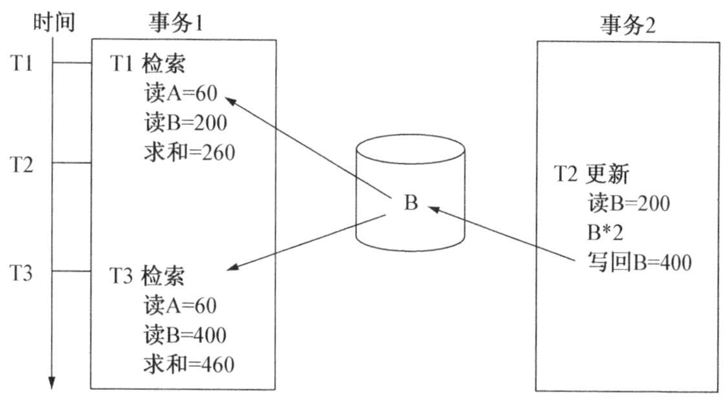

图 7-16　不可重复读

7.4.2　封锁和封锁协议

封锁机制是并发控制的主要手段。封锁是使事务对它要操作的数据有一定的控制能力。封锁有 3 个环节：① 申请加锁，即事务在操作前要对它欲使用的数据提出加锁请求；② 获得锁，即当条件成熟时，系统允许事务对数据加锁，从而事务获得数据的控制权；③ 释放锁，即完成操作后事务放弃数据的控制权。为了达到封锁的目的，在使用时应选择合适的锁，并要遵从一定的封锁协议。

1. 基本封锁类型

DBMS 通常提供多种类型的封锁，一个事务对某个数据对象加锁后究竟拥有什么样的控制由封锁类型决定。基本的封锁类型有排它锁和共享锁两类。

(1) 排它锁(Exclusive Locks，X 锁)：排它锁又称独占锁或写锁。若事务 T 对数据对象 A 加上 X 锁，则只允许 T 读取和修改 A，其他任何事务都不能再对 A 加任何类型的锁，直到 T 释放 A 上的锁。这就保证了其他事务在 T 释放 A 上的锁之前不能再读取和修改 A。

(2) 共享锁(Share Locks，S 锁)：共享锁又称读锁，若事务 T 对数据对象 A 加上 S 锁，则其他事务只能再对 A 加 S 锁，而不能加 X 锁，直到 T 释放 A 上的 S 锁。这就保证了其他事务可以同时读 A，但在 T 释放 A 上的 S 锁之前不能对 A 做任何修改。

排它锁与共享锁的相容关系可以用表 7-2 的相容矩阵来表示。

表 7-2　封锁类型的相容矩阵

T1 \ T2	X	S	—
X	N	N	Y
S	N	Y	Y
—	Y	Y	Y

在表 7-2 的封锁类型相容矩阵中，最左边一列表示事务 T1 已经获得的数据对象上的锁的类型，其中横线表示没有加锁。最上面一行表示另一事务 T2 对同一数据对象发出的封锁请求。T2 的封锁请求能否被满足用 Y 和 N 表示，其中 Y 表示事务 T2 的封锁要求与 T1 已持有的锁相容，封锁请求可以满足。N 表示 T2 的封锁请求与 T1 已持有的锁冲突，T2 封锁请求被拒绝。

2. 封锁协议

简单地对数据加 X 锁和 S 锁并不能保证数据库的一致性。在对数据对象加锁时，还需要约定一些规则。例如，何时申请封锁、持锁时间、何时释放等。这些规则称为封锁协议(Locking Protocol)。对封锁方式规定不同的规则，就形成了各种不同的封锁协议。封锁协议分三级，各级封锁协议对并发操作带来的丢失修改、不可重复读取和读"脏"数据等不一致问题，可以在不同程度上予以解决。因此三级不同的封锁协议为并发操作的正确调度提供一定的保证。

(1) 1 级封锁协议。

事务 T 在修改数据 R 之前必须先对其加 X 锁，直到事务结束才释放。事务结束包括正常结束(Commit)和非正常结束(Rollback)。

1 级封锁协议可以防止丢失更新，并保证事务 T 是可以恢复的。例如，图 7-17 使用 1 级封锁协议解决了订火车票例子的丢失更新问题。

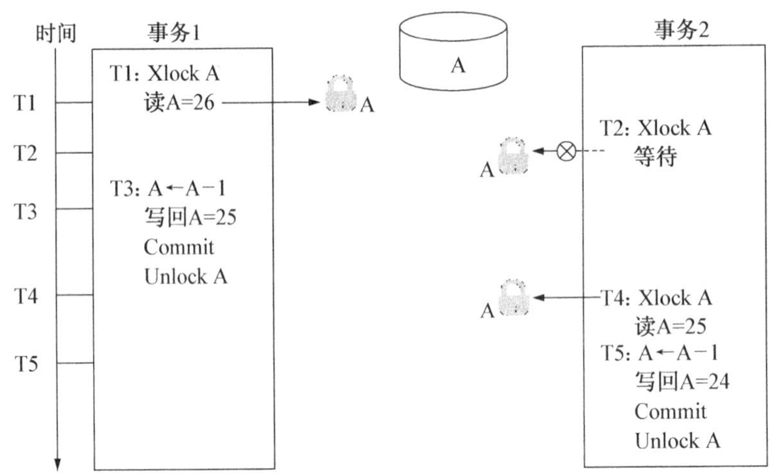

图 7-17　使用 1 级封锁协议防止丢失更新

图 7-14 中，事务 1 在读 A 进行修改之前先对 A 加 X 锁，当事务 2 再请求对 A 加 X 锁时被拒绝，只能等事务 1 释放 A 上的锁。事务 1 修改值 A=25 写回磁盘，释放 A 上的 X 锁后，事务 2 获得对 A 的 X 锁，这时事务 2 读到的 A 已经是事务 1 更新过的值 25，再按此新的 A 值进行运算，并将结果值 A=24 写回到磁盘。这样就避免了丢失事务 1 的更新。

在 1 级封锁协议中，如果仅仅是读数据不对其进行修改，是不需要加锁的，所以 1 级封锁协议不能解决可重复读和读"脏"数据问题。

（2）2 级封锁协议。

在 1 级封锁协议的基础上，事务 T 在读取数据 R 之前必须先对其加 S 锁，读完后即可释放 S 锁，这就是 2 级封锁协议。2 级封锁协议除了能防止丢失更新，还可进一步防止读"脏"数据。例如，图 7-18 使用 2 级封锁协议解决了读"脏"数据的问题。

图 7-18 中，事务 1 在对 C 进行修改之前，先对 C 加 X 锁，修改其值后写回磁盘；这时事务 2 请求对 C 加上 S 锁，因 T1 已在 C 上加了 X 锁，事务 2 只能等待事务 1 释放它。之后事务 1 因某种原因被撤销，C 恢复为原值 200，并释放 C 上的 X 锁。事务 2 获得 C 上的 S 锁，读 C=200。这就避免了事务 2 脏读数据。

在 2 级封锁协议中，由于读完数据后即可释放 S 锁，所以它不能保证可重复读。

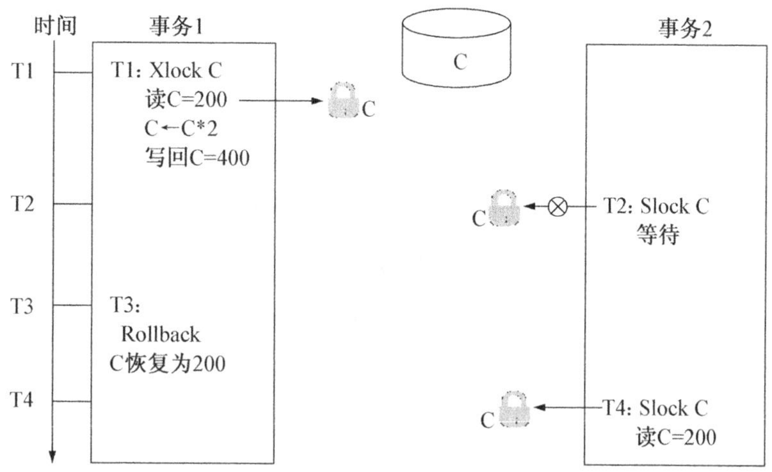

图 7-18　使用 2 级封锁协议防止读"脏"数据问题

（3）3 级封锁协议。

在 1 级封锁协议的基础上，事务 T 在读取数据之前必须先对其加 S 锁，直到事务结束才释放，这就是 3 级封锁协议。

3 级封锁协议除了能防止丢失更新和读"脏"数据外，还进一步防止不可重复读。如图 7-19，使用 3 级封锁协议解决了不可重复读问题。

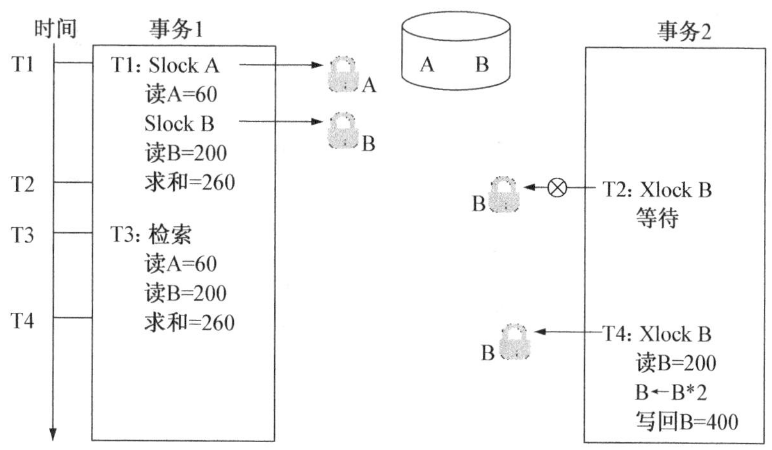

图 7-19　使用 3 级封锁协议解决了不可重复读问题

图 7-19 中，事务 1 在读 A、B 之前，先对 A、B 加 S 锁，这样其他事务只能再对 A、B 加 S 锁，而不能加 X 锁，即其他事务只能读 A、B，而不能修改它们。所以当事务 2 为修改 B 而申请对 B 加 X 锁时被拒绝，使其无法执行修改操作，只能等待事务 1 释放 B 上的封锁。事务 1 为验算再读 A、B，这时读出的 B 仍是 200，求和结果仍为 260，即可重复读。

上述三级协议的主要区别在于申请封锁的类型和何时释放锁(即持锁时间)，三级封锁协议可以总结为表 7-3 所示。

表 7-3　三级封锁协议比较

	X 锁		S 锁		一致性保证		
	操作结束释放	事务结束释放	操作结束释放	事务结束释放	不丢失修改	不脏读	可重复读
1 级封锁协议		√			√		
2 级封锁协议		√	√		√	√	
3 级封锁协议		√		√	√	√	√

7.4.3　封锁出现的问题和解决方法

封锁技术可以有效地解决并行操作的不一致性问题，但也带来一些新的问题：活锁、死锁和不可串行化问题。

1. 活锁

如果事务 T1 封锁了数据对象 R 后，事务 T2 也请求封锁 R，于是 T2 等待。接着 T3 也请求封锁 R；T1 释放 R 上的锁后，系统准许了 T3 的请求，T2 只得继续等待；接着 T4 也请求封锁 R，T3 释放 R 上的锁后，系统又准许了 T4 的请求……，T2 有可能就这样永远处于等待状态。这就是活锁，如图 7-20 所示。

事务 T1	事务 T2	事务 T3	事务 T4
●	●	●	●
Xlock R→	●	●	●
●	Xlock R-⊗→	●	●
●	等待	Xlock R-⊗→	●
Unlock R	等待	等待	Xlock R-⊗→
●	等待	Xlock R→	等待
●	●	●	●
●	●	●	●
	●	●	●
	●	Unlock R	等待
	等待	●	Xlock R→
	●	●	
	●	●	
	●		

图 7-20　活锁示例

避免活锁的简单方法是采用先来先服务的策略。多个事务请求封锁同一对象时，封锁子系统按它们请求封锁的先后次序排队，该数据对象上的锁一旦释放，首先准许申请队列中第一个事务获得封锁。

2. 死锁

如果事务 T1 封锁了数据 A，事务 T2 封锁了数据 B；之后，T1 申请封锁数据 B，因 T2 已封锁了数据 B，T1 等待 T2 释放数据 B 上的锁；T2 又申请封锁 A，因 T1 已封锁了 A，T2 也只能等待 T1 释放数据 A 上的锁。这样就出现 T1 在等待 T2，T2 又在等待 T1 的情况，T1 和 T2 两个事务永远不能结束，形成死锁。如图 7-21 所示。

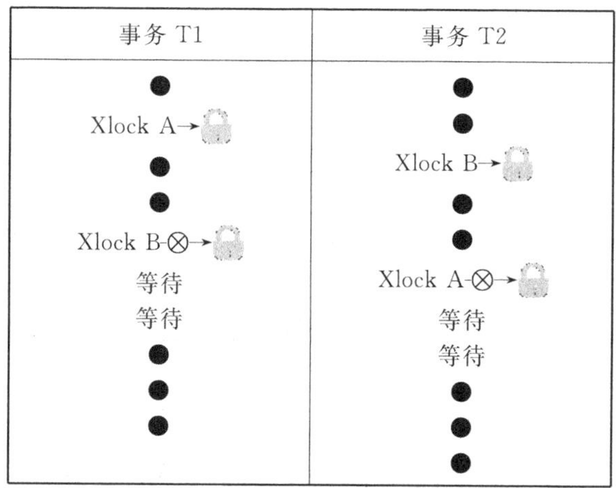

图 7-21　死锁示例

目前在数据库中解决死锁问题主要有两类方法，一类方法是采取一定措施来预防死锁的发生，另一类方法是允许发生死锁，采用一定手段定期诊断系统中有无死锁发生，若有则解除之。

3. 并发调度的可串行化

(1) 可串行化概念。多个事务的并行执行是正确的，当且仅当其结果与按某一次序串行地执行时的结果相同，这种并行调度策略称为可串行化(Serializable)的调度。可串行性是并行事务正确性的唯一准则。

(2) 两段封锁协议。可串行性是并行调度正确性的唯一准则，两段封锁(Two-phase Locking，2PL)协议是为保证并行调度可串行性而提供的封锁协议。

两段封锁协议规定：① 在对任何数据进行读、写操作之前，事务首先要获得对该数据的封锁；② 在释放一个封锁之后，事务不再获得任何其他封锁。

所谓"两段"封锁的含义是，事务分为两个阶段，第一阶段是获得封锁，也称为扩展阶段，第二阶段是释放封锁，也称为收缩阶段。

例如，事务 1 的封锁序列是：

Slock A… Slock B… Xlock C… Unlock B… Unlock A… Unlock C。

事务 2 的封锁序列是：

Slock A… Unlock A… Slock B… Xlock C… Unlock C… Unlock B。

则事务1遵守两段封锁协议,而事务2不遵守两段封锁协议。

可以证明,如并发执行的每个事务都遵守两段锁协议,则对这些事务的并行调度一定是可串行化的。因此我们得出如下结论:所有遵守两段封锁协议的事务,其并发执行的结果一定是正确的。

需要注意的是,每个事务遵守两段封锁协议是可串行化调度的充分条件,而不是必要条件。也就是说,如并发事务都遵守两段封锁协议,则对这些事务任何并发调度都是可串行化的;但是并发事务的一个调度是可串行化的,不一定每个事务都遵守两段封锁协议。

7.4.4 SQL Server 封锁机制

SQL Server 的所有活动都会产生锁。锁定的单元越小,就越能提高并发处理能力,但是管理锁的开销也越大。如何找到平衡点,使并发性和性能都可接受是 SQL Server 封锁的难点。

1. SQL Server 的封锁粒度

封锁对象的大小称为封锁粒度。封锁对象可以是逻辑单元,也可以是物理单元。封锁粒度与系统的并发度和并发控制的开销密切相关。直观看,封锁的粒度越大,数据库所能封锁的数据单元就越少,并发度就越小,系统开销也越小;反之,封锁的粒度越小,并发度较高,但系统开销也就越大。

在一个系统中同时支持多种封锁粒度供不同的事务选择是比较理想的,这种封锁方法称为多粒度封锁(Multiple Granularity Locking)。选择封锁粒度时应该同时考虑封锁开销和并发度两个因素,适当选择封锁粒度以求得最佳的效果。一般说来,需要处理大量元组的事务可以以关系为封锁粒度;需要处理多个关系的大量元组的事务可以以数据库为封锁粒度;而对于一个处理少量元组的用户事务,以元组为封锁粒度比较合适。

SQL Server 具有多种类型的锁,允许事务锁定不同的资源,能自动使用与任务对应的等级锁来锁定资源对象,使得开销最小化。锁定资源对象包括行、页、簇、表,甚至整个数据库,相应的有行级锁、页和页级锁、簇和簇级锁、表级锁和数据库级锁。

2. SQL Server 锁的类型

在 SQL Server 数据库中加锁时,除了可以对不同的资源加锁,还可以使用不同程度的加锁方式,即锁有多种模式,SQL Server 中锁的模式如下。

(1) 共享锁:SQL Server 中,共享锁用于所有的只读数据操作。共享锁是非独占的,允许多个并发事务读取其锁定的资源。默认情况下,数据被读取后,SQL Server 立即释放共享锁。

(2) 更新锁:更新锁在修改操作的初始化阶段用来锁定可能要被修改的资源,这样可以避免使用共享锁造成的死锁现象。

(3) 排它锁:排它锁是为修改数据而保留的。它所锁定的资源,其他事务不能读取也不能修改。

(4) 意向锁:意向锁说明 SQL Server 有在资源的低层获得共享锁或排它锁的意向。

7.5 小　结

随着数据库规模的不断扩大，数据的安全性、有效性和数据库应用系统的可用性要求越来越高，DBMS 必须提供健壮、有效的数据保护和恢复机制。本章讨论数据库恢复、数据库完整性、数据库安全性和并发控制等数据库保护性技术的原理性知识，并讨论 SQL Server 下的各种技术的具体实现机制和使用方法。通过本章的学习，希望读者在理解数据库保护各种机制原理的基础上，学会在 SQL Server 中实施数据库保护的具体方法，并能举一反三地应用于其他 DBMS 中。

习　题　7

一、填空题

1. 事务与转储并发执行称为________转储，每次只转储上一次转储以来更新过的数据称为________转储。

2. 事务的原子性，是由 DBMS 的事务管理子系统完成的，而事务的隔离性是由 DBMS 的________实现的。

3. 数据库系统中系统故障通常称为__________，介质故障称为硬故障。

4. SQL Server 中可以使用________、________和________三种方式对数据库进行备份。

5. 登记日志文件时必须遵循两条原则________、________，这样才能保证数据库是可恢复的。

6. DBMS 的完整性控制机制应具备三个功能：定义功能，即________；检查功能，即________；最后若发现用户的操作请求使数据违背了完整性约束条件则采取一定的动作来保证数据的完整性。

7. 设有关系模式 $R(A,B,C)$ 和 $S(D,A,F)$，若 $R.A$ 是 R 的主码，$S.A$ 是 S 的外码，则 $S.A$ 的值或者等于 R 中某个元组的主码值，或者取空值，这是参照完整性规则，它是通过________和________来实现的。

8. SQL Server 中数据完整性包括________、________和________。

9. 授权语句将关系 S 的查询、修改权限授给用户 WANG，授权语句只需要带____________子句就可以使 WANG 把这些权限转授给其他用户。

10. 安全认证模式是指系统确认用户的方式，SQL Server 有______________和____________两种安全性认证模式。

11. 事务遵守两段封锁协议是并发事务可串行化调度的________条件。

12. 在数据库中经常采用________和________这两种方法预防死锁的发生。

二、问答题

1. 什么是数据库的恢复？恢复的基本原则是什么？

2. 列举事务的 4 个性质，并解释每一个性质的含义。

3. 并发操作可能产生哪几类数据的不一致？用什么方法能避免各种不一致的情况？

4. 试述数据库中完整性的概念、类型及你所了解的系统完整性检查方法。

5. 简述数据库安全性和完整性的异同。

6. 什么是日志文件，为什么要设立日志文件？

7. 当发生数据丢失或操作失败时，如果 SQL Server 同时使用完全备份、差异备份和事务日志对数据库进行了备份，那么恢复数据库时应按怎样的顺序执行？

8. 在数据库系统中为什么要并发控制，并发控制的主要手段是什么？

9. 试叙述“串行调度”与“可串行化调度”的区别。

10. 简述数据库权限管理中角色的作用。

11. 叙述 SQL Server 登录账号和用户账号的关系。

12. 试述活锁的产生原因和解决方法。

13. 死锁的发生对系统有什么影响？试举例说明理由。

14. 试述实现数据库安全性控制的常用方法和技术。

15. 有两个数据库关系模式：

学生(学号,姓名,年龄,性别,系号,宿舍号)

系(系号,名称,系主任,地址,电话号)

请用 SQL 的 GRANT 和 REVOKE 语句(加上视图机制)完成如下授权定义或存取控制功能。

(1) 授权用户 WANG 对两个表有 SELECT 权力；

(2) 收回用户 ZHANG 对两个表的 INSERT 和 DELETE 权力；

(3) 建立信息学院学生的视图，把对该视图的 SELECT 权利授予 LI；

(4) 授权用户 ZHANG 对学生表有 SELECT 权力，对年龄字段具有更新的权力；

(5) 授权用户 WANG 具有修改学生表结构的权力；

(6) 授权用户 ZHOU 具有这两个表的所有权力，并具有给其他用户授权的权力；

(7) 授权用户 YANG 具有从每个系学生中 SELECT 最大年龄、最小年龄、平均年龄的权力，但他不能查看每个人的年龄。

16. 设 T1、T2、T3 是如下的三个事务：

Tl：A：$=A+2$；

T2：A：$=A*2$；

T3：A：$=A^2$。

设 A 的初值=1，

(1) 若三个事务允许并发执行，则有多少种可能正确的结果，请分别列举出来；

(2) 请给出一个可串行化的调度，并给出执行结果；

(3) 请给出一个不可串行化的调度，并给出执行结果。

第 8 章 网络数据库技术

8.1 Web 数据库概述

随着网络的高速发展和网络服务的日趋完善，网络上的信息量呈几何级的增长。为了有效地组织、存储、管理和使用网络上的信息，网络数据库技术应运而生。网络数据库的必要组成元素是：后台数据库、Web 服务器、客户端浏览器以及连接服务器和客户端之间的网络。

网络数据库（又称 Web 数据库）技术就是将数据库技术与 Web 技术融合在一起，将数据库技术引入到 Web 系统中，借助 Web 技术将存储于数据库中的大量信息及时发布出去，而 Web 站点则利用数据库技术对网站的各种数据进行有效管理，并实现用户与网络中的数据库进行实时动态数据交互。Web 技术和数据库技术的结合是 Web 技术与数据库技术发展的共同趋势。

8.1.1 Web 简介

WWW 是 World Wide Web 的缩写，中文译名为“万维网”。Web 是基于 Internet/Intranet的、全球连接的、分布的、动态的、多平台的交互式超文本查询系统。Web 允许用户用一台计算机通过 Internet 访问另一台计算机上的信息。WWW 由 Web 服务器、浏览器和网页组成。从技术角度上说，万维网是 Internet 上那些支持超文本传输协议（Hyper Text Transfer Protocol，HTTP）的客户机与服务器的集合，通过它可以访问世界各地的超媒体文件，内容包括文字、图形、声音、动画、资料库以及各式各样的软件。

1. Web 服务器

WWW 服务器通常称为 Web 服务器，是网站的主要组成部分。Web 服务器的作用是存储网页、响应浏览器的请求、将相应的网页传给浏览器。在 Web 服务器上，存放着向外发布的信息。作为一个网站，通常提供多种服务，如电子邮件、文件下载等，而 WWW 服务则是当今网站最普遍的一种服务，几乎所有的信息都是通过 WWW 发布到全世界的。平常所说的访问某个网站，其实就是访问 Web 服务器。

2. 网页

存放在 Web 服务器上的文档被称为网页，网页可以理解为超文本系统中的一个节点，超链接就是网页的地址。计算机文档都是以文件的形式存放在诸如磁盘的外存上，网页就是存放在网站上的一个文件，其扩展名一般是.htm、.html、.asp、.php 等。用户上网浏览信息，其实就是访问网站上存放的网页。

3. 浏览器

用来访问 Web 服务器的专用软件称为 Web 浏览器。较常见的网络浏览器有微软的 Internet Explorer 等。

当用户利用浏览器与 Internet 上某一个 Web 服务器连接成功以后，在浏览器上首先显示的文档就是该 Web 服务器的起始页，称为“主页”，其他的页面称为“网页”。假如将站点比做一本书的话，“主页”相当于书的封面，“网页”就是书本中的书页。由“主页”和其他一些“网页”所组成的网页集合就构成了一个网站，也就是一个站点。

8.1.2 静态网页与动态网页

1. 静态 Web 的工作过程

所谓静态网页是指那些一经制作，内容就不会变化的网页，此类网页无论何时何人访问，显示的内容都是一样的。静态网页通常都以后缀.htm 或.html 存放。静态 Web 的工作过程有以下几个步骤。

(1) Web 浏览器(客户端)将用户对页面的请求发送给 Web 应用服务器。

(2) Web 应用服务器响应这个请求，并将其请求的页面或文档(图像、声音、视频、动画等)传送给 Web 浏览器。

(3) 浏览器获得所请求的 Web 页面或文档。

(4) 浏览器显示该 Web 页面或文档。

这也是一个 Web 服务器最基本的功能，图 8-1 为静态网页的工作过程。

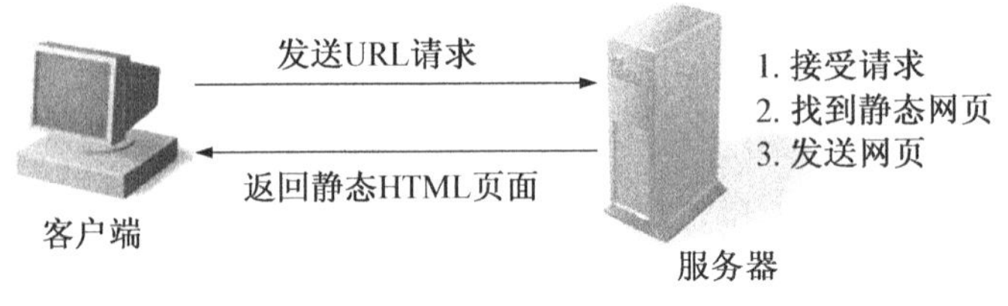

图 8-1　静态网页的工作过程

2. 动态 Web 的工作过程

动态网页能够根据不同的访问者、不同的访问时间和不同的访问参数显示不同的内容。动态网页可以实现用户和服务器的动态交互查询，通常动态网页都配合数据库操作。根据不同的程序设计语言，动态网页文件的后缀常见的有.asp、.jsp 等，常见的 BBS、留言板、聊天室等通常都是用动态网页实现的。动态 Web 的工作过程有以下几个步骤。

(1) 在 B/S 模式中，客户端运行浏览器软件。

(2) 浏览器以超文本形式向 Web 服务器提出访问数据库的要求。

(3) Web 服务器接受客户端请求后，将这个请求转化为 SQL 语句，并交给数据库服务器。

(4) 数据库服务器得到请求后,验证其合法性,并进行数据处理,然后将处理后的结果返回给 Web 服务器。

(5) Web 服务器将得到的所有结果进行转化,变成 HTML 文档形式,转发给客户端浏览器。

(6) 浏览器以友好的 Web 页面形式显示出来。

这样就完成了一次复杂的 Web 页面请求,其他请求重复以上过程即可。图 8-2 为动态网页的工作过程。

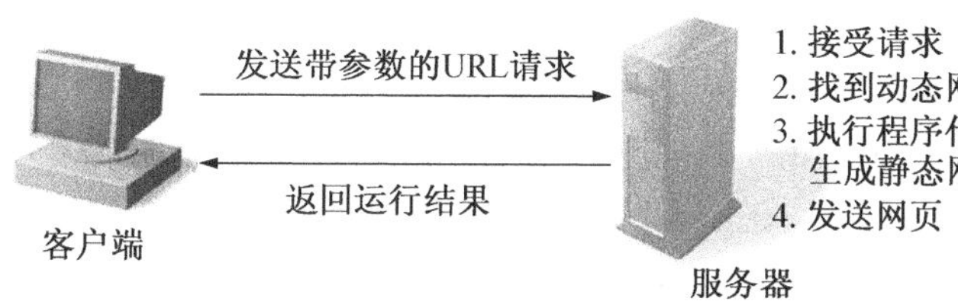

图 8-2　动态网页的工作过程

8.1.3　Web 数据库应用的三层体系结构

当前在许多 Web 数据库应用中都采用三层体系结构(Three-tier Architecture)的开发模式。三层体系结构将整个业务应用划分为:表示层(USL)、业务逻辑层(BLL)和数据访问层(DAL),如图 8-3 所示。其目的就是为了实现软件工程“高内聚、低耦合”的设计思想,使项目结构更清楚、分工更明确,有利于后期的维护和升级。

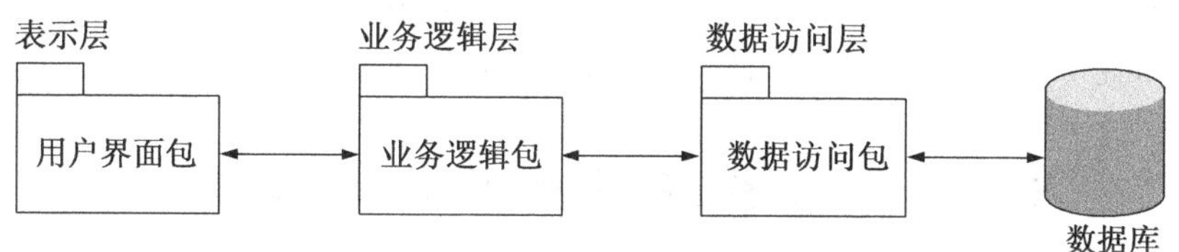

图 8-3　三层体系结构示意图

所谓的三层体系结构就是在客户端和数据库服务器间增加了一个中间层(Middle Tier),又称组件层。这里所说的三层体系,不是指物理上的三层,不是简单地放置三台机器就是三层体系结构,也不仅仅有 B/S 应用就是三层体系结构,三层是指逻辑上的三层,即便这三个层放置到一台机器上。基于三层体系结构的应用程序将业务规则、数据访问、合法性校验等工作放到了中间层进行处理。通常情况下,客户端不直接与数据库进行交互,而是通过中间层与数据库进行交互,系统主要功能和业务逻辑都在业务逻辑层进行处理。三层体系结构的层次及具体功能划分如下。

1. 表示层

表示层的主要表现形式有 Web 方式和 WinForm 方式。表示层位于三层体系结构的最上方,向用户显示数据和接受用户输入数据,为用户提供统一的交互式页面。理论上如果业务逻辑层足够强壮和完善,无论表示层如何定义和更改,业务逻辑层都能完善地提供服务。

2. 业务逻辑层

业务逻辑层是系统架构中体现核心价值的部分。业务逻辑层关注点主要集中在业务规则的制订、业务流程的实现等与业务需求有关的系统设计，即它是与系统所应对的领域逻辑有关，因此，也将业务逻辑层称为领域层。业务逻辑层主要针对具体的问题的操作，负责对数据访问层的操作，也就是说把一些数据层的操作进行组合，建立实际的数据库连接，根据用户的请求生成 SQL 语句检索或更新数据库，并把结果返回给客户端。这一层通常以动态链接库的形式存在并注册到服务器的注册表中，它与客户端通信的接口符合某一特定的组件标准(如 COM，CORBA)，可以用任何支持这种标准的工具开发。

业务逻辑层处于数据访问层与表示层中间，在体系架构中的位置很关键，在数据交互中起到了承上启下的作用。由于层是一种弱耦合结构，层与层之间的依赖是向下的，底层对于上层而言是“无知”的，改变上层的设计对于其调用的底层而言没有任何影响。如果在分层设计时，遵循了面向接口设计的思想，那么这种向下的依赖也应该是一种弱依赖关系。因而在不改变接口定义的前提下，理想的分层式架构，应该是一个支持可抽取、可替换的“抽屉”式架构。正因为如此，业务逻辑层的设计对于一个支持可扩展的架构尤为关键，因为它扮演了两个不同的角色。对于数据访问层而言，它是调用者；对于表示层而言，它却是被调用者。

3. 数据访问层

数据访问层的主要功能是负责对原始数据(数据库系统、二进制文件、文本文件或 XML 文档等存放数据的形式)的操作。简单地说，该层负责实际的数据存储和检索，实现对数据表的 Select、Insert、Update、Delete 等操作。数据访问层上的函数只需关心对数据文件的操作，而不用管其他操作，因此，数据访问层又称持久层。

8.2 网络数据库系统的工作模式

8.2.1 C/S 模式

C/S 模式又称 C/S 结构，是软件系统体系结构的一种。C/S 模式简单地讲就是将一个软件系统或应用系统按逻辑功能分成若干个组成部分，如用户界面、表示逻辑、事务逻辑、数据访问等，按照其相对角色的不同，区分为客户端软件和服务器软件，客户端软件能够请求服务器软件的服务。常见的 C/S 模式分两层结构和三层结构两种。

1. 两层 C/S 模式

传统的网络应用程序开发通常采用两层 C/S 计算模式，这种模式结构划分相对简单，在实际开发中主要应用于一些小型的、应用需求不大的系统中。两层 C/S 模式的基本工作方式是客户端程序向数据库服务器发送 SQL 请求，服务器返回数据或结果。最简单的两层 C/S 体系结构如图 8-4 所示。

采用两层 C/S 模式的应用系统将数据处理任务在客户端和服务器之间进行划分。划分的方案有两种，一种是客户端负责应用表示和应用处理，服务器负责数据访问和事务管理,这是一种以客户端为中心的方案,适用于相对简单、数据访问量不大的应用系统。另一种方案是以服务器为中心,把一些重要的应用逻辑部署到服务器上,充分利用服务器的计算能力,减少网络传送的数据量。

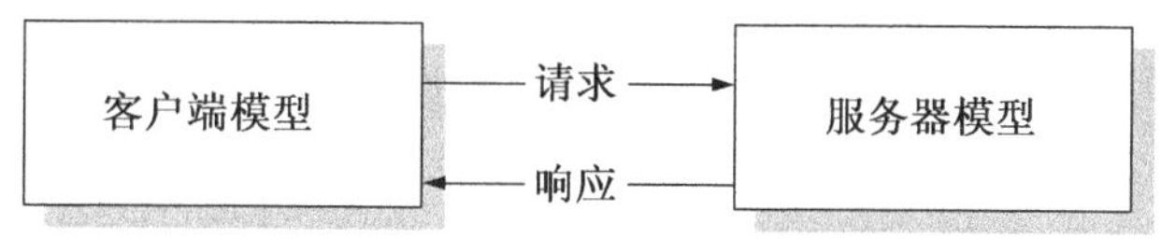

图 8-4　两层 C/S 结构图

但无论是采用哪种数据处理方案,两层 C/S 模式都需要在客户端安装并运行庞大的应用程序,并做大量的配置工作,而且还存在着系统资源利用率不高、系统维护繁琐、维护费用较高、不易扩展等诸多缺点。为此,在两层 C/S 计算模式的基础上提出了三层 C/S 模式的概念。

2. 三层 C/S 模式

由于两层 C/S 模式本身固有的缺陷,使得它不能应用于一些大型的、结构复杂的系统中,由此出现了三层结构的 C/S 模式,它将两层结构中的服务器部分和客户端部分的应用单独划分出来,从而满足了大型应用系统的需求。由于它很好地解决了两层 C/S 模式中所存在的不足,因此,在当前的网络应用程序开发中已被普遍采用,并已成为当前网络应用程序开发的主流。

三层 C/S 模式由客户端、应用服务器、数据库服务器三层构成,分别对应三层体系结构的表示层、业务逻辑层和数据访问层。其中客户端充当着访问代理的角色,将用户的数据请求发送给应用服务器,并将应用服务器返回的结果显示给用户。应用服务器负责接受客户端发送过来的数据请求,并作相应的数据处理。例如,一个请求要访问数据库服务器,应用服务器就向数据库服务器发送数据请求,并接受数据服务器返回的结果,最后将处理的最终结果返回客户端。数据库服务器的主要任务是根据应用服务器发送的数据请求,进行相应的数据库操作,如 SQL 操作,并将数据处理结果返回给应用服务器。

8.2.2　B/S 模式

B/S 模式,是三层 C/S 模式在 Web 上的应用,也称为三层 B/S 模式。三层 B/S 模式如图 8-5 所示。

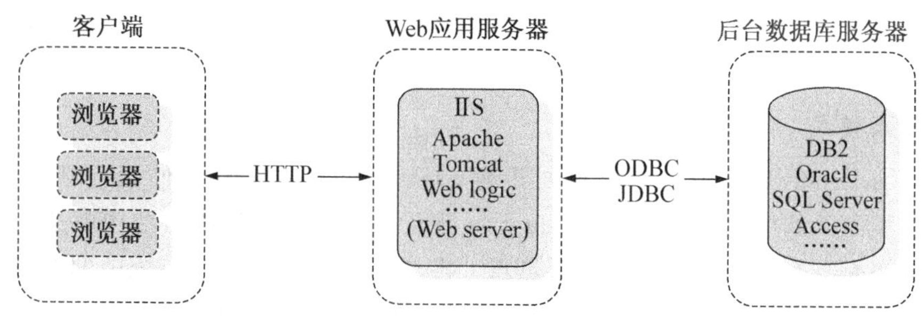

图 8-5　三层 B/S 模式示意图

具体地说,三层 B/S 体系结构由 Web 浏览器(客户端)、Web 应用服务器和后台数据库服务器三部分组成,分别对应三层体系结构的表示层、业务逻辑层和数据访问层。

其中客户端由 Web 浏览器来实现,它将用户对页面的请求发送给 Web 应用服务器,并将 Web 服务器返回的结果显示给用户。由于客户端采用的是简单易用的 Web 浏览器软件,这样不但为所有用户提供了统一的交互界面,而且无需在客户机上安装庞大的应用程序。

Web 应用服务器负责接受客户端发过来的页面请求,并将处理结果传送给浏览器。Web 充当一个中间人的角色,它负责保存用于访问数据库服务的业务规则(过程或约束),在将客户端请求发送给数据库服务器的同时,Web 应用服务器还负责检查客户凭证等,以增加数据库的安全性。

数据库服务器的主要任务是根据 Web 应用服务器发送的请求进行数据库操作,如 SQL 的查询、添加、删除与更新等,并将操作的结果传送给 Web 应用服务器。

由此可见,采用三层 B/S 体系结构,提供了简单易用的统一界面(Web 浏览器)。中间层(Web 应用服务器)的引入,使用户无需直接与数据库打交道,这不但提高了系统的可扩展性、可伸缩性与安全性,而且简化了系统的开发和维护。因此,在 Internet 上 Web 程序开发通常都采用三层 B/S 体系结构。它以超文本标记语言 HTML(Hyper-text Markup Language,HTML)和超文本传输协议HTTP为基础,通过 HTTP 协议与客户端通信,为用户提供界面统一的信息浏览方式。

8.2.3 混合模式及 N 层模式

1. 混合模式

C/S 模式和 B/S 模式是适用于不同时期、不同应用系统需求而出现的体系结构,两者具有不同的特点,在现阶段,两种模式在不同方面都有着广泛的应用。B/S 模式具有易于管理和维护、无需开发客户端软件、开发效率高、伸缩性、开放性和平台无关性等诸多优点,但 B/S 模式在安全性、保密性和响应速度等方面不如 C/S 模式。虽然 C/S 模式在 Internet环境下不如 B/S 模式具有优势,但在特定环境下(如局域网应用)仍具有优势。因此,客观地分析两种模式的优劣性,在一些应用系统的设计开发中,经常会采用 B/S 模式和 C/S 模式有机结合起来的混合模式架构。混合模式下将一些需要频繁操作数据库,访问数据量大的应用做成 C/S 结构,将一些数据处理简单,对数据访问安全性要求不高的应用做成 B/S 架构。这样取长补短,充分发挥各自的优越性,使得应用系统灵活方便、安全性高。

2. N 层模式

当前,Internet/Intranet 技术发展迅速,越来越多的应用软件运行在 Internet/Intranet环境下。如何在 Internet/Intranet 环境下构建应用软件体系结构就成为一个重要的问题,也是现今软件体系研究的新热点。多层结构应用软件与传统的两层结构应用软件相比,有可伸缩性好、可管理性强、安全性高、软件重要性好等诸多优点。如果不了解多层应用软件结构,就不可能开发出成功的应用系统。

目前各种技术层出不穷，从最初的静态 HTML 页面、简单的 CGI 网关程序、Java Applet程序到现在的 ASP、J2EE、.Net 及 Web 数据库技术。在此大环境下，Sun 公司最先提出了 N 层模式的概念。Sun 公司提出的 N 层模式包括 4 层：客户层、顶端 Web 服务层、应用服务层和数据库层。其中顶端 Web 服务层是 N 层体系结构中非常重要的一层，它主要起代理和缓存的作用。顶端 Web 服务器的作用是缓存各客户机经常使用的 Java Applet 程序和静态数据，通常被放置在客户机所在的局域网内，起到一个 Java Applet 主机和访问其他服务的代理作用。在目前的技术前提下，利用 Java 技术可以比较方便地构建 N 层体系结构应用软件。在 Java 平台上构建 N 层应用软件体系代表了 Internet/Intranet应用的一个趋势。

8.3 网络数据库的访问技术

8.3.1 ODBC 技术

ODBC(Open Database Connectivity) 是"开放数据库互连"的简称，是一种使用 SQL 的应用程序接口(API)，是微软公司开放服务结构(WOSA，Windows Open Services Architecture)中有关数据库的一个组成部分，它建立了一组规范，并提供了一组对数据库访问的标准 API，这些 API 利用 SQL 来完成其大部分任务。ODBC 本身也提供了对 SQL 语言的支持，用户可以直接将 SQL 语句传送给 ODBC。

一个基于 ODBC 的应用程序对数据库的操作不依赖任何 DBMS，不直接与 DBMS 打交道，所有的数据库操作由对应的 DBMS 的 ODBC 驱动程序完成。也就是说，不论是 FoxPro、Access 还是 Oracle 数据库，均可用 ODBC API 进行访问。由此可见，ODBC 的最大优点是能以统一的方式处理所有的数据库，用它生成的程序与数据库或数据库引擎是无关的。ODBC 可使程序员方便地编写访问各 DBMS 厂商的数据库的应用程序，而无需了解其产品的细节。

个完整的 ODBC 由下列几个部件组成。

(1) 应用程序(Application)。

(2) ODBC 管理器(Administrator)：该程序位于 Windows 控制面板(Control Panel)的管理工具中，其主要任务是管理安装的 ODBC 驱动程序和管理数据源。

(3) 驱动程序管理器(Driver Manager)：驱动程序管理器包含在 ODBC32.DLL 中，对用户是透明的。其任务是管理 ODBC 驱动程序，是 ODBC 中最重要的部件。

(4) ODBC API。

(5) ODBC 驱动程序：是一些 DLL，提供了 ODBC 和数据库之间的接口。

(6) 数据源：数据源包含了数据库位置和数据库类型等信息，实际上是一种数据库连接的抽象。

各部件之间的关系如图 8-6 所示。

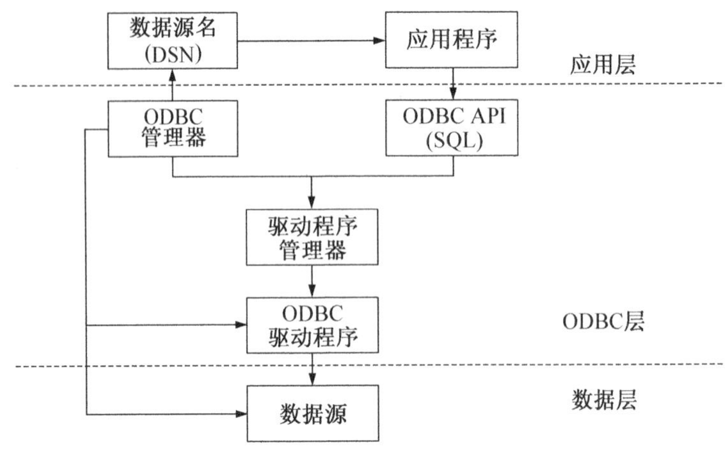

图 8-6　ODBC 各部件关系

1. 使用 ODBC 管理器创建数据源

应用程序要访问一个数据库，可以先用 ODBC 管理器注册一个数据源（DSN），管理器根据数据源提供的数据库位置、数据库类型及 ODBC 驱动程序等信息，建立起 ODBC 与具体数据库的联系。这样，只要应用程序将数据源名提供给 ODBC，ODBC 就能建立起与相应数据库的连接。以使用 ODBC 管理器创建一个 Access 数据库的连接为例，其步骤如下：

（1）通过控制面板→管理工具→数据源（ODBC），打开“ODBC 数据源管理器”对话框，单击“系统 DSN”选项卡，选择“添加”按钮添加系统数据源，如图 8-7 所示。

（2）选择“Microsoft Access Driver（＊.mdb）”，如图 8-8 所示。

图 8-7　ODBC 管理器

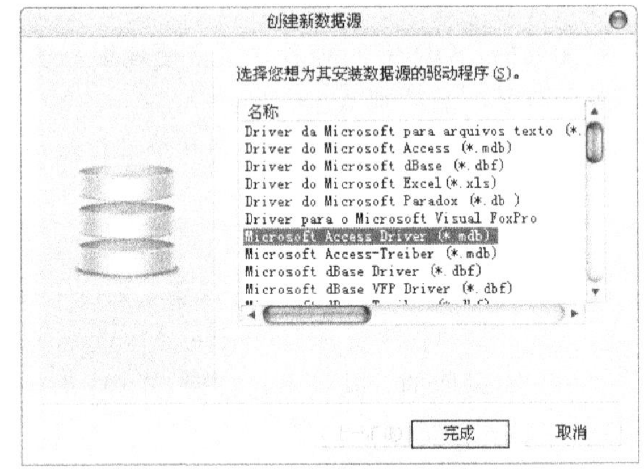

图 8-8　选择数据源驱动程序

（3）单击“完成”按钮后出现配置数据源对话框，如图 8-9 所示，设定数据源名称和说明，指定 Access 文件所在路径（如需访问密码，单击“高级”按钮，设定用户名和密码）。

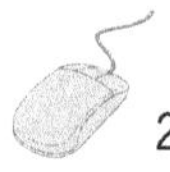

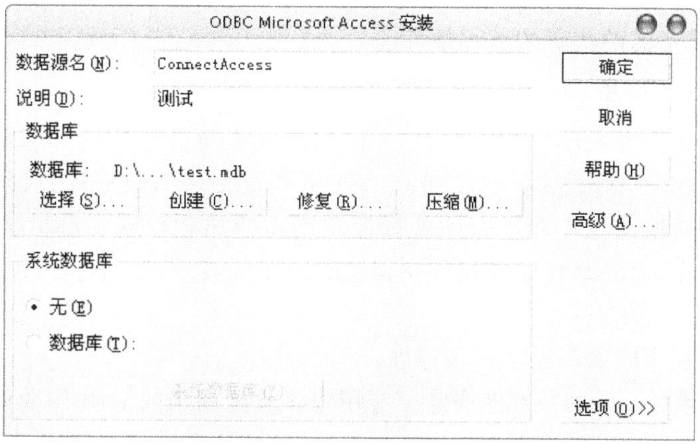

图 8-9　配置数据源

(4) 完成以上步骤后就创建了一个名为"ConnectAccess"数据源，用于访问一个 Access文件。

(5) 应用程序中如要访问这个 Access 数据库，则只需传入 DSN 名称就可建立和该数据库的连接。以 ASP 为例，使用 ODBC 数据源建立数据库连接代码如下：

```
<%
Dim Db
Set Db = Server.CreateObject ("Adodb.Connection")
Db.Open "DSN = ConnectAccess"
%>
```

ASP 中创建数据库连接都是通过 ADO 对象的 Connection 对象来实现的，详见第8.4小节。此处创建的系统 DSN 相关信息可打开注册表，在 HKEY_LOCAL_MACHINE\SOFTWARE\ODBC\ODBC.INI 下找到名为"ConnectAccess"的注册项，其中键值"DBQ"表明了该数据源(DSN)指向的物理数据库路径和名称；键值"Driver"表明了该 DSN 使用的 ODBC 驱动程序的动态链接库文件，其"ODBC Data Sources"为"Microsoft Access Driver (*.mdb)"。如用户注册的是"文件 DSN"，则可以直接使用文本编辑器打开该 DSN 文件，即可看到以上的相关信息。

2. 调用 ODBC API 接口

应用程序访问数据库还可以通过调用 ODBC API 的方式来建立数据库的连接。以 ASP 程序访问 Access 数据库为例，创建基于 ODBC API 接口调用的数据库连接代码如下：

```
<%
Dim Db
Set Db = Server.CreateObject ("Adodb.Connection")
Db.Open "Dbq = " & Server.Mappath ("xxx.mdb") & "; Driver = {Microsoft Access Driver (*.mdb)}"
%>
```

连接字符串"Dbq"表示数据库连接的目标 Access 数据库名为："xxx.mdb"。连接字符串"Driver"表明了此连接使用的 ODBC 驱动，请留意在"Driver"和"(*.mdb)"间有一空格。此处使用了 ASP 内置的 Server 对象的 Mappath 方法将虚拟路径转变为实际的物理路径，其目的是考虑的代码的可移植性。

3. ODBC 驱动程序

无论是使用何种方式创建 ODBC 数据库连接，其本质都是通过 ODBC 驱动程序来访问数据库。在 ODBC 中，数据源和 ODBC API 不能直接访问数据库，必须通过驱动程序管理器与数据库交换信息。驱动程序管理器负责将应用程序对 ODBC API 的调用传递给正确的驱动程序，而驱动程序在执行完相应的操作后，将结果通过驱动程序管理器返回给应用程序。

ODBC 驱动程序应满足以下三条标准。

(1) API 一致性：API 一致性决定了应用程序所能调用的 API 函数种类。

(2) 语法一致性：SQL 语法的一致性决定了 ODBC 中语句能使用的 SQL 语法类型、数据类型。

(3) 驱动程序类型：驱动程序类型表示驱动程序与 DBMS 的分工程度，有单束式、多束式两种。

ODBC 驱动程序提供的标准数据格式有 SQL Server、Access、dBase、FoxPro、Excel、Oracle 以及 Microsoft Text 等。如果用户希望使用其他数据格式，则需要安装相应的 ODBC 驱动器及 DBMS。用户使用自己的 DBMS 数据库管理功能生成新的数据库模式后，就可以使用 ODBC 来登录数据源。

ODBC 标准的形式得到数据库厂商、标准化组织、政府机构等的支持和推广，微软的主要应用和开发工具都支持 ODBC，使 ODBC 技术得到广泛的应用。

8.3.2 OLE DB 技术

OLE DB(Object Linking and Embedding-DB)是微软实现的一组面向对象的数据库访问接口。与 ODBC 不同的是，OLE DB 是符合 COM 标准和面向对象思想的 API。一个基于 COM 的数据存储对象，能提供对所有类型的数据的操作，甚至能在离线的情况下存取数据。

OLE DB 不仅可以像 ODBC 一样访问关系数据库，而且还可以访问其他不能用 SQL 访问的非关系型和层次结构型数据，包括邮件系统中的数据、Web 上的文本及图形、目录服务等。OLE DB 为用户提供了一种统一的接口来访问所有这些不同类型的数据源。OLE DB 通过提供某种方法来描述数据存储方式，可以对以任何格式存储的数据和以任何方法执行的查询提供访问途径。由于 OLE DB 并不要求所有数据存储都以表格、行和列的形式出现，所以和 ODBC 相比，可适用于更多的数据存储类型。

作为微软的组件对象模型的一种设计，OLE DB 是一组读写数据的方法(又称渠道)。OLD DB 中的对象主要包括数据源对象、阶段对象、命令对象和行组对象。使用 OLE DB 的应用程序会用到如下的请求序列：初始化 OLE、连接到数据源、发出命令、处理结果、释放数据源对象并停止初始化 OLE 。

OLE DB 将传统的数据库系统划分为多个逻辑组件，这些组件之间相互独立又相互通信。

(1) 数据提供者(Data Provider)。凡是透过 OLE DB 将数据提供出来的,就是数据提供者。例如,SQL Server 数据库中的数据表,或是后缀. mdb 的 Access 数据库档案等,都是 Data Provider。

(2) 数据消费者(Data Consumer)。凡是使用 OLE DB 提供数据的程序或组件,都是 OLE DB 的数据消费者。换句话说,凡是使用 ADO 的应用程序或网页都是 OLE DB 的数据消费者。

(3) 服务组件(Service Component)。数据服务组件可以执行数据提供者以及数据使用者之间数据传递的工作,数据使用者要向数据提供者要求数据时,是透过 OLE DB 服务组件的查询处理器执行查询的工作,而查询到的结果则由指针引擎来管理。

(4) 业务组件(Bussiness Component)。

利用服务组件专门完成某种特定业务信息处理,是可以重用的功能组件。可将业务组件看做一种中间件。

OLE DB 位于 ODBC 层与应用程序之间,ADO 对象的调用先被送到 OLE DB,然后再交由 ODBC 处理(ADO 实际上是在 OLE DB 外层实现的一个面向对象的、与语言无关的封装接口)。应用程序也可以创建基于 OLE DB 的连接,直接连接到 OLE DB 层。使用基于 OLE DB 的数据库连接,能使服务器端游标(recordset 的默认的游标,也是最常用的游标)性能有很大的提升。以 ASP 应用程序访问 Access 数据为例,创建基于 OLE DB 的数据库连接的代码如下:

```
<%
Dim Db
Set Db = Server.CreateObject ("Adodb.Connection")
Db.Open"Provider = Microsoft.Jet.OLE DB.4.0;Data Source = " & Server.Mappath("xxx.mdb")
%>
```

连接字符串"Data Source"指定了该连接指向的数据库文件路径和名称,此处同样使用了 Server 对象的 Mappath 方法进行路径的转换;连接字符串"Provider"表明了此连接的类型是基于 OLE DB 的连接,直接连接到 OLE DB 层。

8.3.3 JDBC 技术

由于 ODBC 是一个 C++编写的 API 接口,与 Java 的面向对象特性不符,因此,SUN 公司开发了一个 Java 语言接口的数据库 API,即 Java 数据库连接(Java Database Connectivity,JDBC)。JDBC 是一种可用于执行 SQL 语句的 Java API,可为多种关系数据库提供统一访问,它由一组用 Java 语言编写的类和接口组成。JDBC 工具为数据库开发人员提供了一个标准的 API,据此可以构建更高级的工具和接口,使数据库开发人员能够用纯 Java API 编写数据库应用程序。

有了 JDBC,向各种关系数据发送 SQL 语句就是一件很容易的事。程序员只需用 JDBC API 写一个程序,就可向不同的数据库发送 SQL 调用。因此,Java 语言和 JDBC 的结合,使同一个程序在不同的平台上运行成为可能,从而真正做到了平台无关性。

Java 数据库连接体系结构是用于 Java 应用程序连接数据库的标准方法。JDBC 对

Java 程序员而言是 API,对实现与数据库连接的服务提供商而言是接口模型。作为 API, JDBC 为程序开发提供标准的接口,并为数据库厂商及第三方中间件厂商实现与数据库的连接提供了标准方法。JDBC 使用已有的 SQL 标准并支持与其他数据库连接,如 ODBC 之间的桥接。JDBC 实现了所有这些面向标准的目标,并且具有简单、严格类型定义和高性能实现的接口。

JDBC 扩展了 Java 的功能。例如,用 Java 和 JDBC API 可以发布含有 Applet 的网页,而该 Applet 使用的信息可能来自远程数据库。企业也可以用 JDBC 通过 Intranet 将所有职员连到一个或多个内部数据库中。

通过 JDBC 连接数据库并对数据库进行操作的具体实现,将在第 8.6.7 节中详细介绍。

8.4 ASP+ADO 模式

8.4.1 ASP 概述

ASP(Active Server Page,动态服务器页)是 Microsoft 公司推出的 Web 应用程序开发技术,用于建立动态、交互的 Web 应用程序。ASP 技术是在 CGI 和 IDC 的基础上发展起来的,提供了一个在 Web 服务器端执行脚本的开发环境。ASP 的源代码均在服务器端运行,运行的结果以 HTML 代码的形式输出到客户端。该技术克服了 CGI 技术效率低、编程繁琐的缺点,将 HTML 页面、脚本命令、ASP 内置对象和 ActiveX 组件无缝地连接起来。应用 ASP 技术不需要复杂的编程就可以开发出动态、交互、高性能的 Web 应用程序,并且可以进行复杂、高效的数据库操作。ASP 技术的诸多优点使得 ASP 技术迅速被广大网络设计开发人员所接受,成为 Windows 环境下常用的网络开发和编程技术。

ASP 程序是以.asp 为后缀的文本文件,控制语句使用 VBScript 和 JavaScript 等脚本语言,通过 ADO(Active Data Object)访问数据库,主要运行于 Windows 平台上,其 Web 服务器是 IIS(Internet Information Server)。

8.4.2 ASP 的运行环境

ASP 技术是基于三层 B/S 模式的体系架构,其文件在 Windows 环境下,需要 IIS 的支持才能运行,具体的操作系统版本分别有不同版本的 IIS。Windows 2000 默认安装的是 IIS 5.0,Windows XP 默认安装的是 IIS 5.1,Windows 2003 默认安装的是 IIS 6.0。ASP 的客户端采用普通的浏览器即可,如 Internet Explorer。ASP 通过 ODBC 接口支持多种数据库系统,如 Access、FoxPro、SQL Server、Oracle、Informix 等。

1. IIS 简介

IIS 是 Internet 信息服务,是微软公司主推的 Web 应用服务器。IIS 和操作系统完全集成在一起,使用户能够利用 Windows 操作系统和 NTFS(New File System)内置的安全特性,建立强大、灵活而安全的 Internet 和 Intranet 站点。

IIS 支持 HTTP 协议、FTP 协议和 SMTP 协议,通过使用 CGI 和 ISAPI(Internet

Server Application Programming Interface)可使其得到高度的扩展。IIS 的一个重要特性是支持 ASP,从 IIS 3.0 版本后就引入了 ASP,可以很容易地制作动态网页和基于 Web 的应用程序。对于 VBScript、JavaScript 脚本、或者由 Visual Basic、Java、Visual C++开发系统以及 CGI 脚本所开发的应用程序,IIS 都提供了强大的本地支持。

2. IIS 的安装

IIS 是 Windows 操作系统集成的重要组件,在 Windows 2000 Server 和 Windows 2003 Server 下默认安装 IIS 组件,在 Windows XP 和 Windows 2000 Professional 等个人版本下需手工创建。IIS 的安装可以通过控制面板中的"添加/删除程序"向导来完成,具体过程如下。

(1) 依次选择开始→设置→控制面板,打开控制面板,双击添加/删除程序图标,系统弹出"添加/删除程序"对话框。

(2) 单击该对话框左侧的"添加/删除 Windows 组件"按钮,在系统打开的"Windows 组件向导"对话框中选中"Internet 信息服务(IIS)"。

(3) 单击"下一步"按钮后系统提示插入系统光盘,在光驱中插入系统光盘后单击"确定"按钮,系统开始复制文件并配置组件,只需几分钟即可完成安装。

(4) 安装完毕后,在 IE 浏览器中输入 http://localhost 或 http://127.0.0.1,如果显示 IIS 欢迎字样,则表示安装成功。

3. IIS 的配置

(1) IIS 的站点管理。

安装成功后,依次选择开始→程序→管理工具→Internet 服务管理器,即可打开 Internet 信息服务管理器。IIS 会自动创建一个默认 Web 站点,并且已自动启动运行。用户也可自行创建 Web 站点,以扩大和丰富 Web 服务器上的信息,还可以利用服务器扩展功能来增强 Web 站点的功能。

如果服务器在网络设置方面存在问题,特别是 TCP/IP 设置上,如 IP 地址不可用、端口被占用等,默认 Web 站点就不会自动启动。默认 Web 站点的 TCP 端口是 80,用户可在站点的属性页面里设置端口号。

(2) Web 站点文档目录管理。

每个站点都必须有一个主目录,IIS 默认站点的默认主目录是"C:\Inetpub\wwwroot"。对 Web 站点的访问实际上是对站点主目录的访问。利用 IIS 的默认主目录可以快速、轻松地建立站点、发布信息,只要把需要发布的网页文件复制到"C:\Inetpub\wwwroot"目录下,访问者就可以访问到这些网页文件了。

如果用户需要发布的网页文件已经位于一个目录中,用户可以在默认站点属性页的"主目录"选项卡中,将主目录更改至该文件夹。在"主目录"选项卡中用户还可以对站点的访问权限和访问方式进行设置。

(3) 设置默认文档。

IIS 默认打开的主页文件是 Default.htm 和 Default.asp 等。默认文档的作用是当用户访问站点时,系统按顺序自动安装默认文档并在站点目录里查找网页。如果网站的主页不是 Default.htm 和 Default.asp，那么用户就需要在默认站点属性页的“文档”选项卡中添加该主页的文件名，并调整默认文档的顺序。

(4) 添加虚拟目录。

虚拟目录是指除了主目录以外的其他站点发布目录。在客户浏览器中，虚拟目录就像位于主目录一样，但在物理上可能并不包含在主目录中。

如果网站包含的某些文件不在主目录中或在其他计算机上，则必须创建虚拟目录将这些文件包含到网站中。要使用其他计算机上的目录，必须指定此目录的通用命名约定(UNC)名称，并提供具有访问权限的用户名和密码。利用虚拟目录，可以将数据分散保存在多个目录或计算机上。此外，使用虚拟目录的另一个好处是，要改变站点目录结构时，不必真的去更改实际路径，只要按照新结构来建立虚拟目录，再将其对应到原来实际目录的路径即可。

8.4.3 ASP 的工作模式

1. ASP 工作原理

ASP 既不是程序语言，也不是开发工具，只是提供了服务器端执行脚本的运行环境。ASP 的源代码均在服务器端运行，运行的结果以 HTML 代码的形式输出到客户端。ASP 的工作原理如图 8-10 所示。

图 8-10 ASP 工作原理示意图

如图 8-10 所示，ASP 工作有如下几个步骤。

(1) 用户在客户端浏览器上输入 URL 地址，Web 服务器接受请求并调用相应页面，返回给客户端浏览器。

(2) 用户填写好表单并提交 HTTP 请求，把数据传送给 Web 服务器，服务器根据表单的设定调用相应的 ASP 文件或脚本。

(3) 在服务器端运行 ASP 文件，分析处理表单的输入数据。

(4) 如果需要操作数据库，ASP 通过 ActiveX 组件 ADO 和 ODBC 驱动访问数据库。

(5) 使用 SQL 操作数据库，并返回执行结果，生成 HTML 页面返回给客户端浏览器。

2. ASP 的内置对象

ASP 内置了大量的对象和可安装的 ActiveX 组件，这些内置对象和组件大大扩展了 ASP 的功能。通过 ASP 内置对象系统可以更容易地收集浏览器的请求信息、响应浏览器以及存储用户信息。ASP 提供了 6 个内置对象，分别是：Response、Request、Application、Session、Server 和 ObjectContent。

(1) Request 对象：该对象的功能是接收浏览器提出的请求信息。

(2) Response 对象：该对象负责 HTTP 的响应工作。Response 对象可以通过多种方法将服务器端的数据发送到客户端，如浏览器显示内容、浏览器页面重定向以及在客户端创建 Cookies 等。

(3) Application 对象：Application 对象可以控制服务器端应用程序的启动和终止状态，并保存数据以供应用程序的多个用户共享。

(4) Session 对象：该对象是 ASP 用于实现用户会话管理的重要手段，主要用来存储用户会话所需的信息，当用户在应用程序的 Web 页面之间跳转的时候，存储在 Session 中的信息不会丢失。

(5) Server 对象：该对象的主要功能是控制 ASP 的运行环境，提供对服务器上的方法和属性进行访问。最常用的方法是创建 ActiveX 组件的实例对象(Server. CreateObject)。

(6) ObjectContent 对象：ObjectContent 对象是 ASP 2.0 版本中提供的，用于处理与事务相关的问题。使用该对象可提交或撤销由 ASP 脚本初始化的事务。

另外，在 ASP 3.0 版本中还提供了 ASPError 对象，用来详细地显示执行 ASP 页脚本的过程中所发生的错误信息。

8.4.4 ASP 的优点

ASP 技术具有以下优点。

(1) ASP 突破了静态网页的一些功能限制，不需要复杂的编程就可以开发出动态、交互、高性能的 Web 应用程序。

(2) ASP 程序是以.asp 为后缀的文本文件，编写 ASP 程序既可以使用简单的文本编辑器，又可以使用专业的 ASP 开发工具(如 Visual InterDev)，易于修改和测试，而且无需编译。

(3) ASP 程序在服务器上执行，并将结果以 HTML 格式传送到客户端浏览器上，因此使用各种浏览器都可以正常浏览 ASP 网页，具有浏览器无关性。

(4) ASP 提供了 6 大内置对象，使用这些对象可以使服务器端脚本功能更强，轻松完成复杂的程序设计。

(5) ASP 可以使用服务器端 ActiveX 组件来执行各种各样的任务，如存取数据库、发送 E-mail 或访问文件系统等。

(6) ASP 使用 VBScript、JavaScript 脚本进行编程，也支持由第三方提供的其他 Scripting 脚本语言。使用时，只需用 ASP 特殊标记“＜％”和“％＞”把脚本包含起来即可解释执行。

(7) 由于服务器是将 ASP 程序执行的结果以 HTML 格式传回客户端浏览器，因此使用者不会看到 ASP 所编写的原始程序代码，可防止 ASP 代码被窃取，开发者的知识产权得到有效保护。

8.4.5 数据操作对象 ADO

1. ADO 简介

ADO 是微软开发的一套用于存取数据源的 COM 组件，提供了用于访问关系或非关系数据库的应用程序接口。ADO 将绝大多数的数据库操作封装在 7 个对象中，在 ASP

页面中可调用这些对象执行相应的数据库操作。ADO 是 ASP 技术的核心之一，它集中体现了 ASP 技术丰富而灵活的访问功能。ADO 通过 ODBC 或相应的数据库引擎访问数据库，支持几乎所有数据库，这些数据库可以是关系型数据库、文本型数据库、层次型数据库或任何支持 ODBC 的数据库（如 Access、SQL Server、Oracle、Informix 等）。ADO 的主要优点是易用、高速、占用资源少，而且 ADO 支持多线程，当出现大量并发请求时，也可以保持服务器的运行效率，并且通过连接池（Connection Pool）技术以及对数据库连接资源的完全控制，提供与远程数据库高效的连接和访问，同时还支持事务处理（Transaction）机制。因此，ADO 是当前对数据进行操作的最有效和最简单、直接的方法。

2. ADO 的工作机制

ADO 通过 ODBC 访问数据库，ODBC 在数据和用户接口（User Interface，UI）之间起到桥梁的作用。ODBC 接收用户接口程序的 SQL 语句，并转换成数据库引擎可以使用的格式，当数据库引擎生成查询结果集时，ODBC 将结果集用 UI 可读的格式返回给 UI 程序。ODBC 的作用如图 8-11 所示。

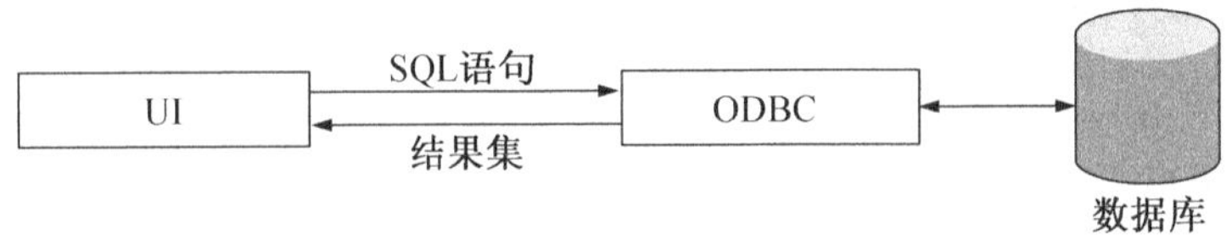

图 8-11　ODBC 的作用

ADO 是提供访问各种不同类型数据库的接口组件，是基于 OLE DB 技术发展起来的，是新一代数据访问和连接标准 UDA（统一数据访问）模型的核心技术。ASP 应用程序、ADO 与底层数据的关系如图 8-12 所示。

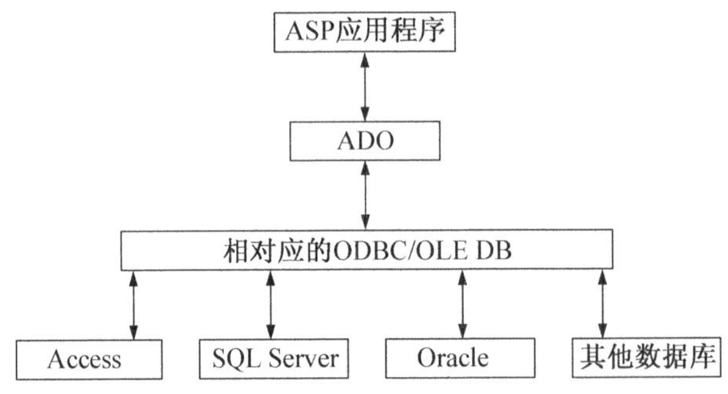

图 8-12　ASP 应用程序和 ADO、数据库的关系

3. ADO 的内置对象

在 ASP 中内置了数据库访问组件 ADODB，利用 ASP 内置对象 Server 创建 ActiveX 组件方法可以快速创建 ADO 实例对象。ADO 提供了七大对象和四个集合，分别是：Connection、RecordSet、Command、Field、Parameter、Property 和 Error 对象，以及 Fields、Parameters、Errors 和 Properties 集合。其中 Connection、RecordSet 和 Command 对象是三个最主要的对象，通过这三个对象可以方便地实现与数据库的连接，执行 SQL 语句以

及执行结果的处理。下面详细介绍这几个对象的使用。

(1) 使用 Connection 对象操作数据库。

ADO 提供了 Connection 对象用于创建应用程序与数据源之间的连接,代表了与数据源进行的唯一对话。该对象是 RecordSet 对象和 Command 对象进行数据操作的基础。任何对数据源的操作都要有一个 Connection 对象。Connection 对象具有各种属性和方法,可以使用这些属性和方法打开和关闭数据库连接,并执行 SQL 语句操纵数据库。

要建立数据库连接,首先需创建 Connection 对象的实例,这个实例对象具有原对象的一切功能、属性和方法,通过该对象即可建立数据库连接,执行 SQL 语句。建立数据库连接的方式有很多种,如第 8.3.1 和 8.3.2 节阐述。以下这段代码,通过 Connection 对象,建立与一个名为 Address.mdb 的 Access 数据库的连接,并执行一次新增一条记录的操作,然后关闭数据库连接。

```
<%
Dim Db,StrSql
Set Db = Server.CreateObject ("Adodb.Connection")
Db.Open "Dbq = " & Server.Mappath ("Address.mdb") & "; Driver = {Microsoft Access
Driver (*.mdb)}"
StrSql = "insert into address(name,tel,add) values('Tom', '87654321', '杭州市延安
路 88 号')"
Db.Execute (StrSql)
Db.Close
Set Db = nothing
%>
```

此处创建的是基于 ODBC API 的数据库连接;使用 Set 语句实例化一个 Connection 对象;Open 方法用来打开并建立数据库连接;Close 方法关闭连接,并释放与连接相关的系统资源;Execute 方法用于执行一条 SQL 操作语句,在表 Address 中新增了一条记录,除了 Insert 外,也可以是 Select、Update、Delete;特别值得注意的是,ASP 中所有的标点符号必须是英文符号。

Connection 对象有 Errors 集合用于捕获错误,并支持事务处理机制。上例中可在 Db 执行 SQL 语句前加入 Db.BeginTrans 表明事务的起始位置,当 Db.Errors.Count>0 时,使用 Db.RollbackTrans 语句回滚事务,当没有错误发生时,使用 Db.CommitTrans 语句提交事务处理结果,代码如下:

```
<%
Dim Db,StrSql
Set Db = Server.CreateObject ("Adodb.Connection")
Db.Open "Dbq = " & Server.Mappath ("Address.mdb") & "; Driver = {Microsoft Access
Driver (*.mdb)}"
StrSql = "insert into address(name,tel,add) values('Tom', '87654321', '杭州市延安
路 88 号')"
Db.BeginTrans
```

```
Db.Execute (StrSql)
If Db. Errors.Count>0 then
Db.RollbackTrans
Response.Write "保存过程中发生错误"
Else
Db.CommitTrans
Response.Write "新增记录成功"
End If
Db.Close
Set Db = nothing
%>
```

(2) 使用 RecordSet 对象处理结果。

RecordSet 对象(又称记录集对象)是 ADO 组件中功能最强大的对象,在其中包含了一组从数据源执行 SQL 语句后返回的记录集以及记录集中的游标指针。尽管使用 Connection对象可以直接执行 SQL 语句,但在检索和显示记录方面还存在很多不足。使用 RecordSet 对象的游标指针的精确控制特性,可以非常方便地在记录集中实现检索、定位记录,提高查询效率。利用 RecordSet 对象的数据分页属性还可以轻松实现记录集的分页显示功能。

● 建立 RecordSet 对象。建立 RecordSet 实例化对象的标准语法是:

```
Set RecordSet 对象名 = Server.CreateObject (" Adodb.RecordsSet ")
```

● RecordSet 的常用方法。在刚才建立 RecordSet 对象的过程中,已经用到了 RecordSet 对象的 Open 方法,RecordSet 对象的常用方法见表 8-1。

表 8-1 RecordSet 对象的常用方法

方　法	说　明
Open	打开记录集
Close	关闭当前 RecordSet 对象
Move	指针移动到指定记录
MoveFirst	指针移动到第一条记录
MoveLast	指针移动到最后一条记录
MovePrevious	指针移动到上一条记录(向后移动)
MoveNext	指针移动到下一条记录(向前移动)

如果要使指针向前向后自由移动,则需要在打开记录集时设定 CursorType 参数,如设置 CursorType 为 1,是为键盘指针类型,可自由移动。

● RecordSet 对象的常用属性。在使用 RecordSet 对象的 MoveNext 方法时,当指针位于记录集末尾,继续向后移动会出错,因此,此时需要用 RecordSet 对象的 EOF 属性判断是否到达记录集的末尾。同理,在使用 MovePrevious 方法时,需要用 BOF 属性判断是否到达记录集的开头。RecordSet对象的常用属性见表 8-2。

表 8-2　RecordSet 对象的常用属性

属　　性	说　　明
BOF	记录集的开头
EOF	记录集的末尾
RecordCount	记录集总数
PageSize	数据分页时每页的记录数
PageCount	数据分页时总数据页数
AbsolutePage	当前指针所在数据页
AbsolutePosition	当前指针所在记录行

以下是一个 show. asp 文件的代码，通过 RecordSet 对象的相关方法和属性读取 Address. mdb 数据库的 Address 表中的所有记录，并分页显示：

```
<%
'------- 建立 Connection 对象和 RecordSet 对象，并打开记录集 ----
Dim Db,StrSql,Rs
Set Db = Server.CreateObject ("Adodb.Connection")
Db.Open "Dbq = " & Server.Mappath ("Address.mdb") & "; Driver = {Microsoft Access
Driver (*.mdb)}"
Set Rs = Server.CreateObject ("Adodb.RecordSet")
StrSql = "Select * From Address"
Rs.OpenStrSql, Db,1                 '使用键盘指针，指针可自由移动
%>
<table border = "0" width = "100%" height = "27">
  <tr bgcolor = "#B7B7B7" align = "center">
    <td width = 20% height = "23">姓名</td>
    <td width = 20% height = "23">电话</td>
    <td width = 60% height = "23">住址</td>
  </tr>
<%
'------- 实现分页显示 ---------------------------------
If Rs.BOF and Rs.EOF Then              '判断记录集是否为空
  Response.Write "没有数据"
Else
Dim page_size                          '定义每页多少条记录变量
Dim page_no                            '定义当前是第几页变量
Dim page_total                         '定义总页数变量
page_size = 5                          '每页显示 5 条记录
'如果第一次打开，则 page_no 为 1，否则由传回的参数决定
If Request.QueryString ("page_no") = "" Then
    page_no = 1
```

```
        Else
            page_no = Cint(Request.QueryString ("page_no"))        '用 Cint 将字符串变为整数
        End If
        Rs.PageSize = page_size                        '设置每页多少条记录
        page_total = Rs.PageCount                      '返回总页数
        Rs.AbsolutePage = page_no                      '设置当前显示第几页
        '下面一段利用表格显示当前页的所有记录
        Dim I
        I = page_size                                  '该变量用来控制显示当前页记录
        Do While Not Rs.Eof And I>0                    '循环直到当前页结束或记录集末尾
            I = I - 1
            '下面将利用表格输出名单
            Response.Write "<tr bgcolor = '#E6E6E6' align = 'center'>"
            Response.Write "<td>" & Rs ("name") & "</td>"
            Response.Write "<td>" & Rs ("tel") & "</td>"
            Response.Write "<td>" & Rs ("add") & "</td>"
            Response.Write "</tr>"
            Rs.MoveNext                                '记录集指针下移一位
        Loop
        Response.Write "</table>"                      '表格结束
        '---------添加页码----------------------------
        Response.Write "<p>请选择数据页："
        '输出有关页数信息，从 1 到总页数循环，如不是当前页，就加上超链接
        For I = 1 to page_total
            If I = page_no Then
                Response.Write I & " "
            Else
                Response.Write "<a href = 'show.asp? page_no = " & I & "'>" & I & "</a> "
            End If
          Next
        End If
        '----------关闭对象，释放资源---------------------
        Rs.Close
        Set Rs = nothing
        Db.Close
        Set Db = nothing
        %>
```

程序说明：本程序主要由以下两部分组成。

① 建立 Connection 对象和 RecordSet 对象，执行一条 SQL 语句，查询 Address 表中所有的记录，并将结果返回给记录集对象 Rs；Rs 使用的是键盘指针类型，指针可自由移动；读者可能已经发现，类似建立 Connection 对象这样的代码要经常使用到，所以，通常

将建立 Connection 对象的代码单独地放入一个后缀名为.inc 的文件中，然后在需要使用到的地方使用 include 语句将其包含进来，如：<!--#include file='conn.inc'-->。

② 实现 Rs 对象中所有记录的分页显示；使用表达式 Rs.BOF and Rs.EOF 判断记录集是否为空，也可直接使用 Rs.RecordCount=0 来进行判断；声明了一个变量 page_size，并将它赋值给 Rs 的 PageSize 属性，设定每页显示记录数为 5，这样做的好处是如果要改变每页显示的数目，只需要修改 page_size 的值即可，其他代码不用做任何改变；使用 Request对象的 QueryString 方法获取当前的页码，如为空即为第 1 页；使用 Do While/Loop 循环读出当前页的所有记录，特别值得注意的是，循环体中必须要有 Rs.MoveNext 语句移动指针，不然会导致死循环；最后是输出页码，页码总数就是 Rs.PageCount。

Show.asp 页面运行的结果如图 8-13 所示。

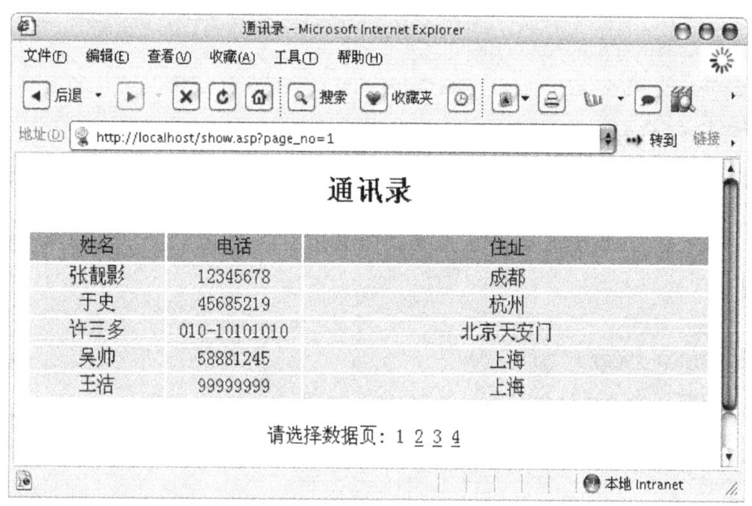

图 8-13　show.asp 运行结果

(3) 使用 Command 对象改善查询。

Command 对象是对数据库执行命令的对象，可以执行对数据库的查询、添加、删除和修改记录等操作。Command 对象介于 Connection 对象和 RecordSet 对象之间，主要通过传递 SQL 命令的方式对数据库提出操作请求，并根据需要把结果返回给 RecordSet 对象。Command 对象依赖于 Connection 对象，Command 对象必须通过一个已经建立的 Connection 对象才能发出 SQL 命令。

利用 Command 对象进行参数的批量传递和存储过程的执行功能，能有效提高操作数据库的速度，在实际开发中有着广泛的应用。Command 对象的参数传递方法会为每个参数建立参数对象，多个 Parameter 组成参数集合。下面是一个 Add.asp 文件的代码，通过 Command 对象传递参数，实现了向数据库中添加一条记录的功能。

已在 Conn.inc 包含文件中建立了一个 Connection 对象 Db，连接至 Address.mdb 数据库，依赖于此连接，建立 Command 对象，向 Address 表中添加页面中输入的信息：

```
<!--#include file="Conn.inc"-->
<%
Dim Cmd,Prm,Prm_value
Set Cmd = Server.CreateObject ("Adodb.Command")
Cmd.ActiveConnection = Db
Cmd.CommandText = "Insert into Address (name,tel,home) values(?,?,?) "
Cmd.CommandType = 1
If request.Form("name")<>"" then
    Prm_value = request.Form("name")
    Set Prm = Cmd.CreateParameter("prm1",200,1,10,Prm_value) '建立 Parameter 对象
    Cmd.Parameters.Append Prm          '将参数对象 Prm 加入到参数集合中
    Prm_value = Request.Form("tel")
    Set Prm = Cmd.CreateParameter("prm2",200,1,20,Prm_value)
    Cmd.Parameters.Append Prm
    Prm_value = Request.Form("add")
    Set Prm = Cmd.CreateParameter("prm3",200,1,50,Prm_value)
    Cmd.Parameters.Append Prm
    Cmd.Execute (number,,1)
    Response.Write "成功新增" & number & "条记录"
End If
%>
<FORM METHOD = POST ACTION = "">
姓名:<INPUT TYPE = "text" NAME = "name"><BR>
电话:<INPUT TYPE = "text" NAME = "tel"><BR>
住址:<INPUT TYPE = "text" NAME = "add"><BR>
<INPUT TYPE = "submit" value = "新增">
</FORM>
```

程序说明:

① Command 对象有两个方法:Execute 和 CreateParameter,Execute 表示执行数据库的各种操作,CreateParameter 表示用来创建一个 Parameter 子对象。

利用 Execute 方法可执行数据库的各种操作,语法如下:

```
Command 对象.Execute ( RecordsAffected, Parameters, Options )
```

RecordsAffected 表示返回本次操作符合条件的记录总数,Parameters 用来输入查询参数数组,Options 可以设定 CommandType 类型(插入、删除、查询等)。

如 cmd.Execute (number,,1) 中的 number 为影响的行数,第二参数没指定,第三参数表示 CommandType 为 1.

利用 Command 对象的 CreateParameter 方法建立参数对象,语法如下:

```
Set Parameter 对象名 = Command 对象名.CreateParameter(name,type,direction,size,value)
```

其中参数 name 是参数的名称;type 为参数类型,此处设定的是 200 表示变长字符串;direction为参数方向,此处设定为 1 表示传入;size 为参数大小;value 为参数的值,此处为

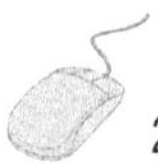

通过 Request. Form 方法从页面中获取的值；这些参数也是 Parameter 对象的属性。

② Parameters 集合最常用的方法是 Append，将建立的 Parameter 对象加入到集合中。可以看到，上例中，Command 对象的 CommandText 属性中需要传递参数的位置，用问号(?)标识，有多个参数的情况下，Command 对象会依次从 Parameters 集合中匹配。

Add. asp 页面如图 8-14 所示。

图 8-14　Add. asp 页面

8.5　ASP.Net+ADO .Net 模式

ASP.Net 是微软公司基于.Net 平台的 Web 应用程序开发技术，它不是 ASP 的简单升级。ASP.Net 在性能和开发效率上全面超越了ASP，同时使得. Net 框架的类库、消息以及数据库访问解决方案都无缝地集成到 Web 应用程序中，因此具有更好的可扩展性和可定制性。

8.5.1　.Net 概述

.Net 框架是由微软开发的一个致力于敏捷软件开发(Agile Software Development)、快速应用开发(Rapid Application Development)、平台无关性和网络透明化软件开发的平台。.Net 是微软下一代的操作平台，它允许用户在其上构建各种应用程序，使用户尽可能通过简单的方式，多样化、最大限度地从网站获取信息，解决网站之间的协同工作，并打破目前计算机、设备、网站、各大机构和工业界之间的障碍——即所谓的"数字孤岛"，从而实现因特网的全部潜能，搭建起第三代互联网平台。

.Net 框架是支持生成和运行下一代应用程序和 XML Web Services 的内部Windows 组件。XML Web Services 允许应用程序通过 Internet 进行通信和共享数据，而不管其所采用的操作系统、设备或编程语言类型。.Net 框架提供创建 XML Web 服务并将这些服务集成在一起。.Net 框架建立在 XML 和 Internet 标准协议的基础上，包含了.Net 的基础结构和基础工具，为开发新型的互动协作软件提供了一个先进的体系结构模型。.Net 框架是以一种采用系统虚拟机运行的编程平台，以公共语言运行时(CLR、Common

Language Runtime)为基础,支持多种语言(C#、VB.Net、C++、Python 等)的开发。.Net 框架具有两个主要组件:公共语言运行时和.Net 框架统一类库,如图 8-15 所示。

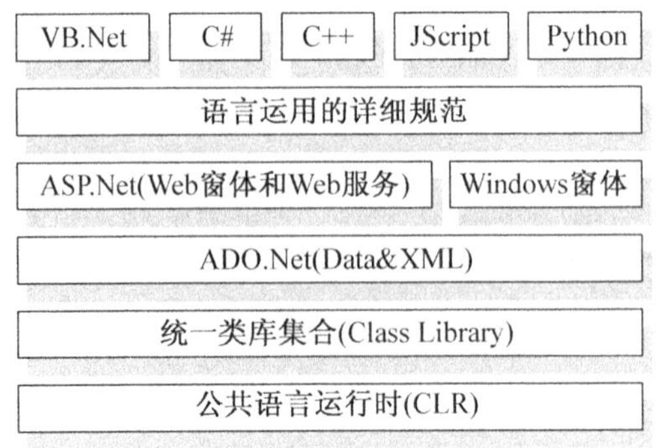

图 8-15 .Net 技术框架

8.5.2 ASP.Net 概述

ASP.Net 是一个用于构建 Web 程序的强大平台,ASP.Net 建立在.Net 框架类的基础上,并提供了由空间和基础部分组成的"Web 程序模板",大大简化了 Web 程序和 XML Web 服务的开发。

ASP.Net 使用特定的服务器控件,用于在页面上添加数据交互。这些服务器控件包括数据源控件和数据绑定控件。数据源控件用于创建与数据库的连接。数据绑定控件则从数据源控件获取信息,并在页面上创建呈现。这种简单的双控件操作数据库模式适用于多种情况,对于多种数据库类型,甚至是非关系型数据源,都有相应的数据源控件。常用的数据源控件有:SqlDataSource 控件(用于连接 SQL Server 和其他数据库);AccessDataSource(用于连接 MDB 文件)、XMLDataSource(用于连接 XML 文件或数据流)。常用的数据绑定控件有:Datalist、DataGrid 和 GridView。

8.5.3 ASP.Net 的运行环境

1. Web 服务器和操作系统

Web 页必须经过 Web 服务器处理后才能在浏览器中显示。.Net 框架可以完成部署与开发两项工作,但都要由 IIS 负责处理 Web 站点的加载。因此,IIS 是 ASP.Net 开发环境最基础的部分。IIS 的安装和配置请参见第 8.5 节。

微软公司还为开发人员提供了一个代替 IIS 的轻量级选择:Cassini。Cassini Web Server 与 Visual Studio 和 Visual Web Developer 共同使用并会自动安装。当页面从 Visual Studio 环境下运行的时候,Cassini 会自动地在一个随机端口上启动 Web 服务,并自动调用浏览器,发送 URL 为 http://localhost:××××/SiteName/pagename.aspx(其中××××代表一个随机端口号)的页面请求。和 IIS 不同的是,Cassini 是为开发人员设计的,还不足于完全代替 IIS 来公开部署 Web 站点。

另外,开发 ASP.Net 服务器应用程序,对操作系统有简单的要求:具有 Service

Pack 2及以上的 Windows 2000 系列、Windows XP Professional 或 64 为版本、Windows Server 2003 系列。这些操作系统都安装有 MDAC(Microsoft Data Access Components、微软数据库访问组件) 2.7 For Data。

2. 安装.Net 框架

.Net 框架目前最新版本是 4.0。.Net 框架可以通过 3 种途径安装：① 下载名为.Net 框架 Redist 的安装程序；② 下载.Net 软件开发工具包 SDK(Softerware Development Kit),SDK 中包含了.Net 框架文档、示例和 SDK 工具；③ 安装 Visual Studio(VS)或 Visual Web Develop(VWD),安装 VS 或 VWD 的同时会自动安装.Net 框架，这种方法最方便，最受 ASP.Net 开发人员欢迎。.Net 框架正确安装后，将自动注册到 IIS,这样服务器就能识别和正确处理.aspx 文件了。

3. ASP.Net 的开发环境

虽然 ASP.Net 页面与 ASP 应用程序一样，可以通过任何文本编辑器创建，但使用 VS 或 VWD 这样的集成开发工具可以大大简化创建的过程。以 Visual Studio .Net 2005 为例，如果要创建数据源控件和数据库绑定控件，只需要通过鼠标拖放操作即可完成。VS 提供了大量的服务器控件，通过简单的鼠标操作，就可以自动创建所有标记、属性和代码，这大大减轻了程序员的编程量。

Visual Studio .Net 的集成开发环境(IDE)支持 C＃、VB.Net、VC＋＋等多种语言环境，还为代码输入提供了智能辅助功能。VS 的 IDE 还具有调试功能，包括跟踪和即时窗口。IDE 还集成了服务器资源管理器，使得开发人员在设计阶段就可以读取和显示数据库信息，这样就不用另外使用 SQL 工具来查看数据库结构和信息了。VS IDE 还支持源代码管理，结合 Microsoft Visual Source Safe 可以实现项目代码管理和版本控制。图 8-16是在 Visual Studio .Net 2005 集成开发环境下创建数据源控件 sqlDateSource 和数据绑定控件 GridView 的简单示例。

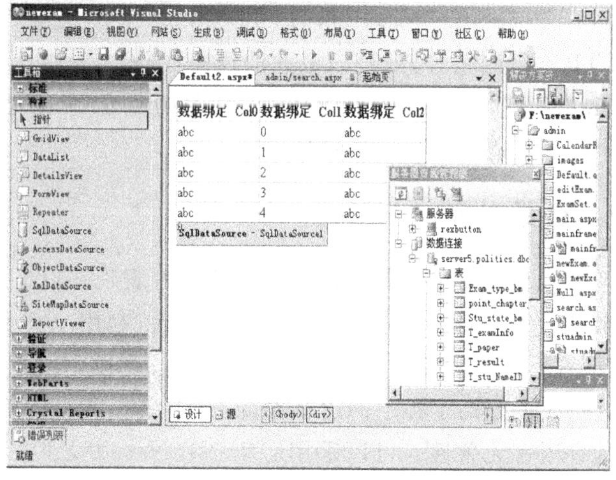

图 8-16 Visual Studio .Net 2005 集成开发环境

另外，使用 Visual Studio .Net 的集成开发环境的另外一个好处是，在安装的同时会自动安装.Net 框架和能简单替代 IIS 的 Cassini Web Server。

8.5.4 ASP.Net 的工作模式

ASP.Net 是完全使用托管代码处理 Web 请求的一个成熟引擎平台，它获取客户端请求，然后通过它内置的管道，把请求传到一个终点。在这个终点，ASP.Net 引擎调用 HTTP运行时（HTTP Runtime）组件处理这个请求的逻辑代码，然后将处理的结果返回给客户端。图 8-17 是 ASP.Net 引擎处理一次.aspx 页面请求的简单示意图。

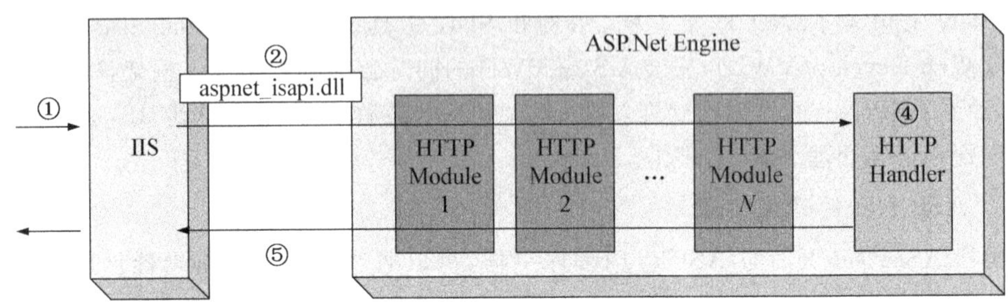

图 8-17　ASP.Net 工作模式

（1）IIS 接收到客户端浏览器发送的 Request 请求，这个请求通常要求路由到一个.aspx页面。

（2）在 IIS 中，.aspx 经由“应用程序扩展”被映射到 ASP.Net ISAPI 的 dll 文件：aspnet_isapi.dll。每一个触发 ASP.Net 的请求，都必须经由一个已经注册的、并且指向 aspnet_isapi.dll 的扩展名来标识。ISAPI 是自定义 Web 请求处理中第一个并且具有最高性能的 IIS 入口点。

（3）aspnet_isapi.dll 会将请求提交给 ASP.Net 中专门处理.aspx 页面的 HTTP Handler 模块。考虑到安全性、可控性和提高工作效率，.aspx 页面在提交给 HTTP Handler 模块之前，需要经过多个的 HTTP Module 处理。

（4）请求到达 HTTP Handler 模块后，HTTP Handler 模块会找到请求要访问的.aspx页面，调用 HTTP 运行时组件，处理该页面的逻辑代码。

（5）HTTP Handler 模块将 HTTP 运行时处理的结果交给 Response 对象，由 Response对象将这个页面发送到客户端浏览器。

8.5.5 ASP.Net 的优势

ASP.Net 相比于其他的 Web 应用开发模型，其优越性表现在以下几个方面。

（1）ASP.Net 是基于.Net 框架的 Web 应用开发平台，利用.Net 框架的公共运行时和统一类库，实现代码托管。在 ASP.Net 应用程序运行过程中，使用完全编译的代码代替了 ASP 的代码翻译，大大提高了程序的运行性能。

（2）ASP.Net 具有语言无关性。可以采用 C＃、VB.Net 以及 J＃等支持.Net 框架的语言来进行开发。而 ASP 仅限 VBScript 和 JavaScript。

（3）ASP.Net 支持开发 Web 服务，对 XML 技术提供了更好的支持，使得 Web 应用程序开发具有可扩展性和跨平台性。

(4) 在后台数据库交互方面,引入了基于 XML 标准的 ADO .Net 技术,既提高了性能,也实现了跨平台的数据交互。

(5) 在开发效率方面,ASP.Net 引入了 Web Form 的概念,且可在 Visual Studio .Net的集成开发环境下进行可视化开发。

(6) 在发布和配置 Web 应用程序方面,ASP.Net 使用一个基于文本的、分层次的配置系统,使得 Web 应用程序的部署过程非常简单。

(7) ASP.Net 提供了很多功能强大的服务器控件,可以在应用程序中很方便地重复使用。ASP.Net 提供代码绑定技术、实现了 Web 应用程序的前台页面和后台逻辑代码页面的分离,大大减少了程序员的编程量。

(8) ASP.Net 是事件驱动型的编程模式。传统的 ASP 页面代码是自上而下执行的。ASP.Net 引入了事件驱动模型,允许程序员将代码和标记内容分离,提高了程序的可读性和可维护性。

8.5.6　ADO.Net

ASP.Net 提供了一套丰富的数据源控件和数据库绑定控件,这些控件和 ADO .Net、CLR 和代码托管机制有效地结合在一起,可以非常轻松地实现数据库或 XML 文件的连接和操作。用户也可以单独使用 ADO.Net 内置数据库访问对象和 DataSet 实现数据操作。

1. ADO.Net 的结构

ADO.Net 使用了部分 ADO 的对象,如 Connection 和 Command 等,并且引入了新的对象,如 DataSet、DataReader 和 DataAdapter 等。DataSet 和.Net 框架数据提供程序是 ADO.Net 的两个核心部分。后者是一组包括 Connection、Command、DataReader 和 DataAdapter 在内的组件。ADO.Net 的理念是由这两个核心部分将数据从数据库中分离出来。ADO.Net 的结构如图 8-18 所示。

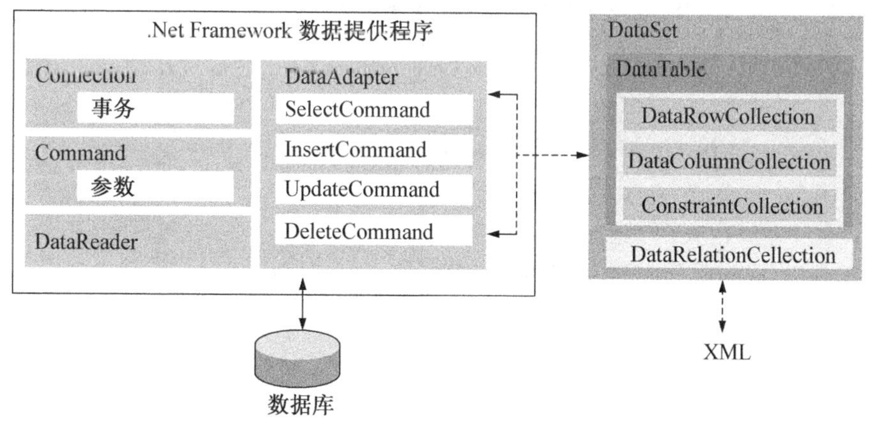

图 8-18　ADO.Net 结构

(1) DataSet 是 ADO.Net 断开式数据库访问连接的核心。DataSet 的主要功能就是将从数据源中查询的记录集填充到此对象中。DataSet 实现了独立于任何数据源的数据访问，可以用于多种不同类型的数据源和 XML 数据的访问。DataSet 包含有一个或多个 DataTable 对象的集合，这些对象由数据行和数据列以及主键、外键、约束和有关 DataTable 对象中数据的关系信息组成。

(2) ADO.Net 数据库访问连接的另一个核心是.Net 框架数据提供程序，其主要功能是实现数据操作和对数据的快速访问。Connection 对象提供与数据源的连接，Command 对象使用户能够访问用于返回数据、修改数据、运行存储过程已经发送或检索参数信息的数据库命令。DataReader 对象可以从数据源中读取高性能的数据流。DataAdapter 提供连接 DataSet 对象和数据源的桥梁。DataAdapter 使用 Command 对象在数据源执行 SQL 命令，然后将数据填充到 DataSet 中，并使 DataSet 中的数据与数据源保持一致。

2. ADO.Net 访问数据库实例

(1) 使用数据源控件和数据库绑定控件快速访问数据库。

Visual Studio .Net 2005 集成开发环境提供了数据源控件和数据库绑定控件，可以非常轻松地实现数据库的快速访问。以下是一个简单示例：已知，有一个 Microsoft SQL Server 数据库 ExamSys，在 VS.Net 2005 下使用数据源控件和数据库绑定控件快速访问其中的学生信息表(StuInfor)。本例使用的语言开发环境为 VB.Net。

新建一个名为 Exam 的 ASP.Net 网站，在该网站下添加一个名为 student.aspx 的 Web 窗体。从工具箱的“数据”类别控件中找到 SqlDataSource 控件，将其拖拽至 student.aspx 页面上。配置该 SqlDataSource 控件的数据源，新建连接，输入服务器名或服务器 IP 地址，输入数据库登录名和密码，选择数据库名，如图 8-19 所示。设置完成后，单击“测试连接”按钮，测试连接是否成功。

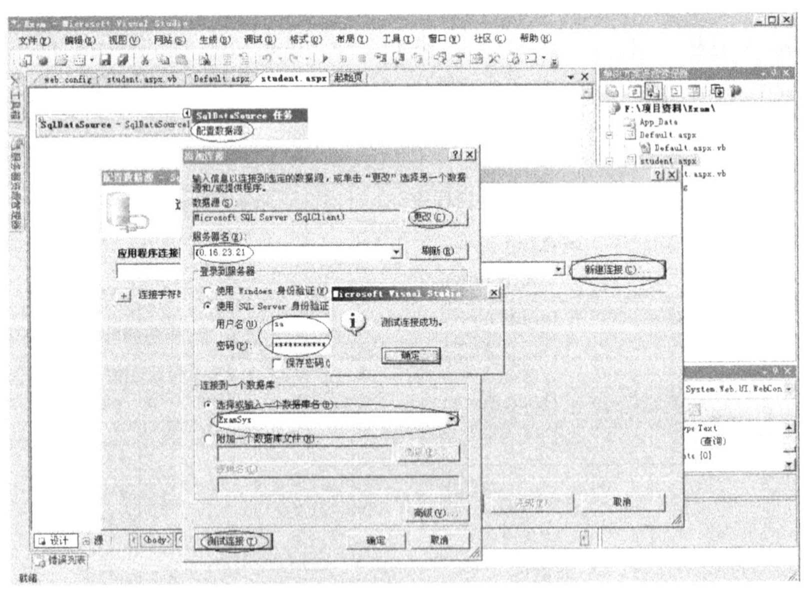

图 8-19 建立 SqlDataSource 和建立数据库连接

测试连接成功后，单击“下一步”，VS.Net 2005 会建议将以上建立的连接，以连接字符串的形式保存至配置文件 web.config，以便在建立 SqlDataSource 或使用 ADOConnection

对象时就可以直接引用，如图 8-20 所示。完成此操作后，打开项目工程下的web.config文件可以看到定义的连接字符串“ExamSysConnectionString”的内容：

```
<ConnectionStrings>
<add name = "ExamSysConnectionString" ConnectionString = "Data Source = 10.16.23.21;
Initial Catalog = ExamSys;Persist Security Info = True;
User ID = sa;Password = abc" ProviderName = "System.Data.SqlClient"/>
</ConnectionStrings>
```

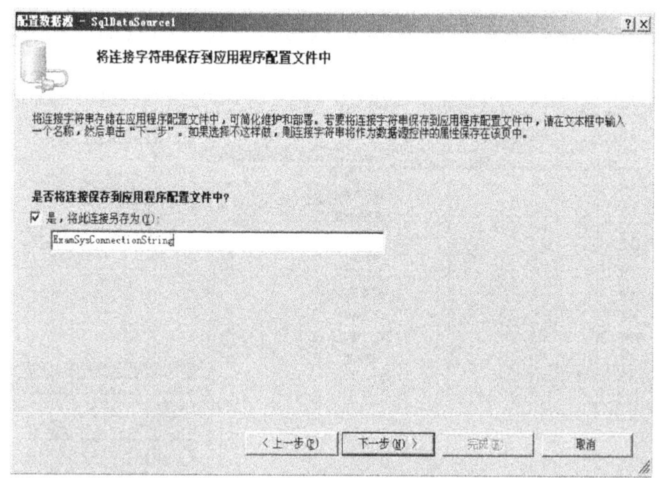

图 8-20　保存连接字符串

单击“下一步”保存好连接字符串后，就进入配置该 SqlDataSource 的 SELECT 语句的步骤，该步骤主要实现如何从数据库中检索数据，如图 8-21 所示。本例中，指定该SqlDataSource从 StuInfor 表中查询所有字段，系统会自动创建 SQL 语句：SELECT * FROM [StuInfor]。用户还可以设定 WHERE 条件和 ORDER BY 关键字等。

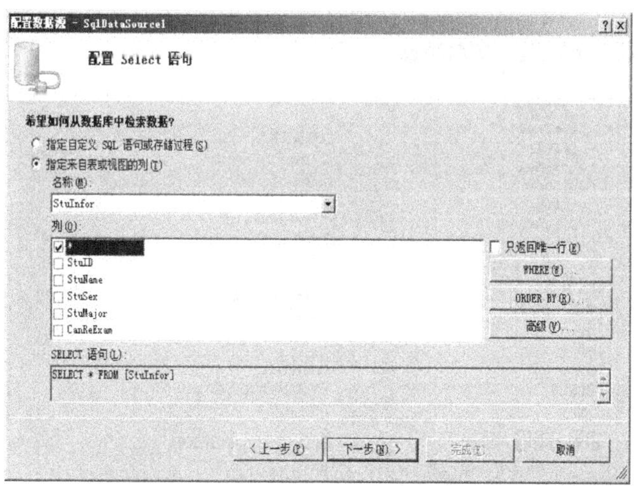

图 8-21　配置 SqlDataSource 的 Select 语句

单击“下一步”，进入测试查询界面，测试上一步中构建的 SQL 语句执行的结果，若无误，则单击“完成”，这样就完成了 SqlDataSource 的配置。

接下来就需要用到 ASP.Net 提供的数据绑定控件来显示 SqlDataSource 控件执行 SQL 语句后的结果。ASP.Net 提供了很多数据绑定控件，本例使用 GridView。

从工具箱的“数据”类别控件中找到 GridView 控件，将其拖拽至 student.aspx 页面上，配置该 GridView 控件的数据源为前面建立的 SqlDataSource 控件：SqlDataSource1，并启用自动分页。用户还可以单击“自动套用格式”选择 GridView 的显示样式，如图 8-22 所示。

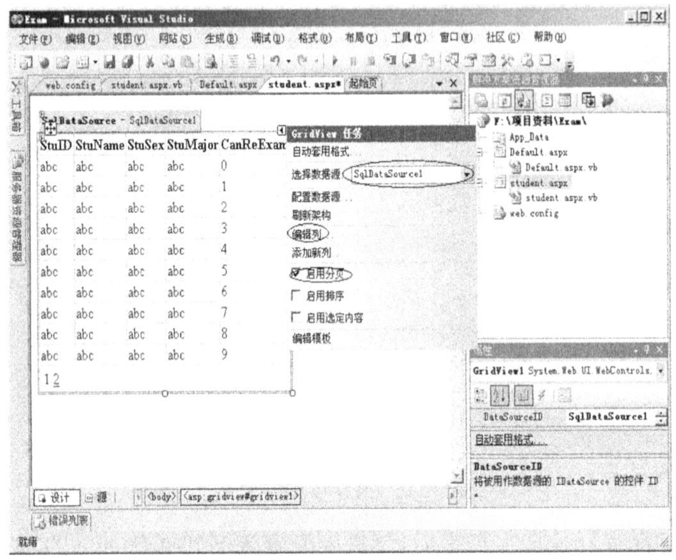

图 8-22 配置 GridView

单击“编辑列”，还可以对 GridView 进行更详细的配置，用户可以设置各选定字段的 HeaderText 属性，该属性为 GridView 每列的标题，如图 8-23 所示。

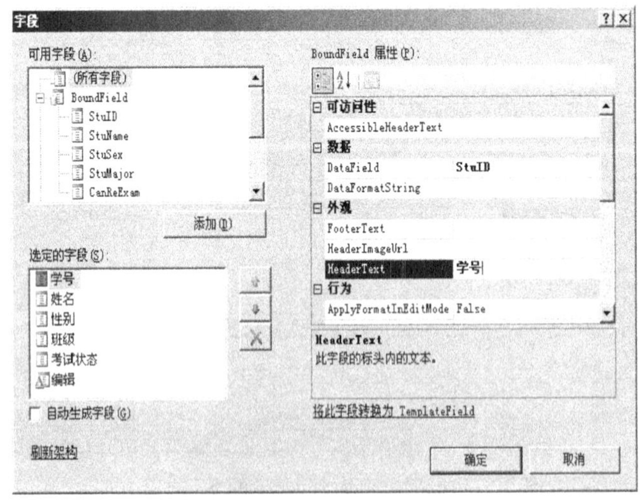

图 8-23 GridView 编辑列

单击“添加新列”，为每一条记录添加一个编辑链接，如图 8-24 所示。此处设定字段类型为 HyperLinkField，页眉文本和超链接文本均为“编辑”，设定超链接从 StuID字段获取 URL 参数，URL 字符串为“edit.aspx?stuid={0}”，超链接至 edit.aspx 页面。

此处 URL 字符串“edit.aspx?stuid={0}”中的“{0}”表示从绑定到 URL 的字段中获取第一个参数，如 URL 需有多个参数，用户可编辑新添加的这一列，在其 DataNavigateURLFields 属性中添加多个字段，URL 字符串中使用{1}、{2}……依次取值即可。

完成以上配置后，一个简单的使用 ASP.Net 数据源控件和数据绑定控件读取数据库的实例就完成了，启动工程 student.aspx 效果如图 8-25 所示。

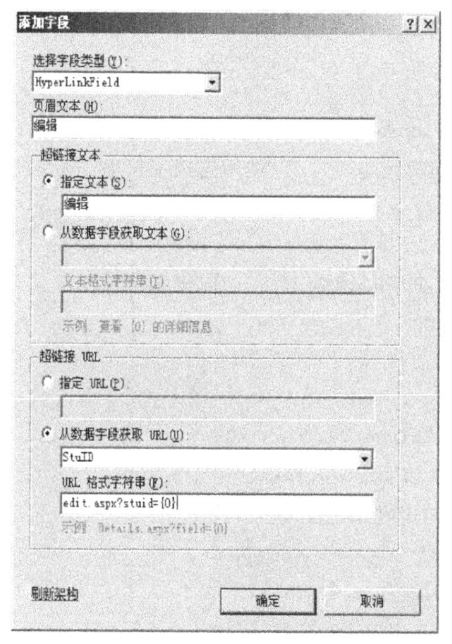

图 8-24　添加新列

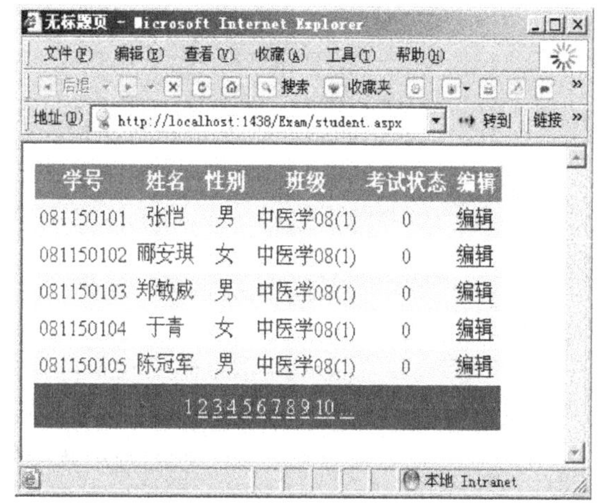

图 8-25　student.aspx 运行结果

GridView 启用分页功能后，会自动将记录集按设定的 PageSize 属性大小分页显示，GridView 默认的 PageSize 为 10，用户可在 GridView 的属性窗口中设置，本例为每页显示 5 条记录。

(2) 使用 ADO.Net 操作数据库。

上例使用数据源控件和数据库绑定控件，实现了快速显示 ExamSys 数据库中的 StuInfor 表中的所有记录的功能。如要增加、更新或删除一条学生记录，则必须用到 ADO.Net 提供的 Connection、Command、DataReader 和 DataAdapter 组件。以上一个例子为基础，下面来实现数据库的 Insert、Update和 Delete 操作。

● 新增记录。

在 student.aspx 页面上添加一个按钮，在其 student.aspx.vb 文件中添加该按钮的 Click 事件，使用 Response.Redirect(" student.aspx ")语句跳转到 newstu.aspx 页面。

添加一个名为 newstu.aspx 的 Web 窗体，在该窗体上添加相应的控件，如图 8-26 所示。

为了使用 ADO.Net 对象，需引入两个命名空间（NameSpace）：System.Data 和 System.Data.SqlClient，在 newstu.aspx.vb 文件中用 Import 指令引入这两个命名空间：

```
Imports System.Data
Imports System.Data.SqlClient
```

编写一个名为 stuInsert()的函数用来添加学生记录，其代码如下：

图 8-26 newstu.aspx 页面

```
Public Function stuInsert() As Boolean
    Dim dtCmd As SqlCommand
    Dim dtsqlcmd As String
    Dim dataconn As SqlConnection
    dataconn = New SqlConnection(ConfigurationManager.ConnectionStrings
("ExamSysConnectionString").ConnectionString.ToString())    '使用连接字符串
    dataconn.Open()
    dtsqlcmd = "insert into StuInfor(StuId,StuName,StuSex,StuMajor,CanReExam)
values_(@StuId,@StuName,@StuSex,@StuMajor,@CanReExam)"    '构建 SQL 语句
    dtCmd = New SqlCommand(dtsqlcmd, dataconn)
    Try
        '添加参数和赋值
        dtCmd.Parameters.Add("@StuId", SqlDbType.VarChar, 20)
        dtCmd.Parameters("@StuId").Value = TextBox1.Text
        dtCmd.Parameters.Add("@StuName", SqlDbType.VarChar, 20)
        dtCmd.Parameters("@StuName").Value = TextBox2.Text
        dtCmd.Parameters.Add("@StuSex", SqlDbType.Char, 2)
        dtCmd.Parameters("@StuSex").Value = DropDownList1.Text
        dtCmd.Parameters.Add("@StuMajor", SqlDbType.VarChar, 255)
        dtCmd.Parameters("@StuMajor").Value = TextBox3.Text
        dtCmd.Parameters.Add("@CanReExam", SqlDbType.Int)
        dtCmd.Parameters("@CanReExam").Value = Val(DropDownList2.Text)
        dtCmd.ExecuteReader()
        stuInsert = True
    Catch
        stuInsert = False
    Finally
        '释放占用的资源
        dataconn.Close()  '断开数据库连接
        dtCmd.Dispose()  '释放数据命令对象
        dataconn.Dispose() '释放数据库连接
    End Try
End Function
```

程序说明：

① 此处声明了一个 SqlConnection 对象 dataconn，使用该对象的 Open 方法，打开上例中保存在 web.config 文件中的连接字符串“ExamSysConnectionString”，建立和数据库的连接。

② 构造一个 Insert 语句，将需插入的值以如“@StuId”这样的形式来表示。

③ 声明一个 SqlCommand 对象 dtCmd，SqlCommand 对象主要用于执行 SQL 命令，创建该对象的语句格式是：

```
SqlCommand 对象名 = New SqlCommand (SQL 语句, SqlConnection 对象名);
```

使用 SqlCommand 的 ExecuteReader 方法执行 SQL 命令；

④ SqlCommand 对象的子对象 Parameters 的 Add 方法用来添加 SQL 语句中所需的参数。

⑤ 使用 Try 语句捕获错误，如没有错误则将函数返回值赋值为 True，最后释放资源。

编写好 stuInsert() 函数后，只需要在“添加”按钮的 Click 事件中调用该函数，根据该函数的返回值判断是否新增成功，代码如下：

```
    Protected Sub Button1_Click(ByVal sender As Object, ByVal e As System.EventArgs) Handles
Button1.Click
        Dim flag As Boolean
        If TextBox1.Text <> "" Then
            flag = stuInsert()
            If flag = True Then
                Response.Write("<script language='javascript'>")
    Response.Write("alert('添加成功！');")
                Response.Write("</script>")
            Else
                Response.Write("<script language='javascript'>")
                Response.Write("alert('添加失败，请检查学号是否重复？');")
                Response.Write("</script>")
            End If
        Else
            Response.Write("<script language='javascript'>")
            Response.Write("alert('学号不能为空');")
            Response.Write("</script>")
        End If
    End Sub
```

以上是新增记录的一个简单示例，Update 和 Delete 记录的方法与此类似，只需构造不同的 SQL 语句即可，此处不再赘述。

- 根据参数查询记录。

添加一个名为 edit.aspx 的 Web 窗体，页面设计同 newstu.aspx。在 edit.aspx.vb 文件中引入 System.Data 和 System.Data.SqlClient 两个命名空间，新建一个根据 URL 参

数查询记录的函数 stuSelect(),代码如下:

```
Public Function stuSelect(ByVal stuid As String) As DataSet
    Dim data As New DataSet
    Dim dtCmd As SqlCommand
    Dim dtAdpt As New SqlDataAdapter
    Dim dtsqlcmd As String
    Dim dataconn As SqlConnection
    dataconn = New SqlConnection(ConfigurationManager.ConnectionStrings
("ExamSysConnectionString").ConnectionString.ToString())
    dtsqlcmd = "SELECT * FROM StuInfor where StuId = @StuId"
    dtCmd = New SqlCommand(dtsqlcmd, dataconn)
    Try
        dtCmd.Parameters.Add("@StuId", SqlDbType.VarChar, 20)
        dtCmd.Parameters("@StuId").Value = stuid
        dtAdpt.SelectCommand = dtCmd
        dtAdpt.Fill(data)
    Finally
        '释放占用的资源
        dataconn.Close()       '断开数据库连接
        data.Dispose()         '释放数据记录集
        dtCmd.Dispose()        '释放数据命令对象
        dtAdpt.Dispose()       '释放数据桥接对象
        dataconn.Dispose()     '释放数据库连接
    End Try
    stuSelect = data
End Function
```

程序说明:

① 该函数的返回值是一个 DataSet 对象;

② 此处同样需使用 SqlConnection 对象创建数据库连接,使用 SqlCommand 对象执行 SQL 语句;

③ 声明了一个 DataSet 对象 data,用于存放查询结果;

④ 声明一 SqlDataAdapter 对象 dtAdpt,SqlDataAdapter 对象用于连接数据源和记录集 DataSet,使用它的 Fill 方法,将从数据源中查询的结果填充到 DataSet 中。

编写好 stuSelect ()函数后,在 edit.aspx 页面加载时,使用 Request 方法获取 URL 参数,调用 stuSelect()函数,然后提取返回的记录集对象 DataSet 中的各个字段,赋值给页面上的控件,代码如下:

```
Protected Sub Page_Load(ByVal sender As Object, ByVal e As System.EventArgs)
Handles_ Me.Load
        Dim stuid As String = Request.QueryString("stuid")
        Dim stuSelectData As DataSet
        If Not IsPostBack Then  '判断是否是页面回滚
```

```
            stuSelectData = stuSelect(stuid)
            If stuSelectData.Tables(0).Rows.Count <> 0 Then  '判断记录集是否为空
              TextBox1.Text = stuid
              TextBox2.Text = stuSelectData.Tables(0).Rows(0)("StuName")
              DropDownList1.Text = stuSelectData.Tables(0).Rows(0)("StuSex")
              TextBox3.Text = stuSelectData.Tables(0).Rows(0)("StuMajor")
              DropDownList2.Text = stuSelectData.Tables(0).Rows(0)("CanReExam")
            Else
              Response.Write("<script language='javascript'>")
              Response.Write("alert('无此学号！');")
              Response.Write("</script>")
            End If
        End If
    End Sub
```

通过以上两个例子，可以看到，使用 ADO.Net 访问数据库，既可以使用 VS.Net 提供的数据源控件和数据绑定控件快速实现数据的访问，又可以使用 ADO.Net 提供的各种对象实现数据库的查询、增加、更新和删除功能。

8.6　JSP+JDBC 模式

8.6.1　J2EE 概述

J2EE(Java2 Platform Enterprise Edition，Java2 企业版)是由 Sun 公司提出的基于 Java 语言支持的多层应用模型的企业级服务器端开发应用环境。J2EE Web 应用程序多层模型结构如图 8-27 所示。

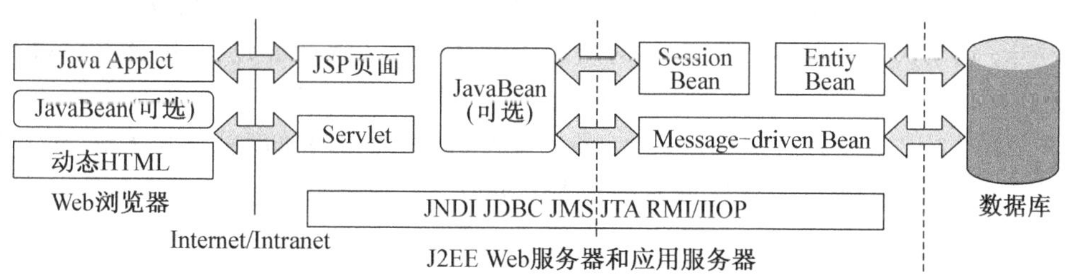

图 8-27　J2EE Web 应用程序多层模型

J2EE 平台由一整套服务、应用程序接口和协议构成，对开发基于 Web 的多层应用程序提供了强大支持。J2EE 不仅巩固了标准版中的许多优点，如编写一次、随处运行的特性、方便存取数据库的 JDBC API、CORBA 技术以及能够在 Internet 应用中保护数据的安全模式等，同时还提供了对 EJB(Enterprise JavaBeans)、Java Servlets API、JSP(Java Server Pages，Java 服务器端页面)以及 XML 技术的全面支持。

8.6.2 JSP概述

JSP技术是J2EE的核心技术之一，是和ASP相似的嵌入式动态网页开发环境。它是在传统的网页HTML文件中插入Java程序段(Scriptlet)和JSP标记，从而形成JSP文件(*.jsp)。JSP技术的设计目的是使构造Web应用程序更加容易和便捷。

1. JSP工作原理

用户与一个JSP网站交互的过程与普通网站交互过程没什么不同，唯一的区别在于服务器端接受请求和进行应答的过程。用户与JSP服务器交互的过程如图8-28所示。

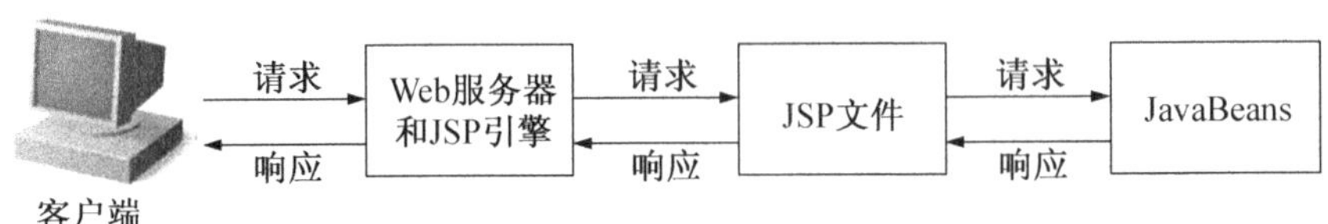

图8-28 用户与JSP服务器交互过程

(1) 服务器在收到一个请求后首先分析这个请求，如果这个请求的页面是一个HTML，服务器将直接读出这个HTML页面并将这个页面返回给客户端。

(2) 如果请求的页面是一个JSP页面，服务器将调用JSP引擎对这个JSP页面进行处理，并将处理后得到的HTML代码返回给客户端。

(3) JSP引擎在处理一个JSP页面时，如果遇到JavaBean组件，JSP引擎将调用相应的JavaBeans组件，得到JavaBeans返回的值并返回给JSP页面。

当一个JSP页面被第一次访问时，JSP引擎将进行如下操作：

(1) 将JSP文件翻译成Servlet文件(.java)，这个Servlet文件是一个完整的Java应用程序。

(2) JSP引擎调用Java编译器编译Servlet文件得到可执行代码文件(.class)。

(3) JSP引擎调用Java虚拟机解释执行.class文件，向客户端返回响应。

由于一个JSP页面在第一次执行时要经过翻译、编译、执行的过程，因此客户端得到响应的时间会比较长。当一个JSP页面再次被访问的时候，其对应的.class文件已经编译生成，因而JSP引擎将直接执行这个.class文件，页面的访问速度就会大大提高。回顾第8.5节ASP.Net的工作模式，两者在这点上类似。

2. JSP的内置对象

在JSP技术内部定义了若干个内置对象，应用这些对象，可以实现很多重要的功能。JSP的内置对象有：Out、Request、Response、Exception、Config、Page、PageContext、Application和Session对象。

(1) Out对象：Out对象是一个输出流，用来向客户端输出数据。Out对象用于各种数据的输出。

(2) Request对象：该对象封装了用户提交的信息，通过调用该对象相应的方法可以获取封装的信息，即使用该对象可以获取用户提交信息。

(3) Response对象：对客户的请求做出动态的响应，向客户端发送数据。

(4) Session 对象：Session 对象是一个 JSP 内置对象，它在第一个 JSP 页面被装载时自动创建，用于会话管理。

(5) Application 对象：服务器启动后就产生了这个 Application 对象，当客户在所访问的网站的各个页面之间浏览时，这个 Application 对象都是同一个，直到服务器关闭。但是与 Session 不同的是，所有客户的 Application 对象都是同一个，即所有客户共享这个内置的 Application 对象。

(6) Page 对象：对应 this 关键字，用来引用 JSP 网页本身。Page 对象是当前页面转换后的 Servlet 类的实例。

(7) Config 对象：Javax. Servlet. ServletConfig 的实例，该实例代表该 JSP 的配置信息。

(8) Exception 对象：主要用于处理 JSP 程序在执行时发生的错误和异常。

(9) PageContext 对象：Javax. Servlet. Jsp. PageContext 的实例，该对象代表该 JSP 页面上下文，使用该对象可以访问页面中的共享数据。

8.6.3　JSP 的运行环境

运行 JSP 需要安装配置相应的运行平台(Windows/Linux)、服务器(Tomcat/WebLogic/WebSphere)、Java 开发工具(JDK)以及相应的数据库(Mysql/SQL Server)等。在 Windows 平台下，最常见的是以 JDK+Tomcat 的形式来搭建 JSP 运行环境。

1. Java 开发工具

JDK 是 Sun 公司提供的一套开发工具，JDK 提供了 Java 开发常用的类库。JDK 针对不同的操作系统有多种版本。以 Windows 平台 JDK 1.5 版为例，JDK 中包括了 javac、java、jdb、javah、javap、javadoc 和 appletview 等工具，涵盖了对 Java 源文件的编译、执行 Java 字节码文件等工具。

JDK 1.5 可以在 Sun 公司官方网站免费下载。在 JDK 1.5 的安装过程中，会提示安装 JRE 1.5，设置 JRE 1.5 的安装目录应与 JDK 1.5 的安装目录保持一致，否则可能会相互冲突，导致 Wcb 服务器(如 Tomcat)启动时不能识别 JDK 的版本。

JDK 1.5 安装完毕后，需要设置“环境变量”，右击“我的电脑”，打开“属性”对话框，在“高级”选项卡中选择“环境变量”对话框，进行“环境变量”设置。

(1) 系统变量→新建→变量名：JAVA _ HOME(JDK 的安装目录，如“C:\jre1. 5”)。

(2) 系统变量→新建→变量名：CLASSPATH(类的路径，如“. ;%JAVA _ HOME%\lib)。

(3) 系统变量→编辑→变量名：Path(寻找应用程序的目录，可以在最前面加入“%JAVA_HOME%\bin;”)。

CLASSPATH 中有一个英文句号“.”后跟一个分号，标识当前路径。如果以上变量名已经存在，则无需新建，编辑变量的值即可。

安装配置好 JDK 后，可以简单测试下安装配置是否正确。打开 MS-DOS 命令窗口，执行 javac-version 命令，如果能显示 JDK 的版本信息，则表示 JDK 环境安装成功。

2. 安装 Tomcat

从 http://tomcat. apache. org 上可以下载 Tomcat 的安装程序、源代码和相关文档。

Tomcat 不能单独使用，安装之前必须先安装 JDK。Tomcat 5.5 发布的版本有 3 种：zip 版、tar.gz 和 Windows Executable 版。Windows Executable 版安装时根据安装提示向导可以轻松完成；zip 版无需安装，直接解压缩至指定目录即可。推荐使用 zip 版，因为 Windows Executable 版虽然安装简单，但安装过程中会修改系统注册表，经过多次安装，可能会出现一些不可预见的错误，而 zip 版无需安装，解压缩即可使用。

执行 Tomcat 目录 bin 子目录中的 startup.bat 程序即可启动 Tomcat 5.5 服务器。Tomcat 启动后，需要测试一下 Tomcat 是否能正常工作。在浏览器中输入“http://localhost:8080”或“http://127.0.0.1:8080”，如出现图 8-29 所示页面，则表示 Tomcat 安装成功。

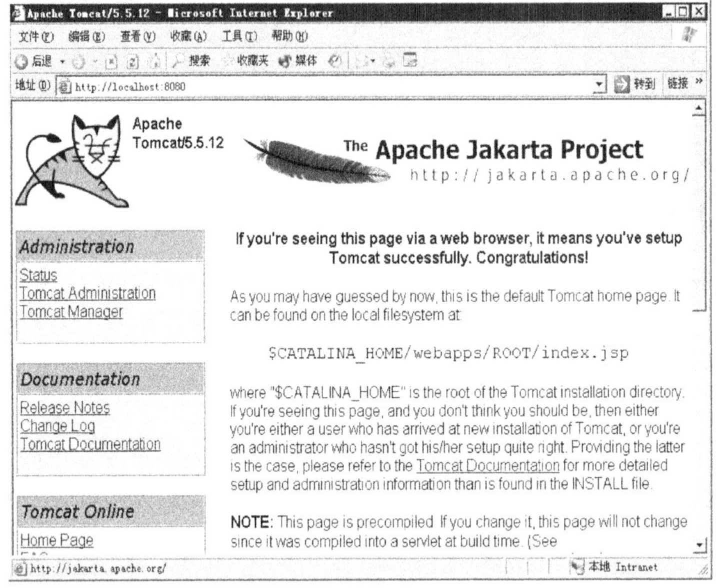

图 8-29　测试 Tomcat 5.5

3. 配置 Tomcat

(1) 配置端口号。

Tomcat 默认的 Web 服务器端口是 8080，IE 浏览器默认的 HTTP 服务器端口是 80，如果希望客户端在访问服务器时不再输入端口号，则需要手工修改 Tomcat 的配置文件。在 Tomcat 安装目录下有一个 config 子目录，打开其中的 server.xml 文件，找到“connector port”参数，修改该参数的值为 80 即可。Tomcat 配置文件修改后，需重启 Tomcat 才能生效。

(2) 配置虚拟目录。

和 IIS 类似，Tomcat 也可以创建虚拟目录。在 Tomcat 5.5 中配置虚拟目录的方法是编写一个 XML 文件，Tomcat 中虚拟目录的名称就是该 XML 文件的文件名。例如，Tomcat 5.5 下想要创建一个名为“test”的虚拟目录指向“D:\jsp”目录，就需要编写内容如下的一个 XML 文件：

```
<content path = "/test " docBase = "D:\jsp " debug = " 0 " reloadable = " true " crossContext = " true">
</content>
```

其中“path="/test "”表示配置的虚拟目录的名称，“docBase=" D:\jsp "”是虚拟目录

指向的物理路径。

将该 XML 文件保存于 Tomcat 安装目录的“conf/Catalina/localhost”文件夹下，文件名为“test.xml”。特别值得注意的是，Tomcat 虚拟目录名称是区分大小写的。

8.6.4　JSP 的实现方式

作为 J2EE 的核心技术之一，JSP 即可以用于开发小型的 Web 站点，也可以用于开发大型的、企业级的应用系统。使用 JSP 进行开发有以下几种实现方式。

(1) 直接使用 JSP。对于小型的 Web 站点，可以直接使用 JSP 来构建。如留言板、计数器等最基本的功能设计。这种开发方式，一般可以将所有的动态处理部分都放置在 JSP 的 Scriptlet 中。

(2) JSP+JavaBean。中型站点如数据库查询、用户管理和少量的商业业务逻辑的设计。此类站点不能将所有的程序都编写在 JSP 页面中。可利用 JavaBean 将数据库连接、用户登录等商业业务逻辑封装成任务。通过封装业务逻辑既方便了使用又使 JSP 文件简单清晰，还可以防止一般的开发人员直接获得数据库的控制权。

(3) JSP+JavaBean+Servlet。使用 ASP 或 PHP 开发网站逻辑代码和显示页面很不容易分开，精美设计的静态网页和动态程序结合起来也非常麻烦。使用 JSP+JavaBean+Servlet 开发模式可以解决这个问题：JSP 负责编写数据；Servlet 不再负责动态页面的生成，而担负起决定整个网站逻辑的任务；在逻辑关系复杂的网站中，借助 Servlet和 JSP 良好的交互关系和 JavaBean 的协助，可以将网站的整个逻辑结构放在 Servlet 中，而动态网页的输出放在 JSP 页面中来完成。在这种开发模式下，一个网站可以有一个或多个核心的 Servlet 来处理网站的逻辑，通过调用 JSP 来完成客户端的请求。

8.6.6　JSP 的优点

JSP 技术具有 Java 语言“编写一次、随处运行”的特点，可以通过 JDBC、JDBC-ODBC Bridge 访问 SQL Server、Oracle、Sybase 和 Access 数据库。由于 JSP 页面的内置脚本语言是基于 Java 编程语言的，而且所有的 JSP 页面都被编译成 Java Servlet，所以 JSP 页面具有 Java 语言所有的好处，包括健壮的存储管理和安全性。与其他动态网页技术相比，JSP 的优点还表现在以下几个方面。

(1) 和传统的 CGI 相比，JSP 在效率上具有很大的优势。对于 CGI 来说，每个访问需要新增加一个进程来处理，而 JSP 可以用线程的方式来应对客户端的请求，JSP 消耗的系统资源更小。

(2) 和 ASP 和 PHP 相比，JSP 的显示内容和逻辑代码完全分离。使用 JSP 技术，Web 开发人员可以使用 HTML 或 XML 标识来设计和格式化页面。页面显示内容被封装在标识和 JavaBean 中，并且捆绑在脚本中，所有的脚本在服务器端运行。JSP 和 ASP.Net类似，所有代码在服务端 JSP 引擎进行编译而不是解释，生成所有的请求内容并将结果以 HTML 或 XML 页面的形式返回给浏览器。

(3) 和 ASP.Net 类似，JSP 对组件技术的支持已经非常完善。JSP 使用可重用的、跨平台的组件，如 JavaBean 和 EJB，依靠这些组件来执行应用程序复杂的要求。开发人员能共享和交换执行普通操作的组件，或者使用这些组件为更多的使用者服务。

(4) JSP 比 ASP.Net 具有更广泛的平台适应性。ASP.Net 主要应用与 Windows 平台，而得益于 Java 的跨平台性，JSP 可以在许多平台下使用。

(5) 和 ASP.Net 一样，JSP 也有类似 Eclipse 这样的多样化和功能强大的基础开发工具的支持。

(6) 从只有一个小的 Jar 文件就可以运行 Servlet/JSP，到由多台服务器进行集群和负载均衡，到多台 Application 进行事务处理、消息处理。从一台服务器到无数台服务器，JSP 具有强大的可伸缩性。

8.6.7 JDBC

JSP 的本质是 Java，Java 是通过 JDBC(Java Data Base Connectivity，Java 数据库连接)接口来访问数据库的。JDBC 是一种可用于执行 SQL 语句的 Java API，可以为多种关系数据库提供统一访问，它由一组用 Java 语言编写的类和接口组成。JDBC 为数据库应用开发人员、数据库前台工具开发人员提供了一种标准的应用程序设计接口，是开发人员可以用纯 Java 语言编写完成的数据库应用程序。

1. JDBC 简介

JDBC 具有和 ODBC 结构类似的基本结构：Java 应用程序通过使用 java.sql 包提供的接口与驱动程序管理器通信，驱动程序管理器负责管理驱动的装载以及驱动 Java 应用程序的连接，驱动程序实现把 JDBC 标准调用映射到与数据库厂商相关或者无关的数据库接口，数据库管理系统完成相关操作。JDBC 结构如图 8-30 所示。

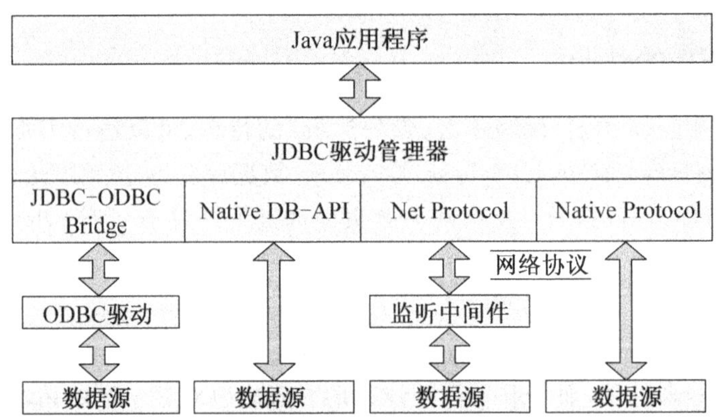

图 8-30 JDBC 结构

Sun 根据数据库接口是否依赖于具体数据库厂商，以及 JDBC 驱动程序是与本地的数据库接口交互还是通过网络协议与服务器端的数据库接口交互而把 JDBC 的实现方式分为以下 4 类，驱动程序提供商可以选择其中一种或几种方式来实现 JDBC 驱动程序。

(1) JDBC-ODBC Bridge Driver(ODBC and DB Driver)方式，是在 ODBC 的基础上实现 JDBC，所以，需要 JDBC 到 ODBC 的桥接(Bridge Driver)，来将 JDBC 功能调用映射为 ODBC 调用。这样支持 ODBC 的数据库，JDBC 也都可以访问。

(2) 使用部分 Java 实现的本地 API 驱动(Native DB-API Partly Java Driver)。即把 JDBC 调用转换为对数据库接口的客户端二进制代码库的调用。但是这个客户端接口库依赖于具体厂商。

(3) 纯 Java 实现的 JDBC-Net Driver 方式,将 JDBC 调用映射为对不依赖于数据库厂商的网络协议的调用,服务器端中间件可把这一网络协议调用编译为数据库厂商的接口调用,实现对数据库的操作。

(4) 使用纯 Java 实现的本地 API 驱动(Native-protocol Pure Java Driver)。即把 JDBC调用映射为数据库系统的网络监听协议的功能调用,数据库系统的网络监听器监听到调用后执行相关操作。但是这个监听协议依赖于具体的数据库厂商。

2. JDBC 编程步骤

(1) 加载驱动程序。所有与数据库有关的对象和方法都在 java.sql 包中,因此在使用 JDBC 的程序中必须加入 import java。

为了和特定的数据库连接,JDBC 必须加载相应的驱动程序。如 JDBC 要连接 ODBC 数据库,就必须先加载 JDBC-ODBC 桥驱动程序:

```
Class.forName ("sun.jdbc.odbc.JdbcOdbcDriver");
```

加载各种不同数据库的驱动程序的方法还有:

```
//SQL Server
Class.forName ("com.microsoft.jdbc.sqlserver.SQLServerDriver");
//MySql
Class.forName ("org.gjt.mm.mysql.Driver");
//Oracle
Class.forName ("Oracel.jdbc.driver.OracleDriver");
```

(2) 建立数据库连接。DriverManager 类的 getConnection(String url,String user, String password)方法用于建立与某个数据库的连接。要连接一个特定的数据库,必须创建 Connection 类的实例,并使用 URL 语法连接数据库,示例如下:

```
try{
String url = "jdbc:odbc:myodbc";
Connection con = DriverManager.getConnection(url);}
Catch(SQLExeption e){e.printStackTrace()}
```

建立各种不同数据库连接的方法还有:

```
//SQL Server
DriverManager.getConnection ("jdbc:Microsoft:sqlserver://主机:端口号";
databaseName = "数据库名","用户名","密码");
// MySql
DriverManager.getConnection("jdbc:mysql://主机:端口号:数据库名","用户名","密码");
//Oracle
DriverManager.getConnection("jdbc:Oracle:thin:@主机:端口号:数据库名","用户名","密码");
```

(3) 访问数据库。连接到数据库后，就可以请求表名以及列的名称和内容，而且可以运行 SQL 语句来查询数据库或添加、修改和删除记录。可用于从数据库中获取信息的对象有：

- Database MetaData：表示有关整个数据库信息，如表名、索引等；
- ResultSet：表示某个表的信息或一个查询的结果，必须逐行访问数据行，但可以任意顺序访问列；
- ResultSetMetaData：有关 ResultSet 中列的名称和类型的信息。

通过创建语句，使用 Statement、PreparedStatement 或 CallabelStatement 对象执行更新数据库或执行查询的 SQL 语句。

(4) 返回数据集 ResultSet 进行处理。查询并返回 ResultSet 对象，ResultSet 是 JDBC中最重要的单个对象，ResultSet 通过 get 方法提供对记录集中记录的访问，这样就能根据返回的记录集完成业务逻辑处理。

(5) 释放资源。最后关闭 ResultSet、Statement、Connection 对象。

3. 使用 JDBC 访问数据简单示例

下面是一个使用 JSP，通过 SQLServer 提供的驱动程序直接访问数据的简单示例程序 test.jsp。已知，有一个 Microsoft SQL Server 数据库 ExamSys，通过 JDBC 访问其中的 StuInfor 表。

首先，新建一个虚拟目录"test"。SQL Server 的驱动程序需要用到 3 个 jar 包，分别是：msbase.jar、mssqlserver.jar 和 msutil.jar，将这 3 个文件拷贝至当前 Web 应用程序对应的 WEB-INF/lib 目录下。具体代码如下：

```
<%@ page language = "java" contentType = "text/html;charset = GBK" %>
<%@ page import = "java.sql.*" %>
<%
Connection con = null;
try{
//加载 SQL Server 驱动程序
Class.forName("com.microsoft.jdbc.sqlserver.SQLServerDriver");
//通过驱动创建连接
con = DriverManager.getConnection(" jdbc:Microsoft:sqlserver://localhost:1433;
databaseName = ExamSys","sa","gjb4400zist");
Statement st = con.CreateStatement();
//构造 SQL 语句
String query = "select * from StuInfor";
//获得结果集
ResultSet rs = st.ExecuteQuery(query);
//获得结果集的元数据
ResultSetMetaData rsmt = rs.GetMetaData();
//得到结果集的列数
int num = rsmt.GetColumnCount();
```

```
//输出表头
out.println("<table border = 1><tr><td>学号</td><td>姓名</td><td>
性别</td><td>班级</td><td>考试状态</td></tr>");
while(rs.next()){
//输出每条记录
out.println("<tr>");
for(int i = 1;i< = num;i + + ){
String temp = rs.GetString(i);
out.println("<td>" + temp + "</td>");
}
out.println("</tr>");


}
out.println("</table>");
}catch(SQLException e){
  e.printStackTrace();
}finally{
try{
if(con! = null) con.Close();
}catch(SQLException e){
e.printStackTrace();
}
}
%>
```

程序说明：

① 使用 Connection 对象 con 的 CreateStatement 方法创建一个 Statement 对象 st；

② 构造一个 SQL 语句后，使用 Statement 对象的 ExecuteQurey 方法执行 SQL，并将结果返回给 ResultSet 对象 rs；

③ 创建一个 ResultSetMetaData，并使用 ResultSet 对象的 GetMetaData 方法获取记录集的元数据；

④ 使用 ResultSetMetaData 对象的GetColumCount获取记录集的列数；

⑤ 此处从 ResultSet 对象中获取数据时使用 GetString()方法，GetString()适用于所有数据类型，如结果只需在网页上显示，则不需关心字段的数据类型，统一使用 GetString()方法即可；

⑥ JSP 通过 JDBC 新增、修改和删除数据的方法和此例类似，只需构造不同的 SQL 语句，使用 Statement 对象的 ExecuteQurey 方法执行该 SQL 语句即可；

test.jsp 页面运行效果如图 8-31 所示。

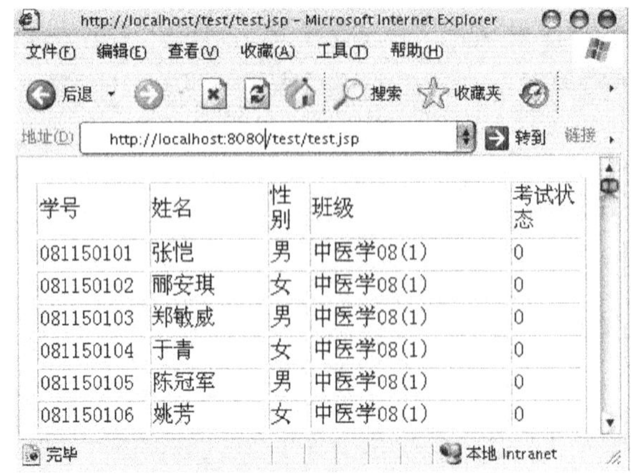

图 8-31　test.jsp 页面运行效果图

8.7　小　结

随着 Internet 的蓬勃发展，Web 数据库结合 Web 应用程序的开发已经迅速占领了 Internet 的主导地位。Web 数据库开发已经成为 Internet/Intranet 的核心。目前，各种 Web 应用开发技术层出不穷，掌握至少一门 Web 开发技术是非常有必要的。本章简单介绍了 Web 数据的概念及 Web 数据的工作模式和访问技术。结合当前应用实际，介绍了当前主流 Web 应用程序开发技术 ASP、ASP.Net 和 JSP，通过本章的学习，希望大家可以了解这 3 种技术的特点、开发环境和工作模式。

习　题　8

一、填空题

1. Web 数据库应用的三层体系结构分别是：________、________和________。
2. 三层 B/S 体系结构由________、________和________组成。
3. C/S 模式分________和________两种结构。
4. N 层模式结构最先是由________提出的，它将 Web 业务开发分为________层。
5. 三层 B/S 计算模式，由__________、__________和__________三层构成。
6. 当前主流 Web 数据访问技术有：________、________和________。
7. ASP 网页的脚本必须包含在________和________标记中间才能正确识别。
8. ADO 内置对象中，用于实现与数据源连接的对象是________。
9. .Net 框架技术用户实现代码托管的关键组件是________________。
10. ASP.Net 中使用特定的服务器控件，用于在页面上添加数据交互。这些服务器控件包括：________和________。
11. ADO.Net 中实现数据分离的关键对象是________。
12. Tomcat 默认的 Web 服务器端口是：________。
13. JDBC 的实现方式有：________、________、________和________。

二、问答题

1. 简述动态网页的工作过程。
2. 简述三层 B/S 模式及每层的功能。
3. 传统 Web 数据库访问技术有哪些？分别简述它们的优缺点。
4. ASP 技术的内置对象有哪些？简述它们的功能。
5. 简述 ASP.Net 的工作模式。为什么在第一次执行.aspx 页面时速度会比较慢。
6. 简述 ADO.Net 访问数据的步骤。
7. 简述 JSP 的优点。

三、实践题

1. 在 Windows 环境下利用 IIS 架设一个 Web 站点。
2. 搭建 ASP.Net 的运行环境，安装 VS 2005 集成开发环境。
3. 利用 JDK+Tomcat 的方式架设一个 JSP 运行环境，修改服务器端口号，自己动手编写一个 XML 文件，添加一个虚拟目录。

第 9 章

XML 数据库*

扩展标记语言(Extensible Markup Language,XML)是 W3C 批准的用于 Internet 上数据表示和交换的标准,它定义了一组通用语法规则用以标记数据。随着 XML 数据的增长,如何对其进行有效的管理成为数据库领域的一个重要研究议题。本章对 XML 相关标准以及 XML 数据的操作进行介绍,同时也简单介绍有关 XML 数据管理的知识。

9.1 XML 概述

9.1.1 XML 的诞生

1969 年,IBM 公司由 Goldfard 领导的研究项目组创建了通用标记语言(General Markup Language,GML),用来编辑和格式化文本,以及在子系统之间实现信息检索。GML 可用于标记任何数据集合的结构,是一种元语言(Meta-language)——能够描述其他语言及其他语法和词汇表的语言。1986 年 10 月,GML 被国际化标准组织采纳为国际性的数据存储和交换标准,并被更名为标准通用标记语言(Standard Generalized Markup Language,SGML)。

SGML 是一门非常强大同时也相当复杂的标记语言,它的复杂性使得它十分不适合在 Web 中快速而简洁地发布,而且 SGML 文档处理非常复杂,成本非常高,Web 发布需要更简单的语言。

1989 年,在欧洲粒子物理实验室工作的 Tim Berners-Lee 借鉴 SGML,删繁就简,提出了适合 HTTP 传输的超文本标记语言 HTML。HTML 虽然在格式化以及数据呈现方面功能不错,但由于 HTML 没有把数据表示和数据呈现相分离,可扩充性、灵活性、易读性均不佳,不利于机器之间的数据交换。从 1996 年开始,万维网联盟(World Wide Web Consortium,W3C)开始考虑制订新的标记语言——XML,它既具有 SGML 的强大功能和可扩展性,同时具有 HTML 的简单性。XML 保留了 SGML 80%的功能,而将其复杂度降低到原来的 20%。1997 年 XML 草案公布,1998 年 W3C 批准了 XML 的 1.0 版本。注意,XML 不是对 HTML 的替代。

XML 定义语义标记的规则,它是元标记语言,它的出现极大地推动了互联网的发展。XML 标准由一组相关标准组成,除了核心 XML 规范,还包括 XML Linking Language (XLink)、Extensible Stylesheet Language (XSL)、XML Query Language(XQuery、XPath)、XML Schemas、XML RDF 等。

9.1.2 XML 文档

XML 的可扩展性是指 XML 允许用户按照 XML 的规则自定义标记。XML 文件是由标记及其所标记的内容构成的文本文件,这些标记可以自由定义,其目的是使得 XML 文件都能很好地体现数据的结构和含义。XML 文档类型定义 DTD 和 XML 模式(XML Schema)提供关于 XML 文档内的元素和属性如何出现的规则,即它们确定哪些元素和属性有效,哪些是必要的或可选的。这些内容在后续章节中讲解。

1. XML 文档的结构

每个 XML 文档都分为两个部分:序言(prolog)和文档元素(或称根元素)。序言出现在 XML 文档的顶部,其中包含关于该文档的一些信息。以下是一个有关书店bookstore的 XML 文件,它记录了书的类型、书名、写作语言、作者、年份、价格等方面信息。

【例 9-1】 一个简单的 XML 文档。

```
<? xml version = "1.0" encoding = "ISO - 8859 - 1 "? >   /* 序言(prolog) */
<! - - 文档示例 - - >                                    /* 注释 */
<bookstore>                                              /* XML 文档元素 */
  <book category = "COOKING ">                           /* XML 元素,book;属性
                                                            category */
    <titlelang = "en ">Everyday Italian</title>          /* 元素 title,属性 - 写作
                                                            语言英语"en" */
    <author>Giada De Laurentiis</author>                 /* 元素 - 作者 author */
    <year>2005</year>                                    /* 元素 - 年份 year */
    <price>30.00</price>                                 /* 元素 - 价格 price */
  </book>
  <book category = "CHILDREN ">
    <titlelang = "en ">Harry Potter</title>
    <author>J K. Rowling</author>
    <year>2005</year>
    <price>29.99</price>
  </book>
  <book category = "WEB ">
    <titlelang = "en ">XQuery Kick Start</title>
    <author>James McGovern</author>
    <author>PerBothner</author>
    <author>Kurt Cagle</author>
    <author>James Linn</author>
    <author>Vaidyanathan Nagarajan</author>
    <year>2003</year>
    <price>49.99</price>
  </book>
  <book category = "WEB ">
```

```
      <titlelang = " en ">Learning XML</title>
      <author>Erik T. Ray</author>
      <year>2003</year>
      <price>39.95</price>
    </book>
</bookstore>
```

合适的 XML 文档必须有一个文档元素用于包含可能有的其他内容。XML 文档中的所有内容都应该出现在文档元素或根元素的内部。图 9-1 显示了 XML 文档的结构。

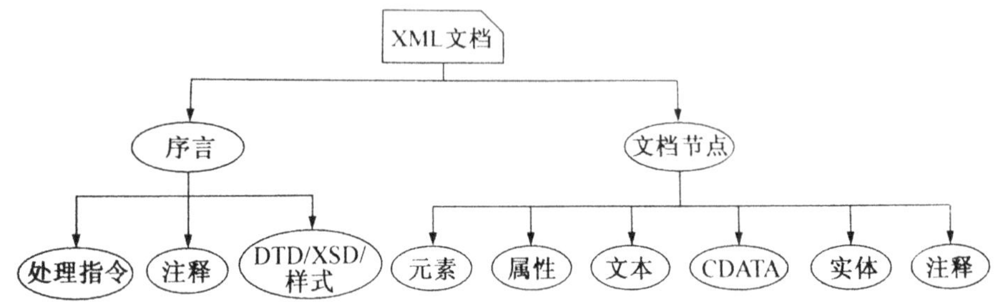

图 9-1　XML 文档的结构

2. XML 文档的命名规则

在 XML 文档中，元素、属性和一些其他结构是有名字的。名字是由一个起始字符加上名字字符组成。其中<、>、& 是 XML 中的保留字，必须转义后才能包含到内容之中，即分别用 <、>、&来替代。以下是 XML 的命名规则。

（1）XML 名字可以是字母、象形符号(如 ö,ç 等)、下划线开始，不能以数字或者标点符号开头。

（2）XML 名字不能包含空格、引号、单引号，$，^，%、分号。

（3）若不表示名字空间①，则不能在名字中包含冒号。

（4）XML 名字是区分大小写的。

3. XML 文档序言

XML 文档以序言开始。XML 文档的序言包含了关于本身的元信息，而不是文档内容。序言部分包含两部分：XML 声明以及处理指令。

XML 声明包括版本信息、描述字符的编码方式、处理命令、注释以及嵌入的 DTD 或者模式。XML 声明在 XML 文档中是必不可少的，而且必须置于文档的第一行，任何内容都不能放在 XML 声明之前，空格也不行，唯一可在其前的是 Unicode 字节顺序标记(BOM)，否则 XML 分析器处理时会报错。完整的 XML 声明格式如下：

```
<? xml version = "1.0 " encoding = " ISO - 8859 - 1 " standalone = " yes "? >
```

其中编码可以是 ISO-8859-1 (Latin 1)、中文 GB2312、日语 Shift-JIS、UTF-8、

① XML 命名空间提供了一个通过与由 URL 引用确定的命名空间相联系的简单方法来保证在 XML 文档中的元素和属性名字的合法性，避免元素命名冲突。

UTF-16等；XML 分析器可以自动确定文档使用的是 UTF-8 还是 UTF-16 Unicode 编码。Standalone 若为“yes”，表示 XML 文档使用内部的文档类型定义 DTD(见后面章节)，“no”则表示在文档引用外部 DTD。

序言中可包含处理指令(Proceess Instruction，PI)，XML 分析器将有关 XML 文档的信息通过 PI 传递给相应应用程序。PI 以“＜?”开始，以“? ＞”结束，语法格式如下：

```
<? target instructions ? >
```

其中 target 是进行 XML 数据处理相应应用程序的名称，名称必须以字母或下划线开始；instructions 是一字符串文本，包含了传给应用程序的信息和命令。PI 通常在序言中出现，也可以出现在 XML 文档的其他部分，常见的 XML 声明就是一种处理指令。

4. XML 文档注释

注释的主要目的就是便于对文档的理解和阅读，几乎可以出现在 XML 文档的任何地方，它们的格式是：＜! - -注释内容- -＞

5. XML 文档元素、属性、文本、CDATA 及字符实体

XML 文档中的数据存储在文档元素或根元素内。这个元素包含文档中的所有其他的元素、属性、文本和 CDATA，同时也包含实体与注释。

在 XML 文档中，元素有很多作用，它们用来标记内容，为标记的内容提供一些描述；为数据的顺序和相对重要性提供信息；展示数据之间的关系。元素包括一个开始标签、一个结束标签和内容。内容可以是文本、子元素或者两者都有，元素的开始标签中也可以包含属性，在元素内部可以放置解释。

非空元素的语法结构是：< elementName > some content </ elementName >

空元素的语法结构是：< elementName > </ elementName > 或者 < elementName />

在 XML 文档中提供信息的另一种方法就是在元素的开始标签中使用属性。属性通常为它们所修饰的元素提供额外的信息。一个元素可以出现的属性数量是没有限制的。属性由名称/值对组成，其中值是包含于单引号或双引号中的，其完整语法结构如下：

非空元素：<elementName attributeName = " attributeValue "… >…</elementName >

空元素：< elementName attributeName = " attributeValue "… > </ elementName > 或 < elementName attributeName = " attributeValue "… / >

所有的 XML 文档内部的文本都包含于开始标签和结束标签内部，除非该文本被标记为 CDATA，那么它将被认为是 XML，从而作相应的处理，即左尖括号被认为是某个 XML 标签的一部分。

CDATA 可以对文本块进行标记，这样它们就不会被当作 XML 进行处理了。CDATA必须大写且不允许嵌套，其结束字符串“]]”前没有空格或换行符。CDATA 段的基本语法如下：

```
<! [CDATA[…]]>
```

字符实体是表示单一字符的符号。在 XML 文档中，可以用字符实体替代保留字符，实体也可以自己定义。如在文本中出现＜、＞、&、”、’可用 <、>、&、"、'等表示。

9.1.3 XML 文档类型定义

在关系数据库中，关系模式用于描述关系，说明关系的名称、所含属性及其数据类型。相似地，对于 XML 文档，XML 规范之中可用文档类型定义(Document Type Definition, DTD)来定义 XML 文档的结构。DTD 采用形式化语法来表示，说明 XML 文档使用的词汇，哪些元素、实体可以在文档中的哪些地方出现，这些元素的内容、属性是什么及其相互关系。当 XML 文档按树型结构来理解时，DTD 就是对这棵树的结构的描述。XML 分析器在分析 XML 文档时，检验 XML 文档是否遵从对应的 DTD，这一过程称为合法性验证。如果一个 XML 文档符合 DTD 的约束，称这个文档是有效的。

DTD 定义的基本格式是：

```
<! DOCTYPE 根元素[…具体规则…]>
```

其中具体规则包括很多，例如元素声明 ELEMENT、属性声明 ATTLIST、实体声明 ENTITY 等，下面通过例子说明 DTD 的定义方法。

参照例 9-1 所示 XML 文档，它包含了根元素 bookstore 和子元素 book，book 元素包含 title、1 个或多个 author、year、price 以及属性 category，title 包含属性 lang。如果用文档类型声明定义 DTD，则可以表示为例 9-2 所示形式。

【例 9-2】

```
<? xml version = "1.0"  standalone = "yes" ? >
<! DOCTYPE bookstore[
<! ELEMENT bookstore (book + ) >
<! ELEMENT book (title, author + , year, price) >
<! ATTLIST book category CDATA # REQUIRED>
<! ELEMENT title ( # PCDATA)>
<! ATTLIST titlelang CDATA # REQUIRED>
<! ELEMENT author ( # PCDATA)>
<! ELEMENT year ( # PCDATA)>
<! ELEMENT price ( # PCDATA)>
]>
<bookstore>
  <book category = "COOKING">
      <titlelang = "en">Everyday Italian</title>
      <author>Giada De Laurentiis</author>
      <year>2005</year>
      <price>30.00</price>
  </book>…
</bookstore>
```

XML 文档中 standalone="yes"表明该文档所有必须的实体声明都包含在文档中，<! DOCTYPE bookstore [<! ELEMENT name(#PCDATA)……]>是文档类型声明，<! ELEMENT bookstore(#PCDATA)>等是 DTD 对类型的说明，元素<bookstore>之间是文档内容。

具体的 DTD 语法介绍如下。

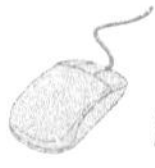

1. 元素

DTD 中描述的基本部件是元素和属性，它们负责确定 XML 文档的逻辑结构。元素表示一个信息对象，而属性表示这个对象的性质。在 DTD 中，元素类型是通过 ELEMENT标记声明的，元素的声明格式是：<！ ELEMENT ElementName Type>，其中 ElementName 是元素名，它决定了在 XML 文档中所使用的标记，该名称在 DTD 中必须是唯一的；Type 是元素类型，即元素的内容规范。XML 的标准将元素按内容划分为 4 类。

(1) 空元素类型(EMPTY)不包含数据内容，但是可以有属性，定义格式为：

```
<! ELEMENT ElementName EMPTY>;
```

(2) ANY 元素类型(ANY)包含任何 XML 允许的内容，定义格式为：

```
<! ELEMENT ElementName ANY>;
```

(3) 父元素类型可以包含子元素，在 DTD 中通过正则表达式规定子元素出现的顺序和次数："元素 A 元素 B 元素 C"表示元素列表，无需遵从顺序要求；","表示并(AND)；"+"表示出现一次或多次；"*"表示出现 0 次或多次；"()"表示一组要共同匹配的表达式；"|"表示或(OR)；"?"表示可选，不出现或出现一次；

(4) 混合元素类型(MIXED)可以包含文本，同时文本之间可以有选择地插入子元素，但是子元素出现的顺序和次数不受限制，定义格式为：

```
<! ELEMENT ElementName  (#PCDATA|子元素名 1|子元素名 2|……)*>
```

2. 属性

属性是对元素的补充和修饰，简单地讲就是元素的附加特性，在 DTD 中声明元素时，也必须对该元素的属性进行声明。属性在 XML DTD 中是使用 ATTLIST 标记声明的。属性描述的具体格式如下：

```
<! ATTLIST Element_name Attribute_name TYPE Default_value>
```

其中 Element_name 是该属性元素名；Attribute_name 是属性名；TYPE 是属性类型；若没有规定属性值，则属性值是 Default_value。

属性类型比较多，表 9-1 中列出了 10 种。

表 9-1 属性类型

CDATA	字符数据，即没有标记的文本
枚举	可选择的可能值列表。注意，枚举(ENUMERATED)型关键字不出现在 DTD 之中
ID	不被文档中任何其他 ID 类型属性共享的唯一名称
IDREF	文档中元素的 ID 类型属性的值
IDREEFS	由空格分隔的元素的多个 ID
ENTITY	在 DTD 中声明的实体的名称
ENTITIES	在 DTD 中声明的由空格分隔的多个实体的名称

续 表

NMTOKEN	XML 名称记号，类似 XML 名称语法，但起始字符可以是 XML 名字中允许的任意字符
NMTOKENS	由空格分隔的多个 XML 名称标记
NOTATION	在 DTD 中声明的注记的名称

属性有 4 种不同类型的默认值，可以在属性声明 Default_value 部分指定，详见表 9-2。

表 9-2 属性类型默认值的 4 种取值

#DEFAULT value	属性有默认值，其值为"value"
#REQUIRED	元素的属性必须设定属性值
#IMPLIED	元素的属性不一定要设置属性值
#FIXED value	属性的值是固定的

3. 实体

实体是包含了文档片段的虚拟存储单元，可用来存储 XML 声明、DTD、其他形式文本及二进制数据等。实体可分为内部实体和外部实体：内部实体是在文档内部设定的，而外部实体则是一个外部独立的物理存储对象。此外，实体还可以分为通用实体和参数实体：通用实体可以用于 XML 文档中，也可以应用于 DTD 中，而参数实体只能应用于 DTD 中。

（1）内部通用实体：通用实体名称可以出现在 XML 文档中，它充当一个占位符。内部通用实体就是在文档实体内部定义和使用实体，其内容通常是一段文本文字。其定义的语法为：

```
<! ENTITY Entity_name "Replacement ">
```

其中<！ENTITY>为关键字，Entity_name 为实体名称，Replacement 为实体所代替的文本内容。引用内部通用实体的方法是：&Entity_name。

（2）外部通用实体：外部通用实体就是在文档以外定义的，要通过一个 URL 才能引用到的实体。外部通用实体为独立的文件，可被多个文档所引用，其定义的语法是：

```
<! ENTITY Entity_name "URL ">
```

其中，URL 为引用的外部实体的 URL 地址。其引用方法和引用内部实体方法一样：&Entity_name。

（3）内部参数实体：内部参数实体是指在独立的外部 DTD 文档内部定义和使用的实体，其内容仅能为 DTD 而非 XML 文档引用。其定义的语法格式：

```
<! ENTITY % Entity_name "Replacement ">
```

（4）外部参数实体：外部参数实体是指在独立的外部 DTD 文档的外部定义和使用的实体，外部参数实体用于将多个独立的 DTD 文档组合成一个大的 DTD 文档，其定义的语法格式为：

```
<! ENTITY % Entity_name "URL ">
```

9.1.4　XML 模式

1. Schema 的概述

尽管 DTD 可以对文档规定基本的结构规则，许多应用需要一个功能更为强大的且描述能力更强的验证方法，如需要更多的数据类型支持。经过一个较长时间的酝酿后，W3C 于 2001 年 5 月发布了 XML Schema 推荐标准。模式可以描述元素和属性复杂的约束。多个模式可以组合起来验证一个使用多种 XML 词汇的 XML 文档。

XML Schema 又称作 XML Schema 定义(XML Schema Definition，XSD)，它是用一套预先规定的 XML 元素和属性创建的，用这些元素和属性定义文档的结构和内容模式。XML Schema 本身是一个 XML 文档，对 DTD 进行了扩充，引入了数据类型及其派生和继承，支持对元素更灵活的定义，可以将元素的部分子元素分组，对组中元素进行定义，另外它支持名字空间。

2. Schema 的结构

Schema 文件和其他 XML 文件的样子非常相似，它也是由一组元素构成的。下面用一个例子说明，细节内容见参考文献[6～9]。例 9-1 的 XML 文档所对应的 XML Schema 文档可作如下定义：

【例 9-3】

```
<? xml version = "1.0"? >
<xs:schema xmlns:xs = "http://www.w3.org/2001/XMLSchema"
        targetNamespace = "http://www.w3.org/namespace"
xmlns = "http://www.w3.org/namespace" elementFormDefault = "qualified">
<xs:element name = "bookstore">
  <xs:complexType>
    <xs:sequence>
      <xs:element name = "book" maxOccurs = "unbounded">
        <xs:complexType>
          <xs:sequence>
            <xs:element name = "title">
              <xs:complexType mixed = "true">
                <xs:attribute name = "lang" type = "xs:string" use = "required" />
              </xs:complexType>
            </xs:element>
            <xs:element name = "author" type = "xs:string" maxOccurs = "unbounded" />
            <xs:element name = "year" type = "xs:string" />
            <xs:element name = "price" type = "xs:decimal" />
          </xs:sequence>
          <xs:attribute name = "category" type = "xs:string" use = "required" />
        </xs:complexType>
      </xs:element>
    </xs:sequence>
```

```
    </xs:complexType>
  </xs:element>
</xs:schema>
```

在 XML 文档中可以引用 XML 模式以指定该文档所遵从的 XML 模式。例如，对于例 9-1所示 XML 文档，可以通过在 bookstore 中加入相应名字空间以及模式文件名来实现：

```
<bookstorexmlns = "http://www.w3.org/namespace"
xmlns:xsi = "http://www.w3.org/2001/XMLSchema-instance"
xsi:schemaLocation = "http://www.w3.org/namespace bookstore.xsd">
```

9.1.5 XML 数据库

随着 XML 数据的增多，如何对 XML 数据进行存储、管理、操作成为数据库管理系统的一个任务。数据库是指长期储存在计算机内的、有组织的、可共享的数据集合。数据库中的数据按一定的数据模型组织、描述和储存，具有较小的冗余度、较高的数据独立性和易扩展性，并可为各种用户共享。类似地，XML 数据库是持久的并且可操作的一个 XML 文档的集合。在一个数据库中 XML 文档数据的存储方式可以有 4 种选择。

(1) 以文本形式存储整个文档。如在关系数据库中用 CLOB、BLOB 类型，在文件系统用文件类型。

(2) 在文件系统中以修改过的形式存储整个文档。如以压缩的形式或者事先解析过的形式存储。

(3) 把文档结构映射到数据库中。如把文档对象模型(DOM，在后面论述)模式映射成为数据库中表格的形式。如何建立映射，各个数据库厂商有不同的实现方式。

(4) 把数据结构映射到数据库中。如把一个包含销售订单的 XML 文档映射到Order(订单)、Items(货项)、Parts(部件)和 Customer(客户)等表。

根据存储方式、操作方式的不同可以把 XML 数据库系统大体分为两类：Native-XML 数据库系统(又称纯 XML 数据库或原生 XML 数据库)、XML-enabled 数据库系统。Native-XML 数据库的存储方式是专门针对 XML 数据特点而设计的存储与索引方式，一般采用(2)和(3)的方式。这些方式不需要将一个完整的 XML 文档拆散存储，能够进行细粒度的查询和更新。XML-enabled 数据库主要是采用(4)的方式对 XML 进行存储，是基于原有关系或对象关系数据模型来存储、操作的。

Native-XML 数据库尚没有统一的定义，XMLDB(http://www.xmldb.org/)对其特性作了归纳。

(1) 它为 XML 文档定义了一个逻辑模型，并根据该模型存取文件。模型中至少应包括元素、属性、PCDATA 和文档顺序。模型的一个典型例子是树模型，如文档对象模型。

(2) 它以 XML 文件作为其基本(逻辑)存储单位，正如关系数据库以表中的记录作为基本(逻辑)存储单位。

(3) 它对底层的物理存储模型没有特殊限定。例如它可以建在关系型、层次型或对象关系数据库之上，或使用专用的存储格式，如索引或压缩文件。

由上可知，Native-XML 数据库是专门用于存储 XML 文档并且保持其完整性的，存储均以文档为基本单位。这方面的数据库目前已有不少，如 Software AG 的 Tamino， eXist、dbxml、xml-xindice 以及最新版的 DB2 等。

XML-enabled 数据库一般指增加处理 XML 文档功能后的关系(对象关系)数据库，如 SQL Server、Oracle、DB2 等，与 Native-XML 数据库不同主要在 3 个方面。

(1) Native-XML 数据库能够完整地存储 XML 文档，不仅仅包括元素、实体、属性，而且包括指令、注释、标记等。但 XML-enabled 数据库一般只存储 XML 文档中的元素、属性等数据。

(2) Native-XML 数据库能够在不知其 DTD/XML Schema 的情况下存入 XML 文档，但 XML-enabled 数据库一般要用 DTD/XML Schema 解析后存储。

(3) 使用 Native-XML 数据库的方式是通过 XPath/XQuery、DOM 等 XML 相关技术操作 XML 数据，而 XML-enabled 数据库则直接通过扩展后 SQL/XML 存取数据。

目前一些商用 DBMS 对 XML 的支持程度、方式均有差异。但随着 XML 标准的成熟，以及 XML 研究的进展，XML 数据库技术也在不断的发展成熟，这种差异会不断缩小。

9.2 XML 编程接口

9.2.1 文档对象模型

文档对象模型(Document Object Model，DOM)是由 W3C 提出的一种独立于语言和平台的接口规范。应用程序利用 DOM 来访问和维护结构化文档，对文档(包括 XML 文档、HTML 文档以及 CSS 样式表)进行读取、搜索、修改、添加和删除等操作。

1. DOM 的结构

DOM 规范的核心是树模型，它将一个 XML 文档看作一颗节点树，其中的每一个节点代表一个可以与其进行交互的对象。在这种模型下，XML 文档中的每一个元素都是一个节点，每一个节点都可以包含自己的节点子树，处于每一个文档顶端的元素是根节点。DOM 可以看作一个节点的集合，在一个 XML 文档中可以包含不同的标记。下面通过一个 XML 文档(参考例 9-1)来说明文档对象模型。从 DOM 角度看，例 9-1 的 XML 文档是由一系列相互连接的对象构成，其结构图如 9-2 所示。

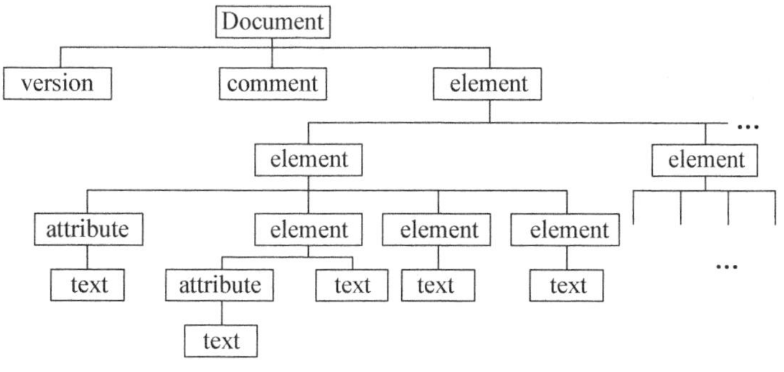

图 9-2　例 9-1 的 XML 文档生成的文件树

上面的例子比较简单，事实上 DOM 还包含处理指令、文档类型、实体、实体引用、名字空间和样式表等多种对象模型。

2. DOM 对象

在 DOM 接口规范中，有很多个接口，其中 4 个最基本的接口如下：Document、Node、NamedNodeMap、NodeList。Document 接口是对文档进行操作的入口，它是从 Node 接口继承过来的。Node 接口是其他大多数接口的父类。NodeList 接口是节点的集合，包含了某个节点中的所有子节点。NamedNodeMap 接口也是节点的集合，通过该接口可建立节点名和节点之间的一一映射关系。

接口是一组方法声明的集合，但是没有具体实现，当用编程语言实现这个接口的一个对象时，就可以称该对象为 DOM 对象。在 DOM 对象中，有以下几个常用对象：XML 文档对象、XML 节点对象、XML 节点列表。XML 文档既是一种对象又代表整个 XML 文档，若对一个 XML 文档进行操作首先要获得整个文档对象。XML 节点对象代表 XML 文档内部的单个节点，它由 Node 接口实现。XML 文档模块列表代表了节点的集合，它由 NodeList 接口实现，通过该对象可以对节点进行大批量的读取操作。对 XML 文档操作实际上就是创建不同的对象，利用这些对象来做不同的操作。

9.2.2 简单的应用程序设计接口

利用 DOM 接口处理 XML 文档需要把 XML 文档加载到内存中形成节点树，当 XML 文档很大或者我们只需要处理部分数据时，采用 DOM 就显得不灵活了，需要采用另一种处理方式——简易应用程序编程接口(Simple API for XML，SAX)。

SAX 以流的方式读取 XML 文档，以事件模型的方式解析处理 XML 文档，获取 XML 文档里面的信息。SAX 可以解析任意大小的文件，适合创建自己的数据结构，适合小信息子集，简单快捷。SAX 是一种简易的接口，不能对文档做随机存取，难以实现复杂的查询，不可获取词法信息，而且是只读的。

SAX 是一个接口，是一组 API，在 SAX 接口里声明了处理 XML 文档时所需要的方法。利用 SAX 编写的程序可以快速地对数据进行操作。SAX 接口有以下几个常用的接口：Attributes、ContentHandler、DTDHandler 等。Attributes 接口表示 XML 属性列表的接口。此接口允许用以下三种不同的方式访问属性列表：通过属性索引、通过名字空间限定的名称、通过限定(前缀)名。ContentHandler 接口主要为接收文档逻辑内容的通知接口，这是一个大多数 SAX 应用程序实施的主要接口。DTDHandler 主要是接收基本的与 DTD 相关的事件的通知。

基于 SAX 的解析器称为 SAX 解析器，SAX 解析器不在内存中建立和 XML 文档相应的树状数据结构。SAX 解析器的核心是事件处理机制。SAX 是由许多 Java 接口构建而成的。图 9-3 说明了基于 SAX 的应用程序的基本结构。在该图中，应用程序是我们自己编写的用来开始整个处理过程的代码；解析器是符合 SAX 标准的 XML 解析器；文档处理程序是自己编写的用来处理文档内容的代码。

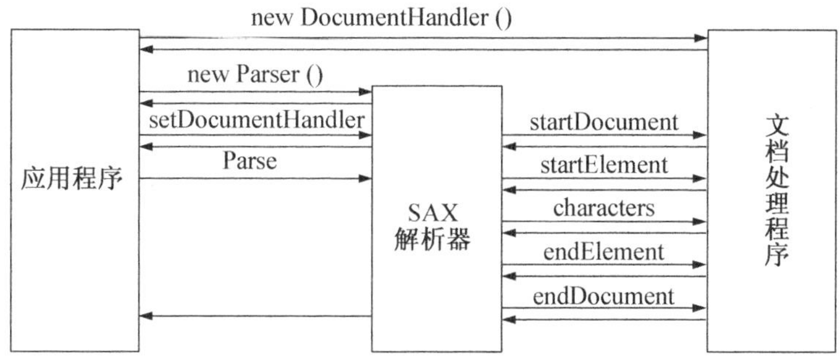

图 9-3　一个 SAX 应用程序的基本结构

9.3　常用的 XML 查询

商用数据库管理系统 SQL Server、Oracle、IBM DB2 对 XML 数据类型提供了不同程度的支持。此外，专门针对 XML 数据进行管理的纯 XML 数据库管理系统也在涌现。本节对常用的 XML 查询作简单介绍。

9.3.1　XQuery 查询

W3C 起草推荐 XQuery 作为一种 XML 的标准查询语言。它的工作方式和结构化查询语言 SQL 相似。图 9-4 展示了 XQuery 的工作方式。XQuery 的好处之一就是它和 XML 非常紧密地集成在一起，实际上任何 XML 都是一个有效的 XQuery。

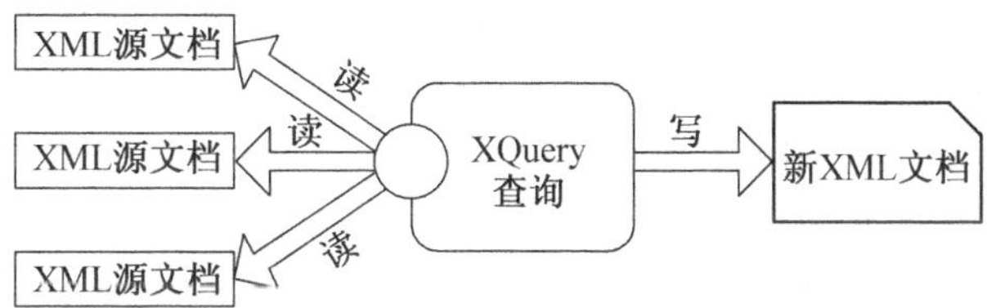

图 9-4　XQuery 工作方式

XQuery 查询仿照 SQL 查询设计，但它与 SQL 有明显差别。它包含 5 个部分：for、let、where、order by 和 return。for 子句就像 SQL 中的 from 子句，let 子句可以简化表达，where 子句就如同 SQL 的 where 子句，order by 也与 SQL 语句中的 order by 子句一样允许对结果排序，return 部分允许构造 XML 形式的结果。在查询时不需要包含所有子句，一个简单的 XML 查询可能只包含 for 和 return 子句，忽略其他的子句。

下面我们通过一个例子演示简单说明 XQuery 查询语言。

【例 9-4】 在例 9-1 的 XML 文档中存储了书店中的若干本书以及他们的语言、分类、作者、出版年和价格。现在想找出所有价格大于 30 的书，则用 XQuery 可以表达为：

```
for $ i in doc(" books.xml ")/bookstore/book
where $ i/price > 30
return $ i/title
```

其中 doc 是打开一个 XML 文档的函数，XQuery 有一个函数库支持，提供了诸如数学计算、字符串操作等功能。斜体部分是一个 Xpath 的表达式，它返回所有书的集合；where 子句是筛选条件；return 子句则用于选择结果并返回。XQuery 具有和 SQL 类似的外观和结构以及相似的表达能力。

上述 XQuery 将返回

```
<titlelang = " en ">XQuery Kick Start</title>
<titlelang = " en ">Learning XML</title>
```

9.3.2 SQL/XML

XML 的广泛应用对学术界和工业界提出了新的要求和挑战。关系数据库没有层次鲜明的特点，而 XML 具有树形结构这种层次特征。目前大量数据都存储在传统的关系数据库中，主要利用 SQL 技术进行访问和操作。为了在关系数据库模型的基础上增加与 XML 之间的相互映射，扩充传统的 SQL 功能提供对 XML 的支持是一种自然的选择，于是催生了 SQL/XML 标准[18]。该标准获得 Oracle 和 IBM 的支持，但微软并不支持。

SQL/XML 标准通过把传统的 SQL 语言与一组功能强大的 XML 发布函数相结合来创建 XML 结构，实现了基于关系数据库构建 XML 文档的功能。SQL/XML 是 SQL 的一个扩充，属于 ANSI/ISO SQL 2003 标准的一部分。发布函数有创建元素 xmlelement()、创建属性 xmlattributes()、创建 XML 文档的根 xmlroot()、创建注释 xmlcomment()、创建处理指令 xmlpi()、分析字符串返回 XML 结构 xmlparse()、创建树林 xmlforest()、把多个 XML 值表组合形成一个单个包含 XML 树林的值 xmlconcat()、把多个单值记录行组合创建单个包含 XML 树林的值 xmlagg()。

SQL/XML 是以 SQL 为核心的查询，SQL/XML 查询输出的是 XML 片段。以前面书店 XML 文档为例，假设在关系数据库中相应的表为 bookstore(book，category，title，lang，author，year，price)，则如下语句可以创建例 9-1 的 XML 文档。

```
selectxmlelement(name " bookstore ",
xmlagg( xmlelement(name book, xmlattributes(b.category as category),
xmlelement(name title, xmlattributes(b.lang as lang), b.title),
xmlforest(b.author as author, b.year as year, b.price as price))
))
from bookstore as b
```

利用 SQL/XML 从关系数据库中创建 XML 文档(片段)到发布数据可以用如图 9-5 所示的流程图来表示。

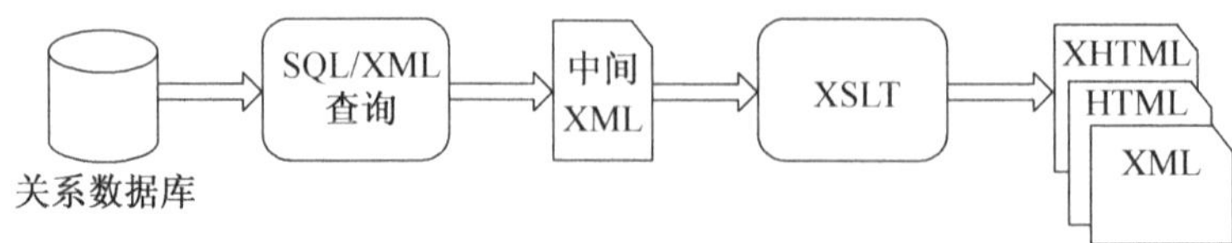

图 9-5 创建 XML 流程图

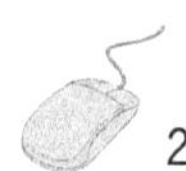

9.3.3　MS SQL Server 对 XML 数据的支持

因微软不支持 SQL/XML，因此，本节主要对 SQL Server 支持的 XML 查询、发布功能作简明扼要的介绍。限于篇幅，我们用例子说明 MS SQL Server 对 XML 的支持，包括包含 XML 数据类型的表格创建、XML 文档插入、XML 数据查询、更新。

用下面语句创建数据库表：

```
CREATE TABLE [dbo].[testxml](
[id] [int] NULL,
[xmlUntyped] [xml] NULL,   /* SQL Server 提供 xml 数据类型 */
[xmlTyped] [xml] NULL
)
```

如表 9-3 所示：

表 9-3　testxml Table

id	xmlUntyped	xmlTyped
1	<bookstore>…	NULL
2	<Plant>..<>	NULL

XML 文档导入表中：

```
INSERT INTO testxml(id,xmlUntyped)
SELECT 1, * FROM OPENROWSET (BULK 'd:\bookstore.xml', SINGLE_BLOB) AS TEMP
GO
```

在 SQL Server 2005 中可使用下面的 SQL 语句来按 XML 输出结果：

```
SELECT * FROM testxml
FOR XML AUTO
```

得到如下面的结果：

```
<testxml>
  <xmlUntyped>
  <bookstore>
    <book category = "COOKING">
      <titlelang = "en">Everyday Italian</title>
      <author>Giada De Laurentiis</author>
      <year>2005</year>
      <price>30.00</price>
    </book>
…
    </bookstore>
  </xmlUntyped>
</testxml>
```

也可用如下语句列出：

```
SELECT * FROM testxml
ORDER BY id
FOR XML RAW('testxml'), ELEMENTS
```

在 SQL Server 中可用 XPath 查询语句对 XML 数据对象进行查询：

```
SELECT xmlUntyped.query('/bookstore/book[year = 2005]')
AS NODE
FROM testxml
WHERE id = 1
```

查询结果：

```
<book category = "COOKING">
  <title lang = "en">Everyday Italian</title>
  <author>Giada De Laurentiis</author>
  <year>2005</year>
  <price>30.00</price>
</book>
…
```

插入、更新：

```
DECLARE @xmldoc xml   /* 定义 xmldoc 为 xml 数据类型 */
SET @xmldoc = (SELECT xmlUntyped.query('/bookstore/book[year = 2005]')
FROM testxml WHERE id = 1)  /* 把 xmldoc 绑定到某一具体 xml 数据对象 */
SET @xmldoc.modify('INSERT <area>Southeast Asia</area> INTO (/book)[1]') /* 更新操作 */
SET @xmldoc.modify('REPLACE VALUE OF (/book/area/text())[1] WITH "North America"')
SELECT @xmldoc /* 显示 xmldoc 内容 */
GO
```

结果如下：

```
<book category = "COOKING">
  <title lang = "en">Everyday Italian</title>
  <author>Giada De Laurentiis</author>
  <year>2005</year>
  <price>30.00</price>
  <area>North America</area>
</book>
```

删除：

```
DECLARE @xmldoc xml
SET @ xmldoc = (SELECT xmlUntyped. query ('/bookstore/book [ year = 2005 ] ') FROM
testxml where id = 1)
SET @xmldoc.modify('INSERT <area>Southeast Asia</area> INTO (/book)[1]')
SET @xmldoc.modify('delete /book/area')
SELECT @xmldoc
GO
```

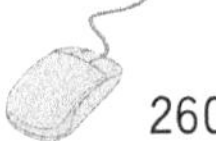

9.4 小　结

本章介绍了 XML 的基础知识，对 XML 相关标准作了简要介绍；论述了 XML 编程接口。同时，介绍了数据库管理系统对 XML 数据类型的支持以及常用 XML 查询语言。

习　题　9

1. 简述 XML 文档的结构及其各部分组成内容。
2. 利用学过的知识写一个简单的 XML 文件。
3. DTD 中的元素可分为哪几类，有何区别？
4. DTD 中的属性有几种不同类型的默认值？简述其特性。
5. 简述实体的分类。
6. 描述 XML Schema 结构。
7. 简述 DOM 的结构。
8. DOM 的常用接口有哪些，分别表示什么？
9. SAX 的常用接口有哪些，分别表示什么？
10. 什么是 XQuery 及其工作方式？
11. SQL/XML 标准的实质是什么？如何利用 SQL/XML 从关系数据库中创建 XML 文档？

参 考 文 献

[1] Goldfarb CF. The Roots of SGML-A Personal Recollection. http://www.sgmlsource.com/history/roots.htm

[2] http://www.w3.org/TR/REC-xml/

[3] http://www.w3.org/TR/xlink/

[4] http://www.w3.org/Style/XSL/

[5] http://www.w3.org/TR/xquery/,http://www.w3.org/TR/xpath

[6] http://www.w3.org/TR/xmlschema-0/

[7] http://www.w3.org/TR/xmlschema-1/

[8] http://www.w3.org/TR/xmlschema-2/

[9] http://www.w3.org/TR/xmlschema-ref/

[10] http://www.w3.org/TR/rdf-syntax-grammar/

[11] http://www.w3.org/TR/REC-xml/#dt-doctype

[12] Graves M 著. 尹志军等译. XML 数据库技术. 北京：机械工业出版社，2002

[13] Aminao M, D'Cruz C et al 著. 焦瑜净，闫雷鸣译. XML 案例解析教程. 北京：清华大学出版社，2007

[14] Jacobs S 著. 许劲松，杨波，周斌译. XML 基础教程入门：DOM、Ajax 与 Flash. 北京：人民邮电出版社，2007

[15] http://www.w3.org/DOM/

[16] McLaughlin B. Java & XML. 2nd Edition. O'Reilly, 2001

[17] Maruyama H, Tamura K, et al. XML and Java: Developing Web Applications. 2nd Edition. Addison Wesley, 2002

[18] Nielsen P. SQL Server 2005 Bible. Wiley, 2006

[19] Klein S. Professional SQL Server™ 2005 XML. Wiley, 2006

[20] http://www.megginson.com/SAX/

[21] Information technology-Database languages-SQL-Part 14: XML-Related Specifications (SQL/XML). ISO/IEC JTC 1/SC 32. http://www.sqlx.org/

[22] 丁跃潮，张涛. XML 实用教程. 北京：北京大学出版社，2006

[23] 耿祥义. XML 基础教程. 北京：清华大学出版社，2006

[24] 万常选. XML 数据库技术. 北京：清华大学出版社，2005

[25] Chaudhri AB, Rashid A, Zicari R. XML Data Management: Native XML and XML-Enabled Database Systems. Addison Wesley, 2003

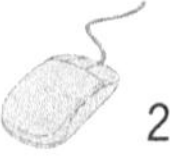

[26] 张银鹤,张秋香,孙膺等. XML 实践教程. 北京：清华大学出版社,2007

[27] 王国仁,于戈,杨晓青,于亚新. XML 数据管理技术. 北京：电子工业出版社,2007

[28] 王珊,萨师煊. 数据库系统概论(第 4 版). 北京：高等教育出版社,2006

[29] 王珊,张孝,李翠平,陈红. 数据库技术与应用. 北京：清华大学出版社,2005

[30] 高阳. 数据库技术与应用. 北京：电子工业出版社,2003

[31] 徐保民,杨铨玖,胥爱军. 数据库系统原理与应用. 北京：清华大学出版社,北京交通大学出版社,2005

[32] Elmasri R, Navathe SB. 邵佩英,徐俊刚,王文杰等译. 数据库系统基础：初级篇(第 5 版). 北京：人民邮电出版社,2007

[33] 李俊民. 精通 SQL 结构化查询语言详解(第 2 版). 北京：人民邮电出版社,2008

[34] 范秀平,尚武. SQL 语法范例. 北京：科学出版社,2007

[35] 高荣芳. 数据库原理. 西安：西安电子科技大学出版社,2003

[36] Kauffman J, Thangarathinam T. ASP. Net 2.0 数据库入门经典. 北京：清华大学出版社,2006

[37] 蒋学英,刘星等. Web 数据库设计与开发. 北京：清华大学出版社,2006

[38] 何薇,舒后. 网络数据库技术与应用. 北京：清华大学出版社,2005

[39] 王兆青,庄红. Web 程序设计. 杭州：浙江科学技术出版社,2006

[40] 宁洪. 数据库技术与应用. 北京：国防工业出版社,2003

[41] 邓子云,郝斌主编. JSP 应用开发,北京：机械工业出版社,2008

[42] 党齐民,金毅主编. 网络数据库应用技术,上海：上海人民出版社,2003

[43] 施伯乐,丁宝康. 数据库技术. 北京：科学出版社,2002

[44] 王珊,陈红. 数据库系统原理教程. 北京：清华大学出版社,1998

[45] 施伯乐,丁宝康,杨卫东. 数据库教程. 北京：电子工业出版社,2004

[46] 施伯乐,丁宝康,汪卫. 数据库系统教程. 北京：高等教育出版社,2003

[47] 钱雪忠,黄学光,刘肃平. 数据库原理及应用. 北京：北京邮电大学出版社,2005

[48] 汤庸,叶小平,汤娜,吉永杰. 高级数据库技术. 高等教育出版社,2005

[49] 李建中,王珊. 数据库系统原理. 电子工业出版社,2004

[50] 叶小平,汤庸,汤娜,左亚尧,刘海. 数据库系统基础教程. 清华大学出版社,2007

[51] 何玉洁. 数据库原理与应用. 机械工业出版社,2007

[52] 王能斌. 数据库系统原理. 电子工业出版社,2000

[53] 杨冬青,马秀莉,唐世渭等译. 杨冬青改编. 数据库系统概论. 机械工业出版社,2008